数据科学实践的科研理论与实验方法

刘烨 王彬 田酌溪 主编

延吉·延边大学出版社

图书在版编目（CIP）数据

数据科学实践的科研理论与实验方法 / 刘烨, 王彬, 田酌溪主编. -- 延吉：延边大学出版社, 2024.9.
ISBN 978-7-230-07220-5
Ⅰ. TP274
中国版本图书馆CIP数据核字2024YD8939号

数据科学实践的科研理论与实验方法

主　　编：刘烨　王彬　田酌溪
责任编辑：孟祥鹏
封面设计：侯　晗
出版发行：延边大学出版社
社　　址：吉林省延吉市公园路977号　　　邮　　编：133002
网　　址：http://www.ydcbs.com　　　E-mail：ydcbs@ydcbs.com
电　　话：0433-2732435　　　传　　真：0433-2732434
印　　刷：延边延大兴业数码印务有限责任公司
开　　本：787mm×1092mm　1/16
印　　张：17
字　　数：380千字
版　　次：2025年3月第1版
印　　次：2025年3月第1次印刷
书　　号：ISBN 978-7-230-07220-5

定　　价：85.00元

PREFACE 前　言

在这个数据驱动的时代，数据科学已经成为跨学科研究和应用的前沿领域。它不只是一种技术或方法论，更是一种解决问题的思维方式。本书旨在桥接理论与实践之间的鸿沟，为读者提供一条全面且深入的数据科学学习和应用路径。

读者对象

本书主要面向三类读者：一是在校学生，特别是那些对数据科学有浓厚兴趣，并希望在学术研究中应用数据科学方法的学生；二是科研人员和数据分析师，他们可以通过本书深化对数据科学理论的理解，并探索更多实验方法；三是所有对数据科学领域感兴趣的自学者，无论他们的学术背景如何，都可以通过阅读本书获得系统的学习和实践指导。

书籍特色

本书的一个显著特色是理论和实践的平衡。本书不仅深入探讨了数据科学的核心理论基础，如概率统计、机器学习和深度学习等，还详细介绍了如何将这些理论应用于实际的科研项目和实验中。此外，本书还包括大量的案例研究和实践练习，旨在帮助读者更好地理解和掌握数据科学方法。

内容介绍

本书共分为四个部分：第一部分为基础篇，主要介绍数据科学的基础理论和概念；第二部分为深化篇，主要对机器学习和深度学习的高级主题进行深入探讨；第三部分为进阶实践篇，主要聚焦于实验设计和数据分析的高级技巧；第四部分为面向未来篇，主要探讨数据科学的前沿趋势与未来展望。

编者在编写本书的过程中，得到了许多人的帮助和支持。首先要感谢在编写过程中提供意见和建议的所有专家、学者，他们的专业知识和宝贵意见极大地提高了本书的质量。同时，特别感谢张家丰、韩雨伯、朱文瑞、王嘉豪、刘书铭、李燕、马宇恒在本书编写过程中给予的宝贵帮助和支持。此外，还要感谢家人和朋友，他们的理解和支持使我们能够专注于完成这项工作。

希望本书能够成为你数据科学学习和研究旅程中的宝贵资源与伙伴。

编　者

2024 年 6 月 5 日

CONTENTS 目 录

基础篇 数据科学基础与实践 ·· 1

第1章 数据科学概览 ·· 2

1.1 数据科学的历史背景和重要性 ·· 2
  1.1.1 数据科学的历史背景 ··· 2
  1.1.2 数据科学的重要性 ·· 5
1.2 数据科学的重要概念和知识体系 ·· 8
  1.2.1 数据科学的重要概念 ··· 8
  1.2.2 数据科学的知识体系 ·· 11
1.3 数据科学与其他学科的联系和区别 ·· 13
  1.3.1 数据科学与其他学科的联系 ·· 13
  1.3.2 数据科学与其他学科的区别 ·· 15

第2章 数据科学的应用领域 ·· 16

2.1 智慧城市与数据驱动的城市管理 ··· 16
  2.1.1 交通管理 ··· 16
  2.1.2 环境保护 ··· 17
  2.1.3 能源管理 ··· 18
  2.1.4 公共安全 ··· 18
2.2 环境科学中的数据应用 ··· 19
  2.2.1 环境监测与数据分析 ·· 19
  2.2.2 环境风险预测与管理 ·· 20
  2.2.3 环保政策评估与优化 ·· 20
2.3 物联网的数据集成与分析 ·· 21
  2.3.1 物联网的数据集成 ··· 21

    2.3.2 物联网数据的分析与应用 ·· 22
    2.3.3 物联网面临的挑战与发展 ·· 22
  2.4 制造业中的过程优化与质量控制 ·· 23
    2.4.1 过程优化 ·· 23
    2.4.2 质量控制 ·· 24
  2.5 能源行业的数据分析与决策支持 ·· 25
    2.5.1 优化能源生产 ·· 25
    2.5.2 风险管理和决策支持 ··· 26
    2.5.3 消费者行为分析 ·· 26

第3章 数据处理与分析技能 ·· 28
  3.1 数据分析的数学基础：概率论、统计学和线性代数 ···················· 28
    3.1.1 概率论与数据科学 ·· 28
    3.1.2 统计学与数据科学 ·· 31
    3.1.3 线性代数与数据科学 ··· 32
  3.2 数据预处理：清洗、整合与转换 ·· 35
    3.2.1 数据清洗 ·· 35
    3.2.2 数据整合 ·· 38
    3.2.3 数据转换 ·· 41
  3.3 数据管理：高效的数据存储与访问方法 ···································· 46
    3.3.1 数据存储策略 ·· 46
    3.3.2 数据访问方法 ·· 51

第4章 数据分析与可视化入门 ··· 54
  4.1 探索性数据分析的基本方法 ··· 54
    4.1.1 数据集的初步了解 ·· 54
    4.1.2 描述性统计分析的运用 ·· 57
    4.1.3 数据可视化技术的精选应用 ·· 62
    4.1.4 假设的形成 ··· 66
  4.2 数据可视化的原则与工具 ·· 69
    4.2.1 数据可视化的原则 ·· 69

4.2.2 数据可视化的工具 ·········· 71
4.3 制作交互式数据展示 ·········· 74
4.3.1 以用户体验为中心 ·········· 75
4.3.2 动态数据探索 ·········· 75
4.3.3 数据驱动的故事讲述 ·········· 76
4.3.4 多维度的数据展现 ·········· 77

深化篇 机器学习与深入探索 ·········· 79

第5章 机器学习的基础知识 ·········· 80
5.1 机器学习的发展历程和基础概念 ·········· 80
5.2 监督学习任务：回归和分类 ·········· 84
5.2.1 回归和分类的目标 ·········· 85
5.2.2 回归和分类的评估指标 ·········· 86
5.3 监督学习 ·········· 88
5.3.1 数据收集 ·········· 88
5.3.2 特征选择 ·········· 89
5.3.3 模型选择 ·········· 90
5.3.4 模型训练 ·········· 90
5.3.5 模型评估 ·········· 93
5.3.6 参数调整和优化 ·········· 94
5.4 无监督学习 ·········· 94
5.4.1 聚类 ·········· 95
5.4.2 降维 ·········· 99
5.4.3 关联规则学习 ·········· 100
5.4.4 异常检测 ·········· 101
5.5 强化学习 ·········· 103
5.5.1 强化学习的基础概念 ·········· 104
5.5.2 强化学习的基础算法 ·········· 106
5.5.3 强化学习的过程 ·········· 112
5.5.4 强化学习的应用 ·········· 114

第6章 对机器学习与智能分析的深入探讨 ... 116

6.1 深度学习：推动人工智能的边界 ... 116
6.1.1 核心概念和技术 ... 117
6.1.2 模型准备与构建 ... 118
6.1.3 模型训练与优化 ... 119
6.1.4 卷积神经网络：图像处理的革命 ... 120
6.1.5 循环神经网络：理解序列数据的关键 ... 123
6.1.6 长短期记忆网络：解决循环神经网络的应用限制 ... 126
6.1.7 生成对抗网络：创造性内容的新前沿 ... 128
6.1.8 Transformer 模型：自然语言处理的新篇章 ... 130
6.1.9 深度学习的应用与挑战 ... 133

6.2 集成学习：提升模型的性能与可靠性 ... 135
6.2.1 偏差和方差 ... 136
6.2.2 Bagging 算法 ... 137
6.2.3 Boosting 算法 ... 139
6.2.4 Stacking 算法 ... 142

6.3 进化算法与机器学习的结合 ... 144
6.3.1 遗传算法 ... 145
6.3.2 进化策略 ... 148
6.3.3 遗传规划 ... 152

6.4 机器学习在特定领域的应用案例 ... 154
6.4.1 医疗健康领域：疾病预测与诊断 ... 155
6.4.2 金融服务：欺诈检测 ... 155
6.4.3 智能制造：生产优化和质量控制 ... 156

进阶实践篇 实验设计与分析 ... 157

第7章 实验设计与数据初步分析 ... 158

7.1 实验的设计原则与实施方法 ... 158
7.1.1 设计原则 ... 158
7.1.2 实施方法 ... 160

  7.1.3 实验的操作流程 …… 162
7.2 解码实验数据 …… 166
  7.2.1 实验设计的回顾与数据分析的桥接 …… 166
  7.2.2 实验数据分析面临的挑战 …… 167
7.3 从数据到决策 …… 173
  7.3.1 数据初步分析 …… 174
  7.3.2 假设检验与模型构建 …… 174
  7.3.3 结果解释 …… 176
  7.3.4 实验结果应用 …… 178
7.4 实验设计与分析的工具 …… 180
  7.4.1 R 语言中的实验设计与分析库 …… 180
  7.4.2 Python 中的实验设计与分析库 …… 180
  7.4.3 JMP …… 180
  7.4.4 Design-Expert …… 181
  7.4.5 TensorFlow …… 181
  7.4.6 PyTorch …… 182
  7.4.7 Transformers …… 182
  7.4.8 Keras …… 183
  7.4.9 MATLAB …… 184
  7.4.10 Minitab …… 184

第 8 章 数据分析的高级技巧 …… 186

8.1 处理复杂数据的统计模型 …… 186
  8.1.1 传统的统计模型 …… 186
  8.1.2 机器学习模型 …… 189
8.2 时间序列分析方法 …… 192
  8.2.1 时间序列的自相关与偏自相关分析 …… 192
  8.2.2 时间序列的分解 …… 195
  8.2.3 指数平滑法 …… 197
  8.2.4 波动性建模：ARCH 模型和 GARCH 模型 …… 198

8.3 高级统计方法 ··· 199
　　8.3.1 混合模型 ··· 199
　　8.3.2 结构方程模型 ··· 200
　　8.3.3 因果推断方法 ··· 203
8.4 深入模型评估与优化：数据可视化的进阶应用 ····································· 208
　　8.4.1 高级数据可视化在模型评估中的角色 ··· 208
　　8.4.2 动态可视化与交互式探索在模型诊断中的应用 ································· 209
　　8.4.3 可视化在多模型比较与集成学习中的应用 ····································· 211

第9章 实验案例分析　　213

9.1 案例一：用户行为分析 ··· 213
　　9.1.1 实验设计 ··· 213
　　9.1.2 数据集介绍 ··· 214
　　9.1.3 实验具体步骤 ··· 215
9.2 案例二：个性化推荐系统评估 ··· 218
　　9.2.1 实验设计 ··· 218
　　9.2.2 数据集介绍 ··· 219
　　9.2.3 实验具体步骤 ··· 219
　　9.2.4 实验结果分析 ··· 220

面向未来篇　数据科学的未来展望　　222

第10章 数据科学的前沿趋势与未来展望　　223

10.1 机器学习的新进展 ·· 223
　　10.1.1 深度学习的新进展 ·· 223
　　10.1.2 自动化机器学习 ·· 225
　　10.1.3 强化学习的进展与应用 ·· 225
10.2 数据科学对社会的多维影响 ·· 226
　　10.2.1 数据科学对社会伦理的影响 ·· 226
　　10.2.2 数据科学对社会发展的影响 ·· 227
　　10.2.3 数据科学对个体生活的影响 ·· 228
10.3 未来展望：面临的挑战与机遇 ·· 229

  10.3.1 面临的挑战 ··· 229

  10.3.2 面临的机遇 ··· 230

附录 A　相关技术、概念详解　232

  A.1 权重初始化技术 ··· 232

  A.2 深度学习中常用的优化算法 ····································· 232

  A.3 正则化技术 ··· 234

  A.4 常用的激活函数 ··· 235

  A.5 损失函数的选择和应用 ·· 235

  A.6 强化学习相关算法 ·· 236

  A.7 实验相关概念 ··· 237

  A.8 数据分析与统计的相关概念和公式 ··························· 237

  A.9 关联规则学习算法 ·· 244

  A.10 模型选择与评估的相关概念 ··································· 245

附录 B　编程语言快速参考　247

  B.1 Python ··· 247

  B.2 R ·· 251

  B.3 Julia ·· 254

基础篇　数据科学基础与实践

本部分旨在为读者描绘数据科学的基本轮廓。本部分内容不仅可以帮助读者从全局构建对数据科学的认识,还可以为其后续的深入探索和实验实践奠定坚实的基础。

第1章像是为读者打开了通往数据科学世界的大门,通过回顾数据科学的发展历程,展示其在当代社会各个领域应用的必要性和紧迫性。第2章通过深入探讨数据科学在多个领域的实际应用案例,来展示数据科学技术如何助力解决实际问题,这不仅可以增强数据科学理论知识的实用性,还可以为读者揭示将学习内容应用于实践的可能途径。

在技能构建方面,理论知识与实践技能相结合非常重要。因此,第3章着重介绍数据科学的核心技能,包括数学基础、数据预处理和数据管理,旨在为读者提供一套全面的数据处理和分析工具箱。

第4章通过初步探索数据分析与可视化,引导读者理解数据呈现的重要性,并通过实用的方法和技术,教会读者如何将复杂的数据转化为直观、易于理解的信息。这既可以加深读者对数据分析的理解,又可以为其在未来的学习和工作中有效地整理与展示数据提供必要的工具。

整体而言,基础篇主要将理论与实践、历史与现代、技能与应用紧密地串联起来,为读者展现一条全面且立体的数据科学学习路径。希望本部分内容不仅能够激发读者对数据科学深入学习的热情,也能够为其在数据科学领域的探索之旅奠定坚实的基石。

第 1 章 数据科学概览

本章旨在为读者提供一个全面的视角,以帮助其深入理解数据科学这个跨学科领域的基本框架,以及它在现代社会中的作用。本章从数据科学的历史背景和重要性入手,不仅揭示了数据科学作为一门独立学科逐步发展的过程,还强调了它在解决实际问题、驱动决策制定和促进科学研究中的关键作用。

本章详细介绍了数据科学的重要概念和知识体系,旨在帮助读者构建对数据科学多维度知识结构的认识,包括但不限于统计学、机器学习(Machine Learning,ML)、深度学习(Deep Learning)和大数据技术等。这些知识体系不仅构成了数据科学的理论基础,更是支撑数据科学家进行数据处理、分析和模型构建的实践工具。

本章还探讨了数据科学与其他学科的联系和区别,旨在帮助读者明确数据科学在现代知识体系中的定位和作用。通过阅读本章,读者不仅可以理解数据科学如何从统计学、计算机科学、信息科学等领域汲取精华,形成自身独特的研究方法和应用范围,还可以了解数据科学是如何与各个领域紧密协作,共同推进科学研究和社会发展的。

通过阅读本章,读者将获得对数据科学领域宏观而深入的理解,为后续更专业的数据科学学习和研究奠定坚实的基础。本章不仅是对数据科学新手的引导,还是供经验丰富的从业者回顾和思考数据科学发展脉络的最佳起点。

1.1 数据科学的历史背景和重要性

数据科学,作为一门融合统计学、计算机科学、信息科学及相关领域理论和技术的交叉学科,在过去的几十年中逐渐成为科学研究、商业决策和社会活动中不可或缺的一环。

1.1.1 数据科学的历史背景

数据科学的历史根基深植于 20 世纪统计学的发展之中,当时这个领域主要关注数据的收集、处理和分析。随着计算机技术的演进和大数据时代的来临,数据科学的应用范围和影响力经历了空前的扩张。从早期对统计分析的依赖到当前对大数据和人工智能(Artificial Intelligence,AI)的探索,数据科学已跨越多个发展阶段。这些阶段不仅推动了其理论基础的深化,更极大地拓宽了其应用的边界。

1.1.1.1 统计学的起源

数据科学的发展之路,始于统计学的深远影响。19 世纪的统计学不仅是现代数据科学的先驱，更是科学研究方法论的重要组成部分。这个时期的统计学家，如约翰·卡尔·弗里德里希·高斯（Johann Carl Friedrich Gauss）和卡尔·皮尔逊（Karl Pearson）等，通过创立回归分析、假设检验等统计方法，极大地推动了统计学的发展。他们还将这些统计方法应用于生物学、经济学、社会科学等领域，为处理实验数据、分析社会现象提供了量化工具。

在统计学的早期阶段，数据的收集和分析主要依赖手工或简单的机械设备。统计方法被用于描述性分析、概率计算和初步的推断分析，帮助研究人员理解数据背后的规律和关系。例如，在生物学领域，格雷戈尔·孟德尔（Gregor Mendel）通过对豌豆遗传特征进行统计分析，揭示了遗传学的基本规律；在社会科学领域，统计学则被用来分析人口、经济和社会现象，为政策制定和社会规划提供支持。

1.1.1.2　计算机科学的兴起

20世纪50年代，计算机科学开始作为一门独立的学科。这个时期电子计算机的出现极大地改变了数据处理方式，为数据科学的早期发展提供了强大的技术支持和无限的可能性。计算机科学的进步不仅局限于提升计算速度和数据存储能力，更重要的是开启了对数据进行深入挖掘和分析的新纪元。

在这个阶段，计算机科学的发展主要体现在以下几个方面：

（1）编程语言的诞生与演化：早期的编程语言如 Fortran 和 COBOL 的出现，为科学研究和商业应用提供了强大的工具，使复杂的数据分析和处理成为可能。

（2）数据库技术的创新：关系数据库的引入为数据的组织、存储和查询提供了一种高效且灵活的方式，这对于管理日益增长的数据量十分重要。

（3）算法的设计和优化：随着计算机科学的深入发展，各种高效的算法被设计出来，用于数据排序、搜索、优化和模式识别等，这些算法成为后来数据挖掘（Data Mining）和机器学习的基石。

（4）软件开发和系统架构的进步：软件工程的方法论和复杂系统的架构设计为开发大型、可靠的数据处理系统提供了指导，使复杂的数据分析项目得以实施。

计算机科学领域的这些进步，特别是在软件、硬件和算法领域的突破，直接促使数据科学成为一门独立的学科。在这个时期，数据科学尚未完全形成今天我们所熟悉的面貌，但计算机科学为其后续的发展奠定了坚实的基础。通过提供处理和分析大规模数据集的能力，计算机科学使数据科学能够开始探索更复杂的数据问题，从而开启数据驱动研究和决策的新时代。

1.1.1.3　大数据时代的来临

21世纪初期，随着互联网技术的快速发展和移动设备的普及，我们进入了大数据时代。在这个时期，数据的体量呈现出前所未有的爆炸式增长，不仅数量庞大，而且类型多样，包括文本、图片、视频和传感器数据等。这种增长趋势不仅对数据存储、数据处理和数据分析提出了挑战，还为数据科学的发展带来了新的机遇。

大数据时代的一个显著特征是数据量的极速增长。每天产生的数据量可达 TB（Terabyte，太字节）级别甚至 PB（Petabyte，拍字节）级别。与过去相比，现代的数据不仅仅是结构化数据，更多的是非结构化数据，如社交媒体帖子、视频内容和卫星图像等。数据的多样性要求数据科学必须提出更加灵活和高效的分析方法。大数据不仅体量大、类型多，而且更新速度快，这就要求数据科学能够开发出实时或近实时处理数据的方法，以满足商业决策和科研的需要。

在大数据时代的背景下，数据科学成为连接数据与知识、决策的关键桥梁。为了应对大数据的挑战，数据科学领域出现了一系列新技术和新方法：

（1）分布式存储和计算：新技术（如 Hadoop 和 Spark）应运而生，它们能够对大规模数据集进行分布式处理，有效解决数据量大的问题。

（2）高级分析技术：机器学习和深度学习技术的应用，使得从庞大的数据中提取信息和知识成为可能，尤其是在图像识别、语言处理和预测分析等方面取得了重大进展。

（3）数据可视化工具的发展：为了更好地理解和呈现分析结果，数据可视化工具得到了快速发展，使复杂数据分析的成果能够被更广泛地理解和应用。

大数据时代不仅为数据科学提供了广阔的应用场景，还推动了其理论和方法的快速发展。在这个时期，数据科学从处理传统的结构化数据扩展到对海量非结构化数据的分析，从而更全面地反映和理解现实世界的复杂性。这个转变，标志着数据科学已进入一个新的发展阶段，可以为各行各业带来前所未有的洞察力和决策支持。

1.1.1.4　人工智能与机器学习的融合

近年来，人工智能和机器学习技术的飞速进步不仅开辟了数据科学新的应用领域，更极大地加深了其研究和实践的深度。在这个阶段，数据科学通过融合更加先进的人工智能和机器学习技术，不仅增强了对大数据的处理能力，更重要的是提升了从数据中提取深层次知识和洞察结果的能力。

（1）深度学习的突破：深度学习作为机器学习的一个分支，在图像识别、语音处理和自然语言理解等领域取得了突破性进展，极大地丰富了数据科学的应用场景。深度学习能够处理复杂的、非结构化的大数据，挖掘数据之间深层的联系和模式，这在以往是难以实现的。

（2）增强学习与自适应系统的发展：增强学习技术的发展使机器不仅能从数据中学习，还能通过与环境的交互进行自我优化。这种学习方式为开发智能决策系统和自适应系统提供了可能，所以在复杂的环境和场景下可以实现决策优化。

（3）自然语言处理（Natural Language Processing，NLP）的进步：随着自然语言处理技术的进步，机器能够更好地理解、处理和生成人类语言，这不仅让机器与人类的交互更加自然，还使得从文本数据中提取信息和知识变得更加高效。

在这个时期，数据科学与人工智能、机器学习技术的融合不仅推动了技术本身的创新，更重要的是为解决复杂的科学、经济和社会问题提供了新的思路与工具。例如，运用深度学习模型，医学影像分析的准确率得到了显著提高，这极大地提升了疾病早期诊断和治疗的精准性；利用自然语言处理技术，机器能够自动理解和分析大量的文本数据，从而为公共意见监测、市场趋势分析提供强大的支撑。

总之，人工智能与机器学习技术的融合为数据科学注入了新的活力，既极大地拓宽了数据科学的边界，也为其深化提供了技术基础。这个转变标志着数据科学进入了以智能分析和自动决策为核心的新阶段，为各行各业带来了深远的影响。

1.1.2 数据科学的重要性

21世纪初期，随着互联网和移动设备的普及，制造、存储和处理数据的能力发生了革命性的变化。"大数据"成了热门话题，而数据科学则成为挖掘这些庞大数据集中价值的关键工具。数据科学的重要性主要体现在以下几个方面：

1.1.2.1 有助于驱动决策制定

过去，许多组织和企业的决策往往依赖于高层管理者的经验和直觉。虽然这种方法在某些情况下有效，但容易受到个人偏见的影响，且难以应对复杂和快速变化的市场环境。随着数据科学的兴起和发展，这种情况发生了根本性的转变。

数据科学通过利用大数据、高级分析技术和机器学习算法，可以为组织和企业提供一种全新的决策制定方式。数据科学通过深入分析历史数据，不仅能帮助组织和企业识别出现有的模式与趋势，更重要的是能预测未来发展，提供科学的决策支持。这种基于数据的决策制定方式在提高决策质量、降低决策风险和优化资源配置等方面都显示出巨大的优势。

例如，在零售行业，通过分析顾客的购买历史、偏好和行为模式，企业可以预测未来的销售趋势，优化库存管理，甚至进行个性化产品推荐，以提高顾客满意度和忠诚度。在金融领域，数据科学的应用可以帮助银行和保险公司评估客户的信用风险与保险风险，从而制定更加合理的贷款政策和保险方案。此外，数据科学在公共卫生、交通规划、能源管理等多个领域都发挥着重要作用。

数据科学之所以重要，不仅是因为它能够将庞大且复杂的数据转化为有价值的信息，更是因为它能辅助组织和企业基于科学的证据做出更明智、更有效的决策。这样既可以为组织和企业带来竞争优势，还可以推动整个社会的发展和进步。在数据驱动的时代，掌握了数据科学就意味着掌握了未来的发展脉搏。

1.1.2.2 有助于促进科学进步

数据科学的兴起，不仅彻底改变了商业决策的制定方式，还在广泛的科学领域成为了推动研究进展的关键力量。通过充分利用大数据分析、人工智能、机器学习等技术，数据科学可以为生物学、物理学、社会科学等领域提供解决复杂问题和探索未知领域的新途径。

在生物学领域，数据科学正在帮助科学家解码生命的复杂性。例如，基因组学研究依赖对大规模基因序列数据的分析，可以识别与特定疾病相关的遗传变异。数据科学的应用不仅可以加速新药物的研发过程，还可以在个性化医疗和精准医疗方面展现出巨大潜力，使治疗方案能够根据个体的基因特征进行定制。

在物理学领域，数据科学正在助力物理学家开启对宇宙深处秘密的探索。粒子物理实验，如欧洲核子研究组织的大型强子对撞机（Large Hadron Collider，LHC）项目会产生海量的实验数据。数据科学技术在处理和分析这些数据，以及揭示基本粒子的性质方面起到了核心作用，并且进一步推动了物理学理论的验证和发展。

在社会科学领域，数据科学正在深化研究人员对人类行为和社会结构更深层次的理解。通过分析来自社交媒体、移动设备和公共记录的大数据，研究人员能够洞察社会趋势、公众情绪和行为模式，为公共政策制定、城市规划及社会服务的提供与改进提供科学的依据。

此外，数据科学还在天文学、心理学、环境科学等领域展现出独特的价值。它不仅可以加快数据驱动的科学发现过程，而且通过提供更精确的预测模型和更深入的洞察，可以帮助科学工作者应对一些最迫切的全球性挑战，如气候变化、疫情防控和自然资源管理等。

因此，数据科学作为一种强大的跨学科工具，正在促进科学界对复杂问题的理解，加速知识的积累和创新，推动科学进步步入一个全新的时代。在这个过程中，数据科学不仅可以丰富和深化科学研究的方法论，还可以为人类社会的可持续发展贡献宝贵的智慧和力量。

1.1.2.3 有助于改善人们的日常生活

数据科学正在通过其对大数据的分析和应用，逐步渗透到人们日常生活的方方面面，提升人们的生活质量，并带来前所未有的便利。它通过智能算法和机器学习模型，能够理解和预测人们的需求，并提供更加高效、个性化的服务。以下是数据科学改善人们日常生活的几个示例：

1. **推荐系统**

无论是在线购物平台、音乐播放应用还是视频流媒体服务，推荐系统都起着重要的作用。推荐系统通过分析用户的历史记录、搜索习惯和偏好设置，能精准地向用户推荐他们可能感兴趣的商品、歌曲或影视作品。这不仅能使用户更快地找到自己喜欢的内容，还可以大大提升用户体验的满意度。

2. **智能家居**

数据科学也是智能家居技术的重要推动力。智能家居设备能够学习用户的行为模式，并自动调整设定，以满足用户的需求。例如，智能恒温器可以根据用户的起床时间预热房间，智能照明系统可以根据天气和室内光线调整亮度，这些都会使家庭环境更加舒适和节能。

3. **健康监测**

穿戴式健康设备和智能手机健康应用正变得越来越普遍，它们能够追踪用户的健康数据，如心率、睡眠质量、日常活动量等。利用数据科学技术能够对这些数据进行处理和分析，从而为用户提供及时的医疗预警和个性化的健康建议。这在预防疾病、培养健康生活习惯等方面起着关键作用。

4. 交通优化

数据科学还在交通系统优化中扮演着重要角色。通过分析交通流量数据、天气信息和事件日程，智能交通系统能够预测并缓解交通拥堵，优化信号灯控制，提供最佳路线建议。这不仅能减少出行时间，还有助于减少环境污染。

5. 金融服务

在金融领域，数据科学使银行和金融机构能够提供更安全、更便捷的服务。例如，通过分析交易数据来检测和预防欺诈行为，以及利用机器学习模型对客户进行信用评估，可以为其提供更个性化的贷款和保险产品。

总之，数据科学凭借其强大的数据处理和分析能力，正在不断改善和丰富人们的日常生活，使人们的生活更加高效、智能和个性化。随着技术的不断进步，数据科学将带来更多的便利和创新。

1.1.2.4 有助于应对社会挑战

数据科学的应用不只局限于改善个人生活和商业决策，更扩展到了为全球性社会挑战提供创新解决方案。借助大数据分析、机器学习等技术，数据科学为公共卫生、城市规划、环境保护等领域提供了强大的支持，能帮助社会更有效地应对这些挑战。

1. 公共卫生

在公共卫生领域，数据科学通过对健康数据进行深入分析，可以提高疾病预防和控制的效率。例如，通过对传染病数据进行实时监控和分析，数据科学可以预测疫情的扩散趋势，从而帮助公共卫生机构及时调整防控策略，有效减缓和抑制疫情传播。此外，数据科学还在药物研发、患者数据管理和健康政策制定等方面发挥着重要作用，可以为提高全球公共健康水平提供强有力的技术支持。

2. 城市规划

在城市规划领域，数据科学通过分析城市数据，如交通流量、人口密度和土地使用情况，可以帮助城市规划者更好地掌握城市发展动态。这些信息对于规划可持续的城市结构、优化交通系统、提高居民生活质量等至关重要。智慧城市项目的实施，就是利用数据科学技术优化公共服务和资源分配，解决城市化带来的挑战的一个典范。

3. 环境保护

在环境保护领域，数据科学的应用正成为应对气候变化和保护自然资源的有力工具。通过收集和分析气象数据、海洋数据、卫星遥感数据等，科学家能更准确地监测环境变化，评估人类活动对环境的影响。这些分析结果对制定应对气候变化的政策、保护生物多样性和管理自然资源等具有重要价值。此外，数据科学还可以促进清洁能源技术的发展和应用，为实现可持续发展目标提供支持。

数据科学为社会提供了新的视角和工具，使人们能够更有效地应对公共卫生危机、城市化挑战和环境变化等全球性问题。利用数据科学的方法和技术，人们可以基于更准确的信息做出决策，开发出更具创新性和有效性的解决方案，为建设更加健康、宜居和可持续的世界做出贡献。

总而言之，数据科学作为一门综合性的学科，在历史上扮演着重要角色，在当前乃至未来的社会经济发展和科学研究中它的重要性将持续增强。对于任何希望利用数据来推动发展和创新的组织或个人而言，深入理解数据科学的基础知识和应用实践是不可或缺的步骤。

1.2 数据科学的重要概念和知识体系

在探索数据科学的重要概念和知识体系时，需要深入了解数据科学是如何运用统计学、计算机科学、数学等领域的专业知识，从庞大的数据集中提取有用信息和知识，以支持决策制定、预测未来趋势和洞察复杂模式的。

1.2.1 数据科学的重要概念

1. 统计学

统计学是数据科学的重要基石，提供了一套丰富的数学工具和方法，以支持数据的科学分析和决策制定。在数据科学的背景下，统计学的作用远远超过简单的数据处理技术。它通过描述统计学帮助人们理解数据的基本特性，如中心趋势、分散程度和分布形态。概率论能为人们分析数据生成过程的不确定性提供框架。推断统计学则基于样本数据推断总体特性，评估假设的可信度，从而为科学研究和商业决策提供坚实的基础。统计学的方法使人们能够在充满不确定性的世界中做出合理的预测和决策。它的应用从市场分析到公共卫生，从社会科学研究到工程问题解决，无处不在。

2. 计算机科学

计算机科学在数据科学中的重要性不可小觑，可以为数据科学的实践提供技术基础和工具。计算机科学的核心包括编程语言的掌握、数据结构的理解、算法的设计和优化，这些构成了数据处理和分析的基本技能集。随着数据规模的日益增长和计算需求的不断提升，高性能计算和并行处理技术变得尤为重要，它们使得在合理的时间内处理海量数据集成为现实，进而为复杂数据分析和机器学习模型的训练提供支持。此外，计算机科学中的软件工程实践，可以确保数据分析项目的可持续性和可扩展性。从云计算到大数据技术，从机器学习算法到人工智能技术，计算机科学为数据科学提供了强大的动力，推动了其在各行各业的广泛应用。

3. 大数据技术

大数据技术已经成为现代数据科学不可或缺的一部分，可以消除传统数据处理工具在面对海量数据时的局限性。随着大数据时代的到来，数据量的增长已远远超出人们的预期，从社交媒体的用户生成内容到物联网设备的传感器数据，数据规模之大前所未有。大数据技术利用分布式存储和并行计算的原理，将数据分散存储在多个节点上，从而实现对大规模数据集的高效处理和分析。Hadoop 和 Spark 等框架提供了可靠且灵活的计算资源管理，使数据处理任务可以在数百甚至数千台机器上并行运行。利用实时数据处理技术（如 Apache Storm 和 Flink 等）可以解决对流数据的即时分析需求，从而为用户提供实时的数据洞察和决策支持。这些技术的发展不仅可以极大地扩展数据科学的应用场景，还可以为企业提供竞争优势，使其能够从大量数据中快速提取出有价值的信息。大数据技术生态体系如图 1-1 所示。

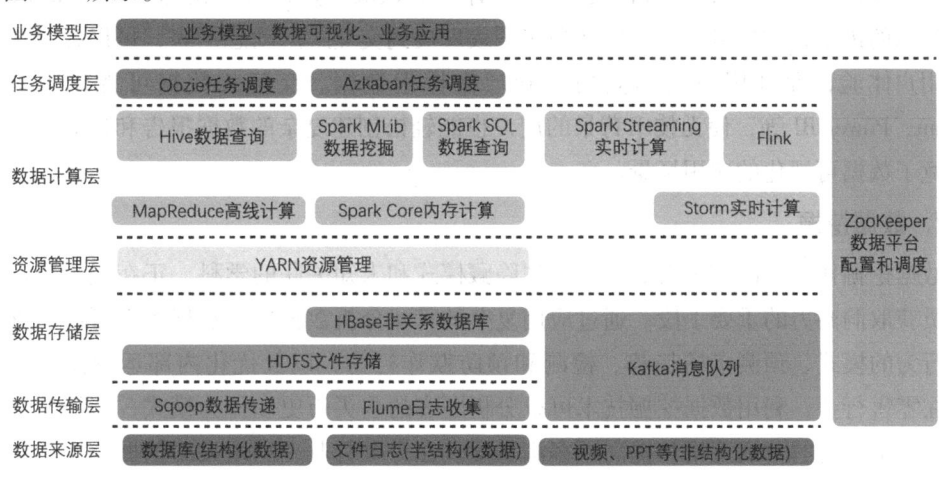

图 1-1 大数据技术生态体系

4. 机器学习

机器学习作为数据科学的核心，正在改变人们分析数据、解决问题的方式。它使计算机能够基于数据进行自我学习和适应，从而识别模式、做出决策。机器学习有多种方法，从简单的线性回归到复杂的深度学习网络，每种方法都有其独特的优势和适用场景。机器学习的强大之处在于其自动化和高效性，不仅能处理和分析人类难以直接处理的大量数据，还能发现数据之间复杂的关联性和深层次的规律。在实践中，机器学习已经被广泛应用于许多领域，如利用图像识别技术可以实现自动化的医疗诊断，利用自然语言处理技术可以提升人机交互的自然度，利用推荐系统可以实现用户网络体验的个性化。随着算法的不断进步和计算资源的日益丰富，机器学习将继续推动数据科学向前发展，开启更多的可能性。

5. 深度学习

深度学习已经引领了一场人工智能的技术革命。它通过模拟人脑的工作方式，构建由多层处理单元组成的深层神经网络,能够自动学习数据的高层特征。这种能力使深度学习在处理图像、语音、文本等复杂数据时可以展现出前所未有的性能和准确性。在图像识别领域,深度学习技术已经能够达到甚至超过人类的识别水平;在自然语言处理方面,深度学习可以让机器更精准地理解和生成人类语言,推动智能助手和机器翻译技术的快速发展。深度学习还可应用于自动驾驶、医学图像分析、智能推荐系统等领域。总之,深度学习正在不断扩展人工智能的应用边界,为人们的日常生活带来影响。

6. 数据可视化

数据可视化(Data Visualization)是数据科学中不可或缺的环节。数据可视化就是将复杂的数据集转换为图形或图表的形式,从而使数据的分析和解释变得直观且有效。优秀的数据可视化能够迅速传达关键信息,帮助决策者洞察数据背后的意义,发现潜在的问题和机会。在商业智能、市场分析、公共政策评估等领域,数据可视化都发挥着重要作用。随着技术的进步,数据可视化已经从静态图表发展到交互式的动态图表,可以提供更加丰富的用户体验,允许用户从不同角度和层次探索数据。交互式数据可视化工具,如Tableau、Power BI等,使无技术背景的用户也能轻松创建复杂的数据报告和仪表板,极大地拓宽了数据可视化的应用场景。

7. 数据挖掘

数据挖掘作为一门探索大数据以发现隐藏模式和未知关联的学科,正在成为企业和研究人员获取洞察力的重要手段。通过应用复杂的算法分析数据集,数据挖掘可以识别客户购买行为的模式、预测市场趋势、检测和预防欺诈行为,以及优化内部运营流程等。例如,在零售行业,利用数据挖掘技术可以分析顾客的购买历史和行为模式,从而使零售商能够制定个性化的营销策略和提高顾客满意度。在金融行业,利用数据挖掘技术识别交易数据中的异常模式,有助于尽早发现欺诈行为,保护消费者和企业的财产安全。此外,数据挖掘的应用已经延伸到医疗保健、社交网络分析、智能交通系统等领域,展现了其跨领域的应用潜力。数据挖掘系统的体系结构如图1-2所示。

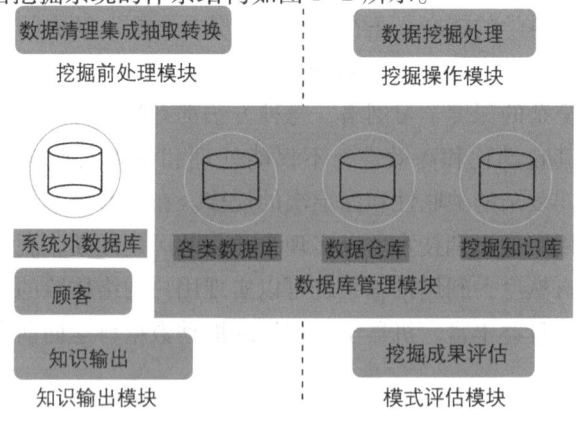

图1-2 数据挖掘系统的体系结构

1.2.2 数据科学的知识体系

上述概念之间的层次关系显示了数据科学知识体系的结构和逻辑：从提供理论和技术基础的统计学与计算机科学出发，通过大数据技术的支撑，进一步发展到机器学习和深度学习的进阶应用，最终通过数据可视化将复杂的分析结果转化为直观的信息。这种层次化的结构不仅可以清晰地展示数据科学领域的知识体系，还可以突出各个概念之间的紧密联系和相互依赖。

在数据科学的知识体系中，各个领域之间的联系构成了一个相互支持、相互促进的网络，从而实现数据向知识和洞察力的有效转化。

1.2.2.1 统计学和计算机科学的基础作用

统计学和计算机科学相互依赖，共同支撑起数据科学的理论框架和实践应用。统计学的重要性在于它为数据科学提供了严谨的分析方法和模型。通过概率论，我们能够理解和量化不确定性。推断统计学则进一步允许我们从样本数据中推断总体特性，识别数据中的模式，评估变量之间的关系，并做出预测。此外，统计学的各种假设检验方法和实验设计原则，为数据分析提供了科学的验证手段。在数据科学的诸多领域中，无论是在消费者行为分析、金融市场预测，还是在生物信息学研究中，统计学的理论和方法都是不可或缺的。

计算机科学则为数据科学提供了技术支撑和实现平台。在数据收集阶段，利用计算机网络和数据库技术能够高效地获取与存储海量数据。在数据处理和分析阶段，利用计算机算法和软件开发技术，可以让复杂的数据处理流程实现自动化、高效化。特别是在大数据时代背景下，分布式计算、云计算等计算机科学的新兴技术，为处理和分析PB级别的数据集提供了解决方案。

统计学的理论深度与计算机科学的技术广度相结合，可以使数据科学成为一门独特且强大的跨学科研究科学。它们共同构建了数据科学的基础，不仅可以为数据的收集、处理和分析提供理论与技术支持，还能够使数据科学应用于各个行业，帮助人们从数据中发现价值，指导决策，推动社会进步。

1.2.2.2 大数据技术的支撑作用

大数据技术在数据科学的知识体系中扮演着关键的支撑角色。它通过提供高效的数据处理能力和强大的存储解决方案，使数据科学的理论实践在处理海量数据时成为可能。

第一，大数据技术通过分布式存储系统，如 Hadoop 和 NoSQL 数据库，使海量数据的存储变得可行。这些技术突破了传统单节点数据库的限制，通过在多台服务器之间分散存储数据，不仅可以提高存储容量，还可以增强数据处理的弹性和可靠性。这为数据科学家提供了稳固的数据基础，从而使其能实施从基础数据管理到复杂数据分析的各种数据科学活动。

第二，大数据技术的并行计算框架，如 Apache Spark 和 Hadoop MapReduce，为数据的快速处理提供了多种方法。这些框架能将大规模数据处理任务分解成数以千计的小任务，并分配到多个计算节点上并行执行，这可以大幅提高数据处理的速度。这种并行计算的能力对于执行复杂的数据转换、统计分析和机器学习算法尤为重要，使得在可接受的时间内完成对大规模数据集的分析成为现实。

第三，大数据技术还可以为数据科学在流处理和实时数据分析方面的应用提供支持。Apache Kafka 和 Apache Storm 等技术提供了高吞吐量、低延迟的数据流处理能力，使数据科学家能够实时分析和响应数据流中的事件。这对于需要即时决策支持的应用场景（如网络安全监控、金融交易分析和在线推荐系统）具有重要意义。

总之，大数据技术在数据科学的知识体系中起着重要的支撑作用。它不仅解决了数据存储和处理方面的技术挑战，还拓展了数据科学的应用范围，为解决复杂的实际问题提供了必要的技术基础。通过大数据技术的支持，数据科学得以在更广泛的领域和更大规模的数据集上进行实践和应用，并推动数据驱动决策和智能化应用的发展。

1.2.2.3 机器学习和深度学习的进阶应用

在数据科学的知识体系中，机器学习和深度学习代表着从基础统计分析到复杂数据模式识别的进阶应用。这些技术不仅可以加深我们对数据的理解，还可以极大地扩展数据科学的应用领域。

机器学习作为数据科学的一个核心分支，其强大之处在于能够自动识别数据中的模式，而无须人为编写规则。它利用统计学原理来构建模型，并通过算法自动优化，以达到对数据高效分析和预测的目的。机器学习的应用十分广泛，从简单的线性回归和分类算法，到复杂的集成学习和聚类分析，机器学习为数据科学家提供了一套强大的工具，可以帮助他们从数据中提取出有价值的信息，进行有效的决策支持。

深度学习是机器学习中的一种高级形式，在图像识别、自然语言处理、游戏智能等领域展现出了巨大的潜力和优势。它能实现如此高级的数据分析和预测，在很大程度上依赖于大数据技术提供的庞大数据集作为训练材料，以及计算机科学技术提供的高性能计算资源来支撑复杂的模型训练过程。

机器学习和深度学习在数据科学体系中有重要地位与作用不仅在于它们强大的数据处理及分析能力，更在于它们为数据科学家打开了一扇窗，由此数据科学家可以探索数据深层次的含义，发现以往难以察觉的规律，解决更加复杂的问题。

1.2.2.4 数据可视化的整合作用

数据可视化在数据科学的知识体系中发挥着重要的整合作用。它桥接了数据的原始形态和最终决策者的认知需求，将复杂的数据分析结果转换为直观易懂的图形和图表，从而极大地降低数据解释的门槛，使数据分析的成果能被更轻松地理解和更广泛地应用。

在数据科学的多个阶段中，数据可视化都是不可或缺的。在数据探索阶段，可视化可以帮助数据科学家快速识别数据的分布特征、异常值和潜在的模式，从而为后续的深入分析提供线索。在模型训练阶段，通过可视化模型的性能指标（如误差率、准确度等），数据科学家可以更直观地评估和调优模型。在分析结果呈现阶段，数据可视化将复杂的分析结果以图形的形式展现出来，使决策者即便在缺乏深入数据分析背景的情况下，也能迅速把握数据分析的核心发现和建议。

此外，数据可视化还是一款功能强大的沟通工具。它通过巧妙运用视觉元素，突出数据分析的重点，能有效引导观众的注意力，进而促进信息的理解和传递。在部门或团队之间分享数据时，数据可视化能够跨越语言和专业的界限，让不同背景的团队成员都能基于相同的数据视图进行讨论和决策，这提高了团队的协作效率和决策的一致性。

数据可视化的整合作用还体现在其能够将不同来源和类型的数据融合在一起，提供多维度的数据视图。例如，结合时间序列数据的直线图、地理信息数据的地图视图及分类数据的柱状图，可以让观众从不同角度全面理解数据背后的故事。这种多维度的整合能力，使数据可视化成了连接数据科学各个环节的纽带，能提升从数据收集到决策制定的全流程效率。

这些领域之间的紧密联系形成了数据科学的知识体系。每个领域不仅在自身层面上对数据科学有所贡献，而且通过与其他领域的互动和整合，共同推动数据科学的发展，实现从数据到知识的转化。数据科学不仅是技术和方法的集合，更是一种促进跨学科合作和创新的思维方式。

1.3 数据科学与其他学科的联系和区别

数据科学之所以能够与众多传统学科保持紧密的联系，是因为它在解析复杂问题和提取有价值信息方面有独特能力。无论是社会科学的行为研究、生物学的基因分析，还是物理学的宇宙探索，数据科学都能够提供新的视角和工具，更深入地挖掘数据背后的知识。

同时，数据科学也展现出了与其他学科的明显区别。它是一门以解决问题为中心的应用科学，通过对大规模数据的挖掘和分析，直接指向解决方案和决策支持。此外，数据科学的跨学科特性要求该领域的从业者不仅要具备扎实的数学和编程基础，还要拥有良好的业务理解能力和创新思维。

1.3.1 数据科学与其他学科的联系

除了统计学和计算机科学，其实数据科学还与以下几个关键学科具有紧密的联系，它们之间的关联性和互补性极大地拓宽了数据科学的应用范围，增强了其解决问题的能力。

（1）信息科学（Information Science）。信息科学在数据科学领域的重要性不容忽视。它不仅关注信息本身的属性和行为，还关注人们如何与信息互动。这门学科提供了一系列的方法和技术，如元数据标准、分类系统和索引技术，这些都是确保数据的可发现性和可访问性的基础。在当今这个信息爆炸的时代，有效地组织和检索信息是数据科学家需要应对的一大挑战。信息科学的原则和工具，如内容管理系统和搜索引擎优化，不仅可以加快数据检索的速度，还可以提高数据分析的准确性和效率。此外，信息科学在数据治理和信息伦理方面的研究，也为数据科学提供了重要的指导，从而确保数据的使用和处理符合法律标准与道德规范。

（2）运筹学（Operations Research）。运筹学与数据科学的结合，开辟了优化决策和提高效率的新途径。运筹学在设计和运作复杂系统，以及制定策略决策方面的专长，能为数据科学提供强大的支持。它可运用线性规划、队列论、网络流分析等方法，帮助解决诸如资源分配、排队优化、物流规划等问题。当这些传统的运筹学方法遇到大数据时，数据科学的技术（如机器学习和人工智能等）能够对运筹模型进行加强，提升模型的适应性和预测能力。这种跨领域的融合，使运筹学不只限于解决理论问题，还能在实际应用中发挥更大的作用。例如，在供应链管理中，通过分析历史数据预测未来需求，结合运筹学的库存管理模型，可以更精确地进行库存规划，降低成本，提高服务水平。

（3）认知科学（Cognitive Science）。认知科学与数据科学的交汇点在于它们具有共同的目标——理解和模拟智能行为。认知科学的理论和研究成果可以为数据科学提供对人类思维过程的深入见解，这些见解又被应用于改进机器学习和人工智能系统。例如，认知神经科学的发现有助于深度学习网络的结构设计，使其能更有效地处理复杂的模式识别任务。在自然语言处理方面，认知语言学的理论指导了新算法的开发，使计算机能更好地理解和生成自然语言。此外，认知科学关于人类注意力和记忆机制的研究，也启发了改善信息检索系统和推荐系统的方法，以更符合用户的使用习惯和偏好。

（4）社会学（Sociology）。社会学与数据科学的结合开辟了理解复杂社会现象的新途径。通过分析来自社交网络的大规模数据集，数据科学家能够追踪和分析社会趋势、公共意见及社群动态。这种分析不仅对市场营销、政策制定和公共服务规划具有重要价值，还会对社会科学研究本身产生深远的影响。例如，数据科学方法能够揭示社会网络中的影响力结构，或者预测特定社会事件的发生概率。此外，利用数据科学技术，社会学家可以处理前所未有的数据规模，从而在复杂的社会研究中发现新的模式和关联性。

（5）生物信息学（Bioinformatics）。数据科学在生物信息学领域的应用直接关系到人类健康和疾病治疗的前沿科技。随着基因测序技术的进步和成本的降低，生物信息学已成为处理、分析和解释生物大数据的关键学科。数据科学技术，特别是机器学习和深度学习，被广泛应用于基因表达数据分析、蛋白质结构预测、生物标记物发现等领域。这些分析不仅可以加深我们对基因控制生物过程的理解，还可以促进个性化医疗和新药物的开发。例如，可以通过分析个体的基因组数据，预测其对特定药物的反应，从而制定更加精准的疾病治疗方案。

通过与这些学科的紧密联系和互动，数据科学不仅可以拓展自身的理论和方法论，还可以为这些领域提供新的研究手段和解决方案，展现其在现代科学研究和实际应用中的巨大潜力。这种跨学科的融合，既可以促进知识的交流和创新，又可以推动多个领域的发展和进步。

1.3.2 数据科学与其他学科的区别

数据科学与传统学科有明显的区别。这些区别不仅体现在它的跨学科特性和应用范围上，还体现在其侧重点和所采用的工具及技术上。

（1）跨学科特性的深层影响。数据科学的跨学科特性显著不同于传统学科的专业属性。它既吸取了统计学、计算机科学、信息科学等领域的理论基础和方法工具，又融合了社会科学、生命科学等多门学科的应用视角，形成了一个综合性的研究范畴。这种深度的跨学科融合，赋予了数据科学独特的能力，使其能在广泛的应用背景下理解和解析复杂数据，提供创新的解决方案。相较而言，传统学科通常在固定的知识框架内深耕细作，所以研究视野和方法论相对单一，这在数据日益增长和问题日益复杂的当下会受到诸多限制。数据科学的跨学科特性不仅可以推动知识的界限拓展，还可以为现代复杂问题的解决提供新的路径。

（2）应用范围的广泛性。在当今数据驱动的时代，数据科学提供了一种通用的方法论，能够帮助各个领域更好地利用数据资源，发现知识，驱动创新。例如，在医疗领域，数据科学能够通过分析病人的医疗记录和基因信息来辅助诊断，以及提供个性化治疗；在金融领域，数据科学能被用于风险管理、欺诈检测和量化交易；在教育领域，数据科学能帮助教师分析学生的学习行为，提升教学质量和增强教学效果。这些应用表明，数据科学的方法和工具已经渗透到社会经济的各个方面，成为现代社会不可或缺的一部分。相较而言，传统学科通常在特定的领域内发展其理论和实践，其影响范围和应用场景相对有限。

（3）侧重点的转变。与传统学科的理论导向和方法论研究不同，数据科学更注重解决现实世界中的具体问题。数据科学通过收集、处理、分析海量数据，不仅能对现象进行简单的描述和解释，还能利用模型进一步预测未来趋势、提出解决方案和优化策略。这种以实际问题为核心的研究模式，使数据科学更贴近实际应用，能快速满足社会和产业的需求，展现出巨大的应用价值和广泛的影响力。

（4）工具和技术的先进性。数据科学的发展受益于先进工具和技术的持续创新与应用。大数据技术、机器学习框架、深度学习算法构成了数据科学独特的技术基础。应用这些技术不仅可以极大地提升数据处理和分析的效率，还可以拓宽数据科学的应用领域，使复杂问题的解决成为可能。相比之下，许多传统学科的工具和方法在面对大规模、高维度、结构复杂的数据集时存在诸多局限性，这进一步凸显了数据科学在现代科技发展中的独特地位。

第2章 数据科学的应用领域

本章将深入探讨数据科学如何跨越理论界限,实现在各行各业的广泛应用。本章不仅是对数据科学实际作用的一次全面展示,还是对其如何推动社会进步和技术革新的深刻见证。数据科学凭借其强大的数据处理与分析能力,在智慧城市建设、环境保护、物联网集成、制造业优化及能源行业决策支持等领域发挥着重要作用。

本章将展现数据科学作为一种强有力的工具,如何帮助我们更高效地管理城市、保护环境、创新生产方式及优化能源使用。通过一系列应用案例,读者不仅能够理解数据科学技术的实际价值,还能洞察其未来潜力和发展方向。

总的来说,本章旨在通过探索数据科学在不同领域中的应用案例,揭示数据科学作为一门跨学科研究科学的核心优势和应用广度,展现其在解决复杂问题时的独特能力。这些应用案例既能体现数据科学的理论与实践相结合的特性,又能彰显其在社会和技术进步中的强大推动力。

2.1 智慧城市与数据驱动的城市管理

随着城市化进程的加快,城市面临的挑战越来越多,如交通拥堵、环境污染、能源消耗和公共安全等问题。智慧城市的概念应运而生,目的是利用先进的信息技术和数据科学,实现城市智能化管理,提升城市的生活质量和经济效率。

本节将重点分析数据驱动的城市管理模式,即如何通过收集、分析和应用大量城市数据来优化城市管理与服务。

2.1.1 交通管理

交通拥堵已成为影响城市发展和居民生活质量的关键问题之一。利用数据分析和智能化技术对交通流量进行预测与管理,不仅可以优化交通信号控制系统,还可以为城市规划和交通系统设计提供科学依据。

1. 数据分析与交通流量预测

先收集各种交通数据(包括车辆流量、速度、事故记录等),再利用数据分析和机器学习模型对交通流量进行精准预测。这些预测可以帮助交通管理部门了解特定时间段的交通状况,预测拥堵趋势,从而提前制定调控措施,如调整信号灯周期、实施临时交通管制等,以缓解拥堵状况。

2. 优化交通信号控制系统

智能交通信号控制系统利用实时交通数据，动态调整信号灯的工作模式，如延长绿灯时间或缩短红灯时间，以适应实时交通流量的变化。相比传统的固定时序控制，这种基于数据的动态控制方式能更有效地缩短交叉路口的等待时间，提高路网通行能力。

3. 减少交通拥堵

数据驱动的交通管理系统还能识别高风险拥堵区域，通过分析交通流向和拥堵原因，可以制定有效的交通疏导策略。例如，可以通过设立交通信息板向驾驶员提供实时交通状况和替代路线建议，鼓励使用公共交通系统，或者在必要时实施交通限行措施。

4. 提高出行效率

基于数据科学的交通管理策略，不仅能缓解城市交通拥堵情况，还能提高整体交通系统的运行效率和安全性。居民享受到更顺畅、更高效的出行体验，不仅有利于降低交通事故发生率，还可以提升城市可持续发展能力。

综上，数据科学可以在交通管理领域展现出巨大潜力。随着技术的进步和数据分析能力的提升，未来城市交通管理将变得更加智能化和高效化。

2.1.2 环境保护

在智慧城市的环境保护领域，应用数据科学可以提供一种前所未有的方法来监测、分析和解决环境问题。通过部署传感器网络收集空气质量、水质、噪声等环境数据，城市管理者能够实时了解城市的环境状况，及时发现污染源和潜在的环境风险。

1. 空气质量监测

利用遍布城市各处的空气质量监测站，可以实时收集 PM2.5、NO_2、CO 等污染物的数据。可以利用数据科学技术分析这些数据，识别污染趋势和模式，预测未来的空气质量变化，从而为制订空气质量改善计划和应急措施提供科学依据。

2. 水质监测

通过在水源地、水厂和管网等关键点安装水质在线监测设备，可以收集水体的 pH、溶解氧、有害物质含量等数据。利用数据科学技术可以识别水质污染事件，追踪污染源头，指导水资源的保护和污染治理工作。

此外，通过对这些环境数据的长期收集和分析，数据科学家还能帮助城市规划者和决策者理解环境变化的长期趋势，评估不同环保政策和措施的效果，并为城市的可持续发展规划提供支持。例如，分析绿化覆盖率与城市热岛效应之间的关系可以为城市绿化工程的规划和实施提供数据支持。

总之，环境保护在智慧城市建设中占据着重要地位。数据科学技术的应用不仅可以使环境监测和管理更加精准、高效，还可以为建设更加宜居的城市环境提供强大的技术支持。

2.1.3 能源管理

在智慧城市的能源管理领域，采用智能电网技术是实现能源供需动态平衡、提高能源利用效率、减少能源浪费的关键。智能电网采用先进的信息通信技术和数据科学技术，对电网的运行状态进行实时监控和管理，优化能源的分配和使用，从而达到节能减排的目的。

1. 实时监控和预测

通过在电网中部署传感器和智能计量设备，能够实时收集各种能源使用数据，包括电力消耗量、发电量和电网状态等。这些数据经过分析后，不仅可以用来监测当前的能源供需状况，还可以用来预测未来的能源需求趋势，为电网的调度和能源的合理配置提供科学依据。

2. 优化能源分配

数据科学技术在智能电网中的应用，可以实现能源分配的进一步优化。通过对收集到的大量数据进行深度分析，智能电网能根据用户的能源使用模式、历史数据和预测结果，动态调整能源的分配和输出，从而确保能源供应的高效性和稳定性。

3. 促进可再生能源的利用

智能电网对促进可再生能源的利用也起着重要作用。通过整合太阳能、风能等可再生能源，智能电网能根据可再生能源的实时发电情况和电网需求，灵活调度各种能源资源，提高可再生能源的利用率，减少对化石燃料的依赖。

4. 提升用户参与度

智能电网还可以鼓励和促进用户的积极参与。通过实施实时计价和提供能源使用反馈，用户可根据能源价格变化和自己的能源使用情况，调整用电行为，如在低峰时段使用大功率电器，进一步提高能源使用效率，降低能源成本。

综上所述，能源管理在智慧城市建设中发挥着重要作用，尤其是智能电网的应用可以大大提升城市能源管理的智能化水平，实现能源供需的高效平衡，推动城市向着更加绿色、高效、可持续的方向发展。

2.1.4 公共安全

在智慧城市的构建过程中，公共安全是一个重要领域，直接影响城市居民的生命财产安全和城市的稳定发展。利用先进的视频监控系统和数据分析技术，智慧城市能有效提升公共安全管理的水平，构建更加安全的城市环境。

1. 视频监控系统的应用

视频监控系统作为公共安全的重要组成部分，在智慧城市中得到了广泛应用。公共区域、交通节点等地方装配了大量高清智能摄像头，这些摄像头可以 24 小时不间断地进行视频监控，实时收集城市各个角落的动态信息。通过这些实时视频数据，安全管理人员能够迅速发现可疑行为和潜在的安全隐患，及时采取应对措施，从而有效预防和减少犯罪事件的发生。

2. 数据分析技术的运用

除了视频监控，数据分析技术在公共安全管理中也发挥着重要作用。利用大数据和机器学习技术，可以对收集到的海量视频数据进行深度分析，从而识别特定的模式和异常行为，如人群聚集、交通事故等。此外，数据分析还能帮助安全管理人员分析犯罪热点区域，预测潜在的安全风险，从而采取更有针对性的预防措施。

3. 应急响应机制的优化

智慧城市中的公共安全管理还包括对各类紧急情况的快速响应。如果建立高效的应急响应机制，一旦发生紧急情况，如自然灾害、火灾、交通事故等，相关部门就能够通过实时的数据分析和通信系统迅速做出反应，第一时间调度救援资源，最大限度地减少损失和伤害。

总之，通过上述手段，智慧城市能够显著提升公共安全管理的效率，为城市居民创造更加安全和宜居的环境。这不仅需要先进的技术支持，还需要城市管理者、安全机构和技术提供者之间的紧密合作，共同为公共安全贡献力量。

2.2 环境科学中的数据应用

在当前环境问题日益严峻的背景下，数据科学提供了一种新的视角和工具，可以帮助我们更好地理解环境变化，预测环境风险，以及制定有效的环保措施。

2.2.1 环境监测与数据分析

环境监测与数据分析在当前的环境保护和可持续发展战略中扮演着重要角色。随着技术的进步，尤其是在传感器网络和卫星遥感等领域的突破，我们现在能够更加精确、实时地监测地球的各种环境参数。这些高科技工具能全天候不间断地收集大气质量、水质状况、土壤条件、温度变化等环境指标的数据，为数据科学提供丰富的原始材料。

利用数据科学的方法，这些海量的环境数据被提取、转化为有价值的信息。利用先进的数据处理技术，如数据挖掘和机器学习算法，能从复杂数据中识别出污染模式，预测环境变化趋势，甚至发现以往没有被注意到的环境问题。例如，通过对比分析不同时间和地点的空气质量数据，研究人员可以识别出空气污染的热点区域和主要污染源，从而为制定有针对性的空气净化政策提供科学依据。

卫星遥感技术在环境监测中的应用尤为广泛。它不仅可以用于监测森林覆盖和植被生长状况，还可以用于评估农作物健康程度、监测海洋和冰川变化、预测自然灾害等。这些应用对于了解全球环境变化、保护自然资源及应对气候变化都有重要的意义。

此外，环境监测与数据分析还为公众参与环境保护提供了新途径。借助公开访问的环境监测数据和易于理解的数据可视化工具，公众可直接了解环境问题的现状和严重性，增强自身的环保意识。

环境监测与数据分析通过高科技手段收集环境数据，并利用数据科学的强大分析能力，为环境保护和管理提供精确的决策支持。这不仅有助于及时发现和解决环境问题，还可以为全球可持续发展目标的实现提供坚实的科学基础。

2.2.2 环境风险预测与管理

数据科学在环境风险预测与管理领域的应用越来越广泛，这主要是因为它不仅能提供精确的预测模型，还能帮助各级政府和社区采取更及时、更有针对性的行动来应对潜在的环境风险与自然灾害。通过对大量历史环境数据进行分析，并结合先进的机器学习算法，研究人员可以构建出能够预测自然灾害发生的模型，这些模型不仅能预测自然灾害的类型，还能预估其发生的时间、地点，以及可能造成的影响范围和程度。例如，可以通过分析过去的气候数据、地质数据及其他相关环境指标，预测某地区未来发生洪涝或干旱灾害的概率，这能为当地政府和居民提供宝贵的准备时间，以采取适当的防范措施，如加强水坝的建设和维护，储备足够的饮用水和食物，以及制订人员疏散计划等，从而有效减少自然灾害带来的损失。

在环境污染风险预测方面，通过分析工业排放、交通流量及其他可能的污染源数据，可以预测空气和水质污染的趋势与热点区域，从而为环境保护部门的监管和干预提供科学依据。例如，如果模型预测某个工业区可能会造成严重的水体污染，相关部门可以提前采取措施，加强对该工业区废水排放的监管，或者要求企业采取更环保的生产工艺，以防止污染的发生。

此外，利用数据科学还能帮助政府和环保组织评估不同环保政策与措施的效果，通过对政策实施前后的环境质量数据进行对比分析，可以了解哪些政策最有效，哪些政策需要改进，从而优化环境保护策略，确保资源的有效利用。

在环境风险预测与管理中应用数据科学，不仅可以提高人们应对自然灾害和环境污染的能力，还可以为实现可持续发展和保护地球环境的目标提供强有力的技术支持。通过不断发展和优化这些数据分析模型与预测技术，我们能够更精准地预测和管理环境风险，保护自然环境，促进人与自然的和谐共生。

2.2.3 环保政策评估与优化

随着全球环境问题的日益突出，各国政府和环保组织出台了一系列环保政策与措施，旨在减少污染、保护自然资源、促进可持续发展。然而，如何准确评估这些政策的效果，以及如何根据评估结果调整和优化政策，已成为环保工作中的关键问题。

数据科学提供了一种有效的解决方案。借助大数据分析技术，政策制定者可以系统地收集和分析各种环境指标数据，包括空气和水质指数、温室气体排放量、生物多样性指标等。将这些数据与环保政策实施的时间线相对照，可以直观地展示政策实施前后环境状况的变化，从而评估政策的实际效果。

此外，数据科学技术还能帮助政策制定者识别环保政策执行过程中可能出现的问题。例如，通过分析不同地区或部门环境指标的变化，可以发现政策执行的不均衡性或滞后性，从而为政策制定者提供调整和优化的依据。采用机器学习算法分析环保措施的成本效益，可以发现哪些措施最具成本效益，哪些措施的效果不明显，从而优化资源分配，提高环保资金的使用效率。

数据科学还可以通过预测模型预测不同环保政策的潜在影响，为政策制定提供前瞻性的决策支持。这种基于数据的模型预测不仅可以增强环保政策的针对性，还可以最大限度地降低政策实施的风险和不确定性。

总之，在环保政策评估与优化中应用数据科学，不仅能提高环保政策的科学性和有效性，还有助于实现资源的高效利用和环境的可持续发展。随着数据分析技术的不断进步和应用范围的不断扩大，数据科学在环保领域将发挥越来越重要的作用。

2.3 物联网的数据集成与分析

物联网，作为连接实体世界与数字世界的桥梁，正在各行各业发挥着越来越重要的作用。从智能家居、智慧城市到工业4.0、智慧农业等领域，物联网的应用正在不断拓展。

2.3.1 物联网的数据集成

利用物联网技术可以将众多分散的设备和传感器互联，实现对大量、多样化数据的实时收集和传输，利用数据集成技术可以将收集的数据融合为可供分析和应用的统一数据集。数据集成在物联网应用中起着关键作用，不仅可以提高数据处理的效率，还可以为数据的深入分析奠定基础。

智能农业系统就是一个典型的物联网数据集成案例。在这个系统中，各种传感器被部署在农田中，用于监测土壤湿度、土壤温度、土壤pH、作物生长状态及环境光照等数据。同时，无人机和卫星遥感技术也被用于从空中收集作物生长情况和农田环境特征等数据。这些来自地面和空中的数据，虽然种类繁多、格式各异，但都被汇集到一个中心数据库进行统一的处理和分析。

在数据集成过程中，首先需要对收集到的原始数据进行预处理，包括数据清洗（去除错误数据和无关数据）、数据转换（将数据转换为统一格式）及数据融合（合并来源不同的数据）。然后需要利用数据挖掘和机器学习技术，分析土壤条件与作物生长之间的关系，预测作物生长的最佳条件，以及提前识别病虫害的发生风险。

2.3.2 物联网数据的分析与应用

对物联网集成的数据进行有效分析，可以让数据的价值实现最大化。这个过程不仅包括对数据的基本处理和分析，还涉及利用先进的算法和模型对数据进行深入挖掘，以支持更加智能化的决策和服务。下面展示物联网数据分析在不同领域的应用。

1. 健康监护和疾病预防

物联网在医疗健康领域的应用，尤其是在远程健康监护和慢性病管理中，为提高人们的健康水平提供了新的可能。例如，佩戴智能手环、心率监测器等可穿戴设备，用户的健康数据（如心率、血压、运动量等）可以被实时收集并传输到云端。这些健康数据可以用于个性化的健康建议、疾病早期预警及慢性病的长期管理。此外，通过分析大规模的医疗健康数据，研究人员可以发现疾病的发展规律，从而为疾病预防和治疗提供科学依据。

2. 智能制造和供应链管理

在工业 4.0 的背景下，物联网技术正成为推动智能制造和供应链管理革新的关键力量。例如，在生产线上安装各种传感器和机器视觉设备，可以实时监控和分析生产过程中的数据（如设备状态、生产效率、原材料消耗等）。这些数据的分析结果可用于预测设备故障、优化生产流程和提高产品质量。同时，对整个供应链上的数据（如原材料供应、产品制造、仓储物流和市场需求等）进行集成和分析，可以实现供应链的透明化和智能化，大幅提高供应链效率和响应速度。

由此可见，物联网数据的分析与应用正深刻地影响着农业、医疗健康、工业生产等领域。物联网技术的应用为提高生产效率、优化资源配置、改善人类生活质量提供了新的路径。随着物联网技术和数据科学技术的不断进步，它们在未来社会的应用会越来越广泛。

2.3.3 物联网面临的挑战与发展

1. 物联网面临的挑战

（1）数据安全和隐私保护。由于物联网设备收集与传输的个人数据和企业数据越来越多，因此如何保证这些数据的安全，防止数据泄露和滥用成为一大挑战。此外，用户对于自己的隐私信息如何被收集、使用保持着高度关注，因此确保隐私保护也同样重要。

（2）数据质量控制。物联网设备产生的数据量巨大，但数据的准确性、完整性和一致性常常难以保证。数据质量的不一致和不可靠可能会导致错误的分析结果与决策，因此如何有效控制和提高数据质量是一个亟待解决的问题。

（3）设备和标准的兼容性。物联网涉及众多不同类型的设备和技术，不同制造商的设备之间存在兼容性问题，缺乏统一的通信和数据格式标准，这给数据集成和分析带来了额外的挑战。

2. 面对物联网的发展该怎么做

（1）加强数据安全和隐私保护措施。未来的物联网发展将更加重视数据安全和用户隐私保护，可以采用加密技术、匿名化处理等手段，以及制定更加严格的数据使用政策和标准来保护数据安全。

（2）提升数据质量和管理能力。随着数据科学和人工智能技术的进步，将开发出更智能的数据清洗、整合和分析工具，从而提高数据的准确性和可用性。同时，利用智能传感器和更先进的数据采集技术，可以提升原始数据的质量。

（3）推动标准化和互操作性。为了解决设备和数据标准的兼容性问题，行业内可以加强对物联网通信协议和数据格式的标准化工作，提升不同设备和系统之间的互操作性，从而简化数据集成流程。

（4）跨学科合作和政策支持。物联网在发展过程中遇到的各种挑战，需要不同学科领域的专家学者、工程师、政策制定者和企业家共同合作，通过跨学科研究解决技术问题，同时需要政府出台相关政策和标准，为物联网的健康发展提供指导和支持。

总之，物联网将在应对现有挑战的同时，不断探索和拓宽数据科学在新领域的应用，通过技术融合和创新，推动社会向更加智能、高效和可持续的方向发展。

2.4 制造业中的过程优化与质量控制

数据科学在制造业中发挥着关键作用，特别是在提高生产效率、优化制造流程和提升产品质量方面。制造业正在经历一场由数据驱动的变革，这场变革不仅会改变产品的生产方式，而且会重新定义质量控制的概念。

2.4.1 过程优化

在制造业中，过程优化是指使用数据分析和机器学习技术来提升生产流程的效率，减少资源浪费，缩短生产周期，降低生产成本。通过收集生产线上的机器数据、原材料数据、环境数据等，企业可以利用数据科学技术分析和识别生产过程中的瓶颈与低效环节。

1. 实时数据监控与分析

实时数据监控是过程优化中的关键环节。通过在生产线上部署传感器和其他监测设备，企业可以实时收集有关机器运行状态、生产效率、产品质量等方面的数据。企业通过对这些数据进行即时分析，可以快速发现生产过程中的问题，如设备故障、生产效率下降原因、原材料浪费等，从而及时采取措施进行调整或修复。

2. 预测性维护

预测性维护是过程优化中的另一个重要环节。利用机器学习和数据分析技术，企业可以预测设备可能出现的故障和维护需求，从而在问题发生之前就进行维护或更换部件，有效避免生产中断。相比传统的定期维护策略，这种基于数据的维护方式可以大幅降低维护成本和提高生产线的可靠性。

3. 生产参数优化

企业利用数据科学技术对在生产过程中收集的大量数据进行深度分析，可以识别最佳的生产参数设置。例如，通过分析不同生产参数对产品质量和生产效率的影响，机器学习模型可以推荐温度、压力、速度等参数的最优设置。这种基于数据的参数优化，不仅能提高产品质量，还能减少能源消耗和原材料浪费，从而提高生产效率和降低生产成本。

4. 个性化生产与柔性制造

随着市场需求的日益多样化，过程优化还包括实现个性化生产和柔性制造。企业利用数据科学技术分析客户需求数据和市场趋势，可以灵活调整生产计划和生产线设置，从而快速响应市场变化，提供个性化产品，同时让生产流程更高效。

数据科学在制造业过程优化中的应用效果显著，通过实时数据监控与分析等手段，企业可以实现生产过程的高效运行和持续改进，最终达到降低成本、提高效率和满足市场需求的目标。随着数据科学技术的不断进步，未来在制造业中过程优化将展现出更大的潜力。

2.4.2 质量控制

数据科学的进步为制造业中的质量控制带来了革命性的变化，使企业能够以前所未有的精度和效率监控产品质量。通过实时收集和分析生产线上的数据，包括机器参数、生产环境条件及产品检测结果，企业能够快速识别产品产生质量问题的根本原因，及时调整生产参数或流程，以确保产品符合质量标准。

在自动化质量检测方面，数据分析和机器视觉技术的应用尤为突出。利用高分辨率摄像头捕捉的产品图像，并结合图像识别和机器学习算法，系统能够自动识别产品表面的缺陷、尺寸偏差或装配错误等问题。这种自动化的质量检测方法既可以大幅提高检测速度，还可以显著降低人工检测的主观性，以及减小疲劳导致的误差。

利用先进的数据分析技术，还可以对生产过程中产生的数据进行深入挖掘，发现质量问题的潜在模式和趋势。例如，通过分析不同生产班次的产品质量数据，可以发现产品存在的系统性质量偏差，从而促使特定的生产环节或操作人员技能得以改进。

在智能制造的背景下，质量控制不只限于产品生产结束后的检测，更重要的是可以实现整个生产过程的全面质量管理。通过对生产设备、原材料和生产环境进行实时监控，以及对生产过程的持续优化，可以从源头上保证产品质量，实现零缺陷生产。

随着大数据和人工智能技术的不断发展，质量控制的方法和手段将变得更加智能和高效。未来的质量控制系统能更加精确地预测和解决质量问题，进一步提升制造业的产品质量和竞争力。

2.5 能源行业的数据分析与决策支持

随着智能传感器、物联网和大数据技术的发展，能源企业现在能够收集和分析从勘探、开采、生产到分销过程中产生的大量数据，为决策制定提供科学依据。特别是在石油领域，这些技术已经是优化能源生产、提高开采效率、降低成本并实现可持续发展的关键工具。通过深入分析地质数据、历史开采数据及实时监测数据，能源企业能够做出更加精准的决策，优化资源的开采和利用。下面以石油领域为例，介绍数据分析技术的应用。

2.5.1 优化能源生产

在优化能源生产的过程中，数据分析技术发挥着重要作用。

1. 地质勘探优化

在石油勘探领域，运用高级数据分析技术可以显著提高发现新油田的概率。例如，利用地震数据分析和三维地质建模技术，科学家可以更准确地预测油气藏的位置、规模，从而指导勘探活动，优化钻探方案。这不仅能减少钻探的盲目性，还能显著降低勘探风险和成本。

2. 钻井策略优化

利用历史开采数据和机器学习算法，能源企业能够优化钻井位置和钻井参数，提高开采效率。例如，通过分析不同钻井位置的开采成果和相关地质参数，可以预测最佳的钻井点位和深度，从而实现油气产量最大化，同时降低开采对环境的影响。

3. 实时监测与智能控制

在石油开采过程中，实时监测油井和管网系统的状态对于优化生产至关重要。通过在油田部署传感器网络收集实时数据，并利用数据分析技术实时监控油井产量、压力、温度等关键指标，能源企业能够及时调整开采策略，优化油井产能，同时预防可能的事故和故障。

4. 油藏模拟与优化

利用地质和生产数据构建高精度的油藏模型，能够帮助工程师模拟不同开采策略下的油气流动和油藏表现。例如，通过模拟水平钻井与压裂技术的应用，可以优化油藏的开发计划，提高油气田的采收率，同时降低对周边环境的影响。

5. 石油运输优化

在石油行业，运输是能源消耗的重要部分。进行数据分析不仅可以优化石油产品的运输路线和调度计划，还可以减少运输过程中的能耗和碳排放。例如，利用地理信息系统和实时交通数据，分析和预测最佳的运输路径，避开拥堵区域，不仅可以缩短运输时间，还可以减少燃油消耗。

6. 提高采油效率

对油田生产数据进行深入分析，可以发现提高采油效率的机会。利用数据分析技术监测油井的产量、压力和温度等关键参数，并结合油藏模型，可以精确控制注水量和注气量，实现油藏的有效开发。例如，实施智能油田管理系统，并利用大数据和人工智能技术优化生产策略，不仅可以提高油气田的采收率，还可以减少能源在采油过程中的消耗。这些案例表明，在石油行业，数据分析技术的应用不仅限于提高原油的开采和生产效率，还包括在运输、钻井、采油及加工炼化等各个环节优化能源使用，显著提升能源效率，支持行业的可持续发展。随着技术的进一步发展，预计数据分析将在石油行业发挥越来越重要的作用，推动能源效率的持续提高。

2.5.2 风险管理和决策支持

数据分析在能源行业中的应用不仅能提升生产效率，还能极大地增强风险管理和决策支持的能力。通过深入分析包括市场趋势、政策法规、消费模式在内的各种数据，能源企业能够获得全面的市场信息，从而做出明智的战略决策。

1. 市场趋势和风险预测

在石油等传统能源市场，价格波动和政治因素经常给企业带来不确定性。通过采集和分析历史市场价格数据、供需关系、地缘政治事件等数据，并结合数据分析工具，企业能够预测市场趋势，识别潜在的风险因素，从而在市场波动中找到稳健的发展机会。此外，通过模拟不同的市场情景，企业可以为可能的市场变化做好准备，并制定灵活的应对策略。

2. 投资决策和项目评估

对于新能源项目而言，正确评估项目的经济性、技术可行性及其对环境的影响相当重要。利用数据分析技术，企业可以对项目的成本收益进行精确计算，评估不同技术方案和运营模式的效益，从而做出科学的投资决策。例如，在考虑投资风电场项目时，企业可以分析该地区的长期风速数据、地形特征及政策支持情况，预测项目的发电效率和经济回报率，以确保投资决策的合理性。

3. 政策环境分析

在能源行业，政策环境对企业的经营活动有直接且深远的影响。企业利用数据分析技术可以及时了解政策变化，评估政策对市场和企业运营的潜在影响。通过分析不同国家和地区的能源政策、环保法规及补贴政策等信息，企业可以优化其全球战略布局，把握政策带来的机遇，规避潜在的政策风险。

2.5.3 消费者行为分析

在能源行业，尤其是面向终端消费者的电力和天然气市场，深入分析消费者行为成为关键驱动因素之一,直接关系到企业能否在竞争激烈的市场中脱颖而出。随着大数据和人工智能技术的发展,能源企业现在有能力通过多维度分析消费者行为,更好地理解客户需求,优化服务,并制定有效的市场策略。

1. 细分市场和个性化服务

通过分析消费者用能数据,企业可以识别不同的消费群体和行为模式,从而进行市场细分。通过识别高能耗用户和节能型用户,企业可以为这些不同的群体提供定制化的产品和服务,以满足不同消费者的特定需求。例如,针对高能耗用户推出能效改进咨询服务,为节能型用户提供智能家居解决方案。

2. 优化定价策略

根据消费者行为分析,企业可以更精确地制定定价策略,提高市场竞争力。例如,通过分析消费者对价格变动的敏感度,企业可以实施动态定价策略,根据市场需求和供给情况调整电价或气价,鼓励更多的用户在非高峰时段使用能源,从而优化能源分配和利用效率。

3. 提高顾客满意度

通过分析消费者满意度调查和社交媒体反馈,企业可以及时了解消费者的意见和建议,及时调整服务策略,从而提高顾客满意度。例如,如果消费者反映某个服务流程过于复杂,那么企业可以有针对性地简化流程,提高服务效率。此外,通过社交媒体分析,企业还可以监测和管理在线声誉,及时响应消费者反馈,建立良好的品牌形象。

4. 预测未来趋势

利用先进的数据分析技术,能源企业还可以预测消费者行为的未来趋势。通过分析历史用能数据和市场动态,并结合人口统计学信息和经济指标,能源企业可以预测未来的能源需求变化,指导产能规划和市场战略。例如,通过预测未来太阳能和电动车的普及率,能源企业可以提前规划相关的基础设施建设和服务扩展。

总之,随着技术的不断进步和应用场景的不断拓展,数据分析将在能源行业的决策支持、效率提升和可持续发展方面发挥重要的作用。能源企业需要不断探索和创新,充分利用数据分析的力量,以应对未来的市场变化和挑战。

第 3 章 数据处理与分析技能

在数据科学的实践中,能否高效地处理和分析数据直接关系到洞察的准确性和决策的有效性。本章将引导读者了解数据处理与分析的关键环节,从掌握数据分析的数学基础,到了解数据预处理与数据管理。

3.1 节介绍概率论、统计学和线性代数在数据分析中的核心作用,这些工具不仅能帮助读者理解数据科学模型和算法,还能为他们进一步的学习和应用奠定坚实的基础。

3.2 节讨论数据清洗、数据整合和数据转换的相关内容,这些是确保数据分析质量和效果的前提。

3.3 节详细介绍数据存储策略(如关系数据库与非关系数据库等)和数据访问方法,以指导读者在数据规模迅速增长的环境中保持数据的可访问性和可分析性。

通过学习本章内容,读者将获得一套完整的数据处理与分析技能,不仅能深入理解数据背后的原理,还能灵活运用各种工具和技术来处理实际问题。这些技能能为读者未来深入探索数据科学的其他领域奠定坚实的基础。

3.1 数据分析的数学基础:概率论、统计学和线性代数

掌握数据分析的数学基础是进入数据科学领域的第一步。本节主要介绍三个对数据科学十分重要的数学学科:概率论、统计学和线性代数。这些数学工具不仅构成了数据分析的理论基础,更是理解和实施数据科学模型与算法的必备知识。

3.1.1 概率论与数据科学

概率论是理解数据科学和统计推断的基础,为处理数据中的随机性和不确定性提供了数学语言与工具。它让人们在面对不完全信息时能做出合理的预测和决策。概率论在数据科学中的应用很广泛,从简单的数据分析到复杂的机器学习模型都离不开概率论的基本概念和原理。通过概率论,数据科学家能够量化和推断数据背后的隐含模式,从而做出基于数据的预测和决策。在数据科学的众多应用领域中,概率论的原理和方法贯穿数据分析、机器学习模型构建、结果评估等各个阶段。

3.1.1.1 概率论与数据科学之间的联系

概率论与数据科学之间的联系主要体现在其能够量化不确定性和辅助决策制定两个方

面，这对于处理现实世界中的复杂数据和问题非常重要。

（1）量化不确定性。在数据科学中，我们经常面对的是不完全或有噪声的数据。概率论通过建立数学模型来描述这种不确定性，因此我们能够以定量的方式来理解和表达这些不确定性。例如，通过对历史数据进行概率分布的拟合，我们可以预测未来某个事件发生的概率，这在金融市场分析、天气预报、疾病爆发预测等领域尤为重要。此外，概率论还能够给出我们评估模型预测的置信水平。例如，在机器学习模型中，除了预测结果，还能预测不确定性的范围，为下一步的决策提供更全面的信息。

（2）辅助决策制定。数据科学不仅关注数据的分析和模型的构建，更重要的是如何利用这些分析结果来指导实际的决策。概率论在这个过程中扮演着桥梁的角色。例如，在面对多种可能的商业策略时，可以利用概率论来评估每种策略成功的可能性和潜在的风险，以及它们的期望收益。采用这种方式，概率论不仅能帮助我们评估各种方案的利弊，还能指导我们如何在面对不确定性时做出最优的选择。在医疗诊断、供应链管理、产品开发等领域，这种基于概率的决策制定方法非常重要，因为它能帮助企业和组织在资源有限的情况下实现效益最大化或风险最小化。

总的来说，概率论与数据科学的紧密联系不仅体现在对数据的深入理解和分析上，更体现在如何将这些分析结果应用于实际问题解决和决策制定上。

3.1.1.2　概率论的相关概念和知识

概率论的若干核心概念，如随机变量、概率分布、条件概率与贝叶斯定理等，不仅是数据科学的理论基础，还直接应用于数据分析、模型构建等多个环节。这些核心概念与数据科学紧密相关，在处理数据时发挥着重要作用。

（1）随机变量：可以是离散的（如抛硬币的结果），也可以是连续的（如测量的体温）。离散型随机变量的常见分布包括二项分布和泊松分布，连续型随机变量的例子包括正态分布和指数分布。

（2）概率分布：描述了一个随机变量取各个可能值的概率。例如，正态分布（高斯分布）的概率密度函数为

$$f(x\mid \mu,\ \sigma^2) = \frac{1}{\sqrt{2\pi\sigma^2}}e^{-\frac{(x-\mu)^2}{2\sigma^2}}$$

其中，μ 为平均值，σ^2 为方差。

正态分布在自然科学和社会科学中非常常见，是许多统计测试的基础假设。

（3）条件概率：给定事件 B 发生的条件下，事件 A 发生的概率，表示为 $P(A\mid B)$。其计算公式为

$$P(A\mid B) = \frac{P(AB)}{P(B)}$$

条件概率是理解事件间依赖性的关键。

（4）贝叶斯定理：是条件概率的一个重要应用，允许在已知某些信息的条件下，更新

对事件发生概率的估计。贝叶斯定理的公式为

$$P(A|B) = \frac{P(B|A) \cdot P(A)}{P(B)}$$

在数据科学中,贝叶斯定理被广泛应用于参数估计、分类问题和推荐系统等。

(5)期望值(数学期望):是随机变量可能取值的加权平均,表示为 $E(X)$。对于离散型随机变量,期望值的计算公式为

$$E(X) = \sum_{i=1}^{n} x_i p_i$$

其中,x_i 为随机变量的取值,p_i 为对应的概率。

(6)方差:度量随机变量取值的离散程度,表示为 $Var(X)$ 或 σ^2。方差的计算公式为

$$Var(X) = E[(X-\mu)^2] = E(x^2) - [E(x)]^2$$

方差和标准差(方差的平方根)是衡量数据波动性的重要指标。

(7)P 值(P value):是统计学中一个重要概念,用于在假设检验中评估数据观察结果发生的概率,以决定是否拒绝零假设(Null Hypothesis)。

P 值是在零假设为真的前提下,观察到当前或更极端数据的概率。它反映了数据与零假设预期之间的一致性程度。P 值越小,意味着在零假设成立的条件下获得当前观察结果(或更极端情况)的概率越小,从而提供拒绝零假设的证据。

P 值的计算依赖于具体的统计测试,如 t 检验、卡方检验等。这些测试先通过分析实际数据和零假设预期之间的差异,得到一个统计量(如 t 值、卡方值),然后通过查表或计算得到对应的 P 值。

P 值较小(通常小于设定的显著性水平 α,如 0.05),意味着在零假设为真的条件下,观察到当前结果(或更极端)的概率很小,提供了强有力的证据拒绝零假设,认为有统计显著的效应或差异。

P 值较大,意味着观察到的数据与零假设预期的一致性较高,没有足够的证据拒绝零假设,可能是因为实际上没有效应,或者样本量不足。

3.1.1.3 概率论在数据科学中的应用

在数据科学中,概率论的应用是多方面的。概率论不仅为处理不确定性提供了强大的工具,还是构建预测模型和做出数据驱动决策的基础。以下是概率论在数据科学领域中的应用场景:

1. 假设检验与统计推断

假设检验与统计推断在数据科学领域发挥着核心作用,特别是在需要从数据中提取结论或验证理论假设时。例如,在开发新药的过程中,通过对照试验来比较新药与安慰剂的效果,假设检验方法可以帮助研究人员判断新药的有效性是否显著超过随机效果。在这种情况下,零假设可能声明新药无效(零假设的相关内容请参考附录 A.8.4),而研究数据产生的 P 值则用于评估拒绝零假设的证据强度。此外,假设检验在产品质量控制中也非常

重要，如用于判断制造过程中的某个变更是否真正提高了产品质量。通过这种方法，企业可以在推出新产品或改进现有产品前，确保其决策基于可靠的统计证据。

2. 贝叶斯推断

贝叶斯推断提供了一种灵活的框架（贝叶斯推断的相关内容请参考附录 A.8.9），用于整合先验知识和新的观测数据，以更新人们对某个假设的信念。这在处理具有不确定性的问题时极为重要。例如，在个性化推荐系统中，可以利用贝叶斯推断方法根据用户的过往行为（如购买历史）来预测他们对未知项目的偏好。通过不断更新用户偏好的模型，推荐系统可以更精准地匹配用户兴趣，从而提高用户满意度。同样，贝叶斯推断也被用于信用评分模型中，通过分析借款人的历史信用行为和新的财务信息，来评估其未来违约的风险。

3. 机器学习中的概率模型

概率模型在机器学习中的应用极为广泛。它通过建立输入数据与预测结果之间的概率关系，针对复杂的决策问题提供解决方案。朴素贝叶斯分类器是基于概率理论的一个简单却强大的例子，它假设特征之间相互独立，并计算给定特征下每个类别发生的条件概率，以此进行分类。在自然语言处理领域，隐马尔可夫模型和条件随机场等概率模型被用于词性标注、实体识别等任务，通过建模词序列的概率分布来预测最有可能的标签序列。这些模型的成功应用足以证明概率论在处理自然语言的不确定性和歧义性中的强大能力。

对假设检验、贝叶斯推断及概率模型在机器学习中的应用进行深入分析可以发现，概率论不仅是理解数据背后现象的强大工具，还是指导数据科学实践和决策制定的基础。随着数据科学领域的不断发展，对这些基本概念和方法的理解将为解决更复杂的问题提供支持。

3.1.2 统计学与数据科学

统计学是数据科学的基石之一，可以为数据分析、模型构建和决策支持提供理论基础与实践方法。理解统计学的基本概念和公式，对于深入进行数据科学研究和应用相当重要。

3.1.2.1 统计学与数据科学紧密相关的内容

（1）描述性统计：涉及数据的收集、整理和呈现，旨在通过数值和图形方法概括与描述数据的特征，关键指标包括平均值（平均数）、中位数、众数（出现次数最多的数值）、方差（度量数据分散程度的指标）、标准差（方差的平方根）等。

（2）推断性统计：利用样本数据来推断总体参数，或者比较两个或多个组间的差异。推断性统计的核心包括假设检验和置信区间的计算。

（3）假设检验：是用来判断样本数据是否支持某个假设的方法。它基于一个统计模型，计算在零假设（通常是无效假设，即两组之间没有差异）为真的前提下，观测到当前样本或更极端情况的概率（即 P 值）。

（4）置信区间：提供了关于总体参数的估计范围，表示对未知参数估计的不确定性水平。例如，95%的置信区间意味着如果从总体中重复抽取大量样本，那么其中约95%的样本的置信区间将包含总体参数。

3.1.2.2 统计学在数据科学中的运用

1. 模型评估

模型构建是数据科学的核心部分；而模型评估则可以确保构建的模型能准确反映数据关系，具有泛化能力。

推断性统计在模型评估中非常重要。例如，置信区间提供了对模型参数估计的不确定性度量，有助于判断这些参数估计的可信程度。

假设检验，特别是在对比两种或多种模型性能时，有助于确定模型改进是否显著，或者提供最佳模型的选择。

2. A/B测试

A/B测试（具体解释请参考7.1.2节）是评估产品或服务改进效果的一种实验方法，广泛应用于网站设计和产品功能更新等领域。

实施A/B测试的步骤如下：先将用户随机分配到控制组和实验组，再比较两组的关键性能指标（Key Performance Indicators，KPI），最后使用假设检验来评估改进措施的效果是否具有显著性。

3. 复杂数据关系分析

对于包含多个变量的复杂数据集，探索变量之间的关系是理解数据结构的关键。

（1）多元回归分析：有助于理解一个或多个自变量（解释变量）如何影响因变量（响应变量），并量化它们之间的关系强度。

（2）因子分析：是一种降维技术，用于识别观察到的变量背后的潜在因子，从而简化数据结构。

（3）聚类分析：是一种无监督学习技术，通过找到数据中的自然分组（簇）来揭示数据的内在结构。

在数据科学中，统计学的这些工具和方法不仅可以提供处理数据、建立和评估模型的技术手段，更是人们理解和解释数据背后现象的重要途径。通过深入理解和应用这些概念，数据科学家能够从复杂的数据中提取出有用信息，为科学研究和商业决策提供支持。

3.1.3 线性代数与数据科学

线性代数是研究向量空间和线性映射之间关系的一个数学分支，为处理和解析数据提供了一套强大的工具。在数据科学领域，线性代数不仅是理解数据结构的基础，还是许多高级算法（特别是机器学习和深度学习模型）的核心组成部分。通过应用线性代数的原理和方法，数据科学家能够有效地处理高维数据集，构建复杂的数据模型，并优化计算过程。

3.1.3.1 线性代数的核心概念和工具

1. 向量和矩阵

在数据科学中,一个向量通常表示一个数据点或观测值,其各个分量可以代表不同的特征或属性。例如,一个人的健康数据向量可能包含年龄、体重和血压等特征。

矩阵是向量的集合,以二维数组的形式组织,常用于表示整个数据集。每一行通常代表一个观测,每一列代表一个特征。矩阵运算,如矩阵的加法、矩阵的转置等,是数据转换、特征提取和模型训练中的基础。

2. 线性变换

线性变换是数学中的一种基本操作,通过矩阵乘法定义一种从一个向量空间到另一个向量空间的映射规则。这种变换具有线性的特性,即保持了向量加法和标量乘法的运算。线性变换在数学科学中的应用十分广泛,可以用来改变数据的表示方式,优化数据结构,以便更高效地进行分析和构建模型。例如,主成分分析(Principal Component Analysis,PCA)利用线性变换将高维数据投影到低维空间,通过旋转和缩放数据空间来尽可能地保留数据的原始变异性,从而达到数据降维的目的。

3. 特征值和特征向量

特征值和特征向量是矩阵理论中的重要概念,为理解矩阵的内在性质提供了强有力的工具。特征值描述了在矩阵的线性变换下向量伸缩的强度,特征向量则指出了线性变换中向量伸缩的方向。在主成分分析和其他基于矩阵分解的方法中,特征值和特征向量的计算是识别与提取数据的主要成分的关键步骤。通过分析数据矩阵的特征值和特征向量,可以确定数据中变异最大的方向,这些方向通常对应数据集中最重要的特征。利用这个特性,数据科学家可以剔除噪声,提取对预测模型最有用的信息,从而在减少数据维度的同时,最大限度地保留数据的原始信息。

4. 奇异值分解和矩阵分解

奇异值分解(Singular Value Decomposition,SVD)是一种矩阵分解技术,就是将任意矩阵分解为三个特定矩阵(一个正交矩阵、一个对角矩阵和一个正交矩阵的转置)的乘积。在数据科学中,奇异值分解用于识别数据中的潜在结构,如在推荐系统中分解用户-项目评分矩阵,发现潜在的用户偏好和项目特征,从而实现协同过滤。

除了奇异值分解,其他矩阵分解技术(如 QR 分解、LU 分解等)在数据科学中也有广泛的应用。其中,QR 分解就是将一个矩阵分解为一个正交矩阵和一个上三角矩阵的乘积。在数值线性代数中,QR 分解特别适用于解决线性最小二乘问题,也常被用于计算矩阵的特征值和特征向量。QR 分解因其稳定性和高效性,成为处理大规模线性系统的有力工具。LU 分解则是将一个矩阵分解为一个下三角矩阵和一个上三角矩阵的乘积,有时还会伴有一个置换矩阵。这种分解技术在解决线性方程组、矩阵求逆和行列式等方面有广泛的应用。特别是在需要反复解决相同系数矩阵但有不同常数项的线性方程组时,应用 LU

分解可以显著提高计算效率。

利用上述工具可以从多种角度处理和分析数据，从而为机器学习算法提供强大的数据表达和简化手段。

3.1.3.2 线性代数与数据科学的联系

1. 数据预处理和特征工程

（1）数据标准化和归一化。数据标准化和归一化通过线性变换将不同量纲或范围的数据转换到一个统一的尺度上。这个过程对于大多数机器学习算法来说至关重要，因为算法性能往往依赖于数值的规模。例如，归一化通常将数据缩放到 0 到 1 之间，而标准化则将数据转换为平均值为 0、标准差为 1 的分布。这些操作不仅可以通过矩阵运算快速完成，还可以保证不同特征能够在相同的尺度上进行比较和计算，提高模型的泛化能力。

（2）特征构建和选择。特征构建是指从现有数据中生成新的特征，以增加模型的预测能力。通过矩阵的线性组合，我们可以构建出新的特征向量，这在一定程度上可以扩展数据的维度和表现形式，使模型能够从更多角度学习数据的内在规律。同时，在特征选择过程中，利用线性代数方法（如主成分分析），可以有效地从高维数据中识别并提取出最有信息量的特征。这些特征通常指向数据变异最大的方向，是对原始数据集最有效的压缩和表示，能在损失信息尽可能少的前提下降低模型复杂度和避免过拟合。

2. 模型构建

（1）线性模型。线性回归、逻辑回归等模型直接基于线性方程，它们的参数估计和预测计算可以通过矩阵运算高效完成。

（2）支持向量机。支持向量机的核心是在高维空间中寻找最佳超平面来分隔不同类别的数据，这个过程需要依赖向量空间中的点积运算和几何间隔的最大化，二者都是线性代数的应用。

（3）深度神经网络。深度学习框架大量使用线性代数运算，如权重矩阵和输入向量的乘积。高效的矩阵运算库是深度学习能够处理大规模数据的关键。

3. 优化算法

（1）梯度下降。许多机器学习算法使用梯度下降或其变体（如随机梯度下降）来优化模型参数。梯度计算从本质上来说是对代价函数的矩阵求导，这直接应用了线性代数的原理。

（2）降维技术。面对高维数据，直接分析和可视化都非常困难。线性代数提供的降维技术（如主成分分析），通过找到数据的低维表示，不仅可以降低计算的复杂性，还可以使数据的可解释性大大增强。

（3）数据的压缩和重构。利用奇异值分解等线性代数工具，可以实现数据的有效压缩，去除噪声，保留最重要的信息，这在图像处理、信号处理等领域特别有用。

线性代数在数据科学中的应用是多面且深入的。它不仅可以为数据预处理和特征工程提供方法，还是构建高效、强大模型的基础，并且在优化算法（Optimization Algorithms）

和处理高维数据等方面发挥着重要作用。掌握线性代数，对于任何数据科学家而言都是必不可少的技能。

3.2 数据预处理：清洗、整合与转换

数据预处理是数据科学中非常重要的一步，直接影响分析的质量和最终模型的性能。数据预处理主要包括数据清洗、数据整合与数据转换，旨在将原始数据转化为更适合分析和建模的格式。

3.2.1 数据清洗

数据清洗是数据预处理过程中的首要步骤，旨在提升数据的准确性、完整性和一致性，确保后续分析的有效性和可靠性。

3.2.1.1 处理缺失值

1. 删除记录

该方法操作简单。当数据量充足且缺失值集中在少数记录中时，删除记录虽然可以迅速降低数据集的复杂性，但可能导致大量信息的丢失。如果缺失不是随机发生的，删除记录还可能引入偏差（Bias），影响分析结果的代表性。

2. 填充缺失值

常见的填充缺失值的方法包括使用全局常数，使用属性的平均值、中位数、众数，或者基于其他记录的估计值填充。更高级的方法，如使用基于相似记录的平均值或使用机器学习模型预测缺失值，能够更准确地估计缺失值，减少信息丢失情况。表3-1中列举了填充缺失值常用的方法。

表3-1 填充缺失值常用的方法

方法	优势	局限性
使用全局常数	操作简单，易于实现	可能引入偏差，不适合所有类型的数据
使用属性的平均值、中位数、众数	操作简单，可以快速实现；减少数据集的总体偏差	可能掩盖数据的实际变异性，对于有偏分布的数据效果不佳
基于其他记录的估计值	通过考虑数据中的模式和关系，可以更准确地估计缺失值	计算成本较高，需要足够的相关记录来进行准确估计
使用机器学习模型预测缺失值	潜在地可以提供非常准确的估计，特别是当数据中存在复杂关系时	实现复杂，需要足够的数据来训练模型，可能过度拟合

3. 结合使用多种方法

在实际应用中，根据数据的性质和分析目标，可能需要结合使用多种方法。例如，在初步数据探索阶段通常使用简单的填充方法，而在建模阶段通常采用更精确的估计或直接使用可以处理缺失值的模型。理解每种方法的优势和局限性，可以帮助数据研究人员选择最适合当前数据和目标的处理策略。

3.2.1.2 识别和处理异常值

对异常值的处理是数据清洗的一个重要环节。正确处理异常值对于保证数据分析的准确性至关重要。

1. 图形分析

箱形图（Boxplot）是一种常用的识别异常值的方法。该方法通过可视化数据的分布范围和中位数，可以识别出远离其他数据点的异常值。

在如图 3-1 所示的数据实例中，箱体的底部和顶部分别对应 Q1 和 Q3，箱体的长度为 IQR（interquartile range，四分位距）。箱体中的数据点表示数据分布的中间 50%。箱体内的一条横线表示数据的中位数，即位于数据中间位置的数值。

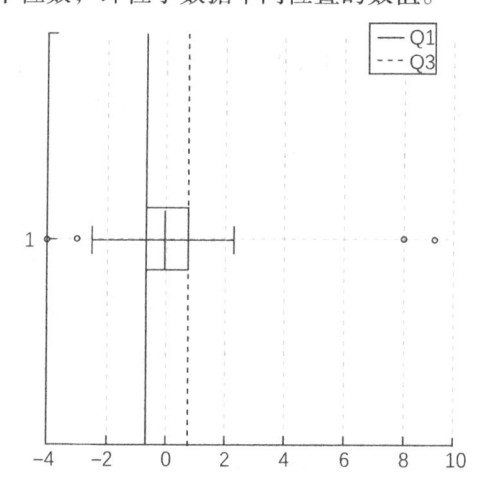

图 3-1 箱形图示例

触须（Whiskers）是从箱体向外延伸的线，表示数据分布的范围，但不包括被视为异常值的点。通常，这些线延伸到的是非异常范围内的最小值和最大值。

2. Z 得分

Z 得分表示数据点与平均值的标准差数目。在通常情况下，Z 得分大于 3 或小于 -3 的数据点可以被认为是异常值。

3. IQR 方法

四分位距（IQR）是上四分位数（Q3）与下四分位数（Q1）的差值。通常认为位于 Q1-1.5IQR 以下或 Q3+1.5IQR 以上的点为异常值。这种方法对于偏态分布的数据集特别有效。

在如图 3-2 所示的数据实例中，Q3 与 Q1 这两条线表示数据分布的中间 50% 的范围。Q1 是将数值由小到大排列后位于 25% 位置的值，而 Q3 则是位于 75% 位置的值。

IQR 方法和异常值

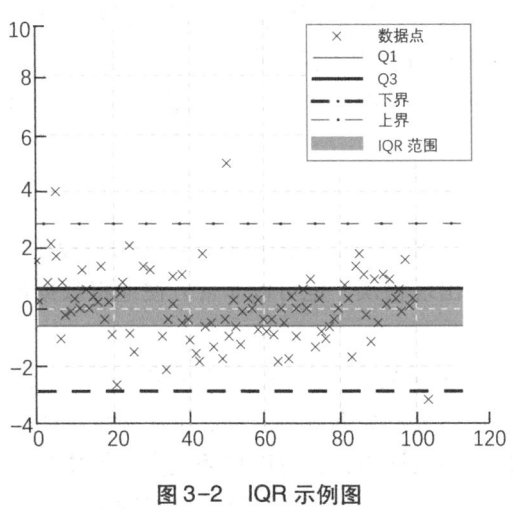

图 3-2 IQR 示例图

IQR 是 Q3 和 Q1 的差值，用于衡量数据分布的离散程度。IQR 的值越大，表示数据越分散。

细点线和粗点线分别表示识别异常值的上、下界限，即 Q1-1.5IQR 和 Q3+1.5IQR。落在这两条线之外的数据点被视为异常值。

×表示原始数据点。可以清楚地看到，大多数数据点落在上、下界限之间，而少数落在界限外的点就是异常值。

3.2.1.3 去除重复数据

去除重复数据是数据清洗过程中的一个重要步骤，直接影响数据分析的质量和后续模型的准确性。因为数据收集过程中的错误或数据整合时的疏忽可能会产生重复的数据。处理这些重复数据不仅能够提高数据分析的准确度，还能优化存储空间和计算资源的使用。

1. 数据去重

（1）定义重复。明确定义什么情况下的记录被视为重复是非常重要的。在一些场景下，记录的所有字段值完全相同才算作重复。而在其他情况下，可能只需要基于一部分关键字段来判断。例如，在用户数据集中，可能基于电子邮件地址或用户 ID 来定义重复记录。

（2）自动化去重。大多数数据处理工具和编程语言（如 Python 的 Pandas 库）提供了强大的数据去重功能，允许用户根据一列或多列快速识别和删除重复的记录。这些工具通常还允许用户选择在发现多条重复记录时保留哪一条（如最先出现的记录或最后出现的记录）。

2. 一致性检查

（1）检查去重效果。在去除重复记录后，执行一致性检查确保关键信息未被误删除是非常重要的。例如，检查去重操作前后记录总数、关键统计量（如平均值、中位数）的变化，以及特定字段的唯一值数量，都是评估去重效果的有效方法。

（2）数据完整性。在去重过程中不仅要保留记录的唯一性，还要维护数据的完整性和一致性。例如，如果基于某几个关键列进行去重，那么需要确保这些操作没有破坏数据集中其他列的信息一致性。

3. 最佳实践

（1）记录去重前的状态。在执行去重操作前，最好备份原始数据或记录去重前的数据状态，这样如果去重过程中出现错误，也可以非常方便地将数据恢复至原始状态重新进行处理。

（2）文档化处理过程。记录数据清洗和去重的详细过程与决策，包括去重的标准、保留的记录选择标准等，对于后续的数据分析复现、结果验证及团队协作都极其重要。

细致入微的去重处理和一致性检查，可以显著提高数据质量，为数据分析和模型构建奠定坚实的基础。在大数据时代，有效的数据管理和清洗策略对于挖掘数据价值具有重要意义。重复数据的存在不仅会影响分析结果，还会导致资源的浪费。

细致的数据清洗工作，可以显著提升数据的质量，为数据科学项目奠定坚实的基础。高质量的数据不仅能够增强模型的性能，还能提高分析结果的可信度和可靠性。随着数据科学技术的发展，人们开发出了很多自动化工具和算法，由此可以帮助数据科学家更高效、更准确地完成数据清洗工作。

3.2.2 数据整合

数据整合是数据预处理的一个关键步骤，它使从分散在多个来源的数据中提取和汇总信息成为现实。正确执行数据整合不仅可以提高数据分析的质量，还可以为决策提供更全面、更准确的信息支持。下面介绍数据整合的关键环节：

3.2.2.1 合并数据集

合并数据集是数据整合过程中的关键步骤。它要求高度的准确性和一致性。通过以下几个方面的详细扩展，读者可以更好地理解和执行这个过程：

1. 统一数据格式

（1）日期和时间格式。不同数据源可能会使用不同的日期和时间格式，如"YYYY-MM-DD""MM/DD/YYYY"或"DD-MM-YYYY HH：MM"。在合并前，统一这些格式是必要的，以避免解析错误或信息丢失。例如，可以将所有日期和时间转换为ISO 8601标准格式。

(2）数值表示。不同的数据集可能会使用不同的单位或精度来表示数值。例如，一个数据集中使用"米"作为长度单位，而另一个数据集可能使用"英尺"。同样，不同的货币单位也需要统一。确保所有数据集在合并前使用同一单位和相同的数值精度，对于保持数据的一致性十分重要。

（3）文本编码。文本字段的编码方式（如UTF-8、ISO 8859-1）应当统一，特别是在处理多语言数据时。不同的编码格式可能会导致字符显示错误或出现乱码，因此在数据整合之前，统一文本编码也是必要的步骤。

2. 确定合并基准

（1）键的选择。合并基准的选择对于保证数据整合的准确性极其重要。选择哪一个或哪几个字段作为键，取决于数据的特点和分析目标。这些键应当在参与合并的所有数据集中都存在且具有唯一性。

（2）键的一致性。即使是同一个键，在不同数据集中的表示也可能存在差异，如用户ID的格式不同。因此，在执行合并操作前，对键进行清洗和标准化是必要的，可以确保不会因为格式差异而错过应该合并的记录。

3. 使用专业工具

（1）数据处理工具。现代数据库管理系统（如MySQL、PostgreSQL）和数据处理库（如Python的Pandas、R语言）提供了强大的数据合并能力。它们能够处理大规模数据集，同时提供灵活的合并选项。

（2）合并策略。不同的合并策略适用于不同的场景。内连接会返回两个数据集中键相匹配的记录，而外连接则会保留一个或两个数据集中未找到匹配键的记录。根据数据的特性和分析需求选择适当的合并策略，可以有效地融合数据集并保留所需信息。

采用这些步骤，数据科学家和数据分析师可以有效地将来源不同的数据合并成一个准确、一致的数据集，从而为后续的数据分析和模型构建奠定坚实的基础。正确执行数据合并不仅可以提高分析的效率，还可以增强结果的可靠性和准确性。

3.2.2.2 实体识别

实体识别在数据整合中扮演着至关重要的角色，特别是当数据来源具有多样化特点，且每个数据源的标准和格式都不一致时。下面对实体识别的几个关键方面进行介绍：

1. 识别和解决重复实体

（1）模糊匹配技术。模糊匹配技术允许在进行字符串比较时容忍一定程度的错误和变化，这对于识别拼写错误、缩写或别名非常有用。常用的算法包括Levenshtein距离（编辑距离）、Jaro-Winkler距离等。利用这两种算法可以量化两个字符串之间的相似度。

（2）字符串相似度计算。可以通过计算字符串之间的相似度，确定两个实体是否指向同一个对象。这不只限于文本数据，对于数字、日期等信息，也可以通过预处理转换为字符串进行比较。

（3）聚类算法。在识别重复实体时，聚类算法可以将表示相同实体的不同记录划分在同一组。例如，可以通过层次聚类或 K-means 聚类，根据实体的多个属性将相似的记录聚合，进而手动或自动地解决实体不一致的问题。

2. 保持数据的一致性

（1）数据清洗和标准化。为了解决实体表示的不一致性，对数据进行清洗和标准化是必不可少的步骤。这包括统一日期格式、地址、人名，以及将货币单位、度量衡单位等标准化。

（2）映射转换。对于具有多种表示形式的实体，建立标准化的映射表是一种有效的策略。可以通过映射表，将不同的表示形式统一到一个标准实体上，以便后续进行分析和处理。

3. 建立实体唯一标识

（1）分配全局唯一标识符。为每个实体分配一个全局唯一标识符（Globally Unique Identifier，GUID），可以极大地降低数据整合后实体追踪和管理的复杂度。全局唯一标识符可以确保即使在不同的数据集中，相同的实体也可以被准确识别和引用。

（2）维护实体索引。建立和维护一个全局实体索引，记录每个实体的全局唯一标识符及其在各个数据源中的表示。这样，当需要更新或查询某个实体的信息时，可以通过检索其全局唯一标识符来快速定位到所有相关的记录。

实体识别和管理是确保数据整合质量的关键。精确识别和解决数据中实体不一致的问题，可以显著提高数据分析的准确性和可靠性。

3.3.2.3 综合考虑

数据整合不只是将不同来源的数据简单地放在一起，还要求深入分析和处理数据，以确保最终的数据集既全面又一致。在进行数据整合时，还需要考虑以下几个方面：

1. 数据的来源和可信度

（1）了解数据源。数据可能来自内部系统、公开数据集、第三方合作伙伴或社交媒体等，所以了解每个数据源的特点和可信度相当重要，这是因为不同的来源可能影响数据的准确性和可用性。

（2）进行数据质量评估。对每个数据源都要进行数据质量评估，包括数据的完整性、准确性、一致性和时效性。进行数据质量评估有助于识别可能影响数据整合质量的问题。

2. 格式的统一与标准化

（1）数据格式标准化。对来源不同的数据进行格式统一和标准化处理，可以确保数据在合并后的一致性和可比性。

（2）数据模型的统一。在数据整合过程中，统一数据模型和术语是确保数据一致性的关键。这可能涉及创建统一的数据字典和标准化的数据模型，以支持跨数据集的分析。

3. 技术与工具的选用

（1）自动化工具的应用。随着数据处理技术的进步，目前许多自动化工具和平台能够支持复杂的数据整合任务。选择适合项目需求的工具，如 ETL（extract、transform、load，抽取、转换、加载）工具、数据清洗和质量管理软件及数据集成平台，可以显著提高数据整合的质量和效率。

（2）持续的数据管理。数据整合不是一次性任务，而是一个持续的过程。随着业务发展和数据环境的变化，数据整合方案也需要不断评估和优化。实施有效的数据治理策略，需要确保数据整合过程透明、可追踪，并且能够灵活适应环境的变化。

4. 目标分析需求的对齐

在进行数据整合前，明确分析目标和需求非常重要。明确分析目标和需求有助于确定哪些数据是必要的，如何处理这些数据，以及如何组织最终的数据集，以支持特定的分析任务或决策需求。

总之，数据整合是确保数据科学项目成功的关键环节。通过精心设计和执行数据整合策略，数据科学家可以构建出既全面又一致的数据基础，为深入进行数据分析和洞察提取提供支持。

3.2.3 数据转换

数据转换是使数据的分析价值和模型性能达到最大化而进行的关键数据预处理步骤。它不仅涉及基础的标准化和归一化过程，还包括更深层次的特征工程和数据离散化，以适应特定的分析需求和模型算法。

3.2.3.1 归一化和标准化

归一化和标准化是数据预处理中的重要步骤，对提升数据科学项目的整体表现和模型性能有重要影响。它们通过调整特征值的尺度来消除数据中的量纲影响，从而使不同特征之间可以公平比较，提升算法的稳定性和性能。下面从应用方向与技术实现角度对归一化和标准化进行介绍：

1. 应用方向

（1）加速模型收敛。在模型训练过程中，特征数据的尺度差异过大会导致优化算法难以收敛，特别是对于那些对输入数据敏感的算法，如神经网络（Neural Networks）。统一的数据尺度可以使梯度下降等优化算法更容易找到最小化损失函数的方向，加速模型的收敛过程。

（2）提高模型泛化能力。归一化和标准化通过减小特征之间尺度的差异，来减轻模型对输入数据尺度的依赖，从而提高模型在未见数据上的泛化能力。

（3）增强算法的稳定性。在一些涉及距离计算的算法中，如 K-最近邻（K-Nearest Neighbors，KNN）和支持向量机，不同特征的尺度差异会直接影响距离的计算结果，进而影响模型的稳定性和准确性。可以通过归一化或标准化处理，确保距离计算不会受到特征尺度的不公平影响。

2. 技术实现

（1）标准化。标准化处理的结果是将数据按比例缩放，从而使整个数据集的平均值为0，标准差为1。这种方法对于假设数据遵循正态分布（高斯分布）的模型尤其有用。标准化的公式为

$$z = \frac{x - \mu}{\sigma}$$

其中，x 为原始数据点，μ 为平均值，σ 为标准差。

（2）归一化。归一化处理是将数据缩放到指定的最小值和最大值之间，通常是0到1之间。这种方法对于不假定数据分布为正态分布非常有效。归一化的公式为

$$x' = \frac{[x - \min(x)]}{\max(x) - \min(x)}$$

其中，x 为原始数据点，$\min(x)$ 和 $\max(x)$ 分别为数据集中的最小值和最大值。

选择归一化还是标准化，应根据数据的分布特性、后续分析或模型构建的需求来决定。有时甚至会根据模型的不同部分或特征的不同性质选择不同的方法。无论采用哪种方法，归一化和标准化都是增强数据处理效果的重要步骤，能够显著提高数据分析和模型训练的质量与效率。

3.2.3.2 特征工程

在数据转换领域中，特征工程占据着核心位置，直接关系到数据模型的效能和精确度。通过对数据进行精细处理和创新性转换，特征工程不仅能提高数据的可用性，而且能极大地增强模型的预测能力。

特征工程涵盖了从原始数据中提取、创造和选择最有价值特征的全过程，旨在为模型训练提供最佳数据支持。这个过程包括但不限于以下几个方面：

1. 创建新特征

在数据转换的上下文中，创建新特征意味着基于对现有数据的洞察，通过各种数学操作和逻辑运算挖掘并构建出对预测任务有潜在帮助的信息。

（1）时间数据处理。时间数据丰富且复杂，从中提取如"星期几"和"是否为节假日"等特征可以帮助模型捕捉到周期性影响因素，这对于需要预测未来事件的任务尤为重要。

（2）组合特征。基于对业务逻辑的理解，将不同的数据列以逻辑或数学方式组合，可能会揭示原始数据中未直观存在的模式。例如，将"总点击量"和"总浏览量"相除得到的"点击率"可能与用户的购买意愿直接相关。

（3）引入外部信息。在某些情况下，模型的预测能力可以通过引入与预测目标密切相关的外部信息得到显著提升。例如，在股价预测模型中可以引入宏观经济指标或相关行业

指标作为新特征。

2. 编码和变换

在数据转换的框架下，处理类别数据和调整连续变量的分布形式对于优化模型的处理能力和提升预测准确率是非常重要的。尤其是将类别数据转化为模型可以有效处理的数值型数据，这是数据预处理中的一个重要步骤。

（1）类别数据编码

①独热编码（One-Hot Encoding）：通过为每个类别创建一个新的二进制列来实现类别的数值化，其中仅对应该类别的列值为1，其余为0。独热编码适用于类别间没有明显顺序关系的情况，能够避免模型错误地解释类别之间的数值大小关系。

②标签编码（Label Encoding）：直接将类别标签转换为数值序列，为每个不同的类别分配一个唯一的整数。这种方法虽然在处理具有明确顺序的类别数据时较为高效（如教育程度为"初中""高中"或"本科"），但在处理无序的类别数据时可能会引发模型误解。

（2）特殊编码技术

①二进制编码（Binary Encoding）：先将类别编码为二进制数字，然后分解为多个列。相较于独热编码，二进制编码在处理具有大量类别的特征时可以显著减少数据维度。

②频率编码（Frequency Encoding）：将类别变量按照频率进行编码，即用该类别在数据集中出现的频率来代替原来的类别标签。这种方法尤其适用于某些类别的出现频率与预测目标密切相关的情况。

（3）连续变量变换

①非线性变换（Non-Linear Transformation）：包括对数变换、平方根变换等。这些变换有助于处理偏斜的数据分布，使模型更容易捕捉数据中的非线性关系。

②分箱（Binning）：将连续变量分割成若干个小区间，是一种有效的数据离散化手段。分箱可以帮助模型处理连续变量中的非线性关系，同时简化模型的复杂度。

通过进行细致入微的编码和变换处理，数据科学家能够优化数据集的结构，使其更加适合特定的机器学习算法。这个步骤对于提高模型的准确性和泛化能力有着不可忽视的影响，是连接原始数据与高效机器学习模型的关键环节。

3. 特征选择

特征选择旨在从庞大的特征集合中筛选出最有价值的特征，以便构建更简洁、更有效的模型。良好的特征选择不仅可以显著提升模型的性能，还可以缩短模型训练的时间、减少资源消耗，以及增强模型的可解释性。下面介绍特征选择的方法和实践：

（1）基于统计测试的特征选择

①单变量统计测试：评估单个特征与响应变量之间的关系强度，常用的方法包括ANOVA（方差分析，相关内容请参考附录A.8.8）、相关系数等。这些测试可以识别与目标变量有显著统计关系的特征。

②多变量特征选择：考虑特征间的相互作用，使用L1正则化（相关内容请参考附录

A.3）等方法，可以在保留对目标变量有重要影响的特征的同时，将其他特征的系数压缩至零，从而实现特征选择。

（2）基于模型的特征选择

①基于模型权重：利用某些机器学习模型本身的特性进行特征选择。例如，树形模型（如随机森林、梯度提升树，随机森林的相关内容请参考8.1.2节）可以提供特征的重要性评分，识别对预测目标最有贡献的特征。

②嵌入方法：与基于模型权重的方法相似。嵌入方法会在模型训练过程中自动进行特征选择。例如，使用带有特征选择功能的正则化线性模型可以在构建模型的同时识别重要的特征。

（3）递归特征消除

①递归特征消除：通过反复构建模型并排除最不重要的特征（即权重最小的特征）来找到最佳特征子集。这个过程从完整的特征集开始，递归移除特征，直到达到指定数量的特征为止。

②交叉验证递归特征消除：为了提高模型的泛化能力，可以结合递归特征消除和交叉验证。这种方法通过多轮交叉验证来选择特征，可以更准确地评估特征子集在未见数据上的表现。

特征选择的实践需要结合具体的数据特性和模型要求，通过不断尝试和评估来找到最适合当前任务的特征子集。在特征集合中识别并选出对模型性能提升最关键的特征。这个步骤有助于简化模型，提高训练速度，防止过拟合。特征选择可以基于统计测试、模型权重或者采用递归特征消除等策略来实施。

3.2.3.3 数据离散化

数据离散化是数据预处理的重要手段，就是将连续的数值变量转化为有限数量的离散类别。这个过程在处理某些类型的数据时尤为有效，特别是当连续数据自然地聚集成几个分段或类别时。下面介绍数据离散化的应用场景及实现方法：

1. 应用场景

（1）处理自然分组数据。在许多情况下，连续变量自然而然地被分为几个区间或类别。例如，年龄这个变量就可以基于生命周期阶段划分为"儿童"（0～12岁）、"青少年"（13～19岁）、"成人"（20～59岁）和"老年"（60岁以上）等，这样的分组对于理解数据的社会学或医学意义特别有用。

（2）简化模型。可以通过将连续变量离散化来简化模型的复杂度，使其更容易理解和解释。例如，在信贷评分模型中，将借款人的收入分成几个离散的等级，可以帮助银行更直观地评估借款人的偿还能力。

（3）增强算法性能。某些机器学习算法在处理离散数据时更为有效。数据离散化有助于更好地捕捉数据中的规律，从而提高模型的预测准确度。

2. 实现方法

下面对同一组实验数据应用三种不同的数据离散化方法进行演示（图3-3）。

（1）等宽分箱（Equal-Width Binning）：将数据的范围等分为若干个固定宽度的区间。这种方法简单直观，但可能会因为数据分布得不均匀导致某些箱中的数据点过多或过少。

（2）等频分箱（Equal-Frequency Binning）：将数据分成若干个区间，每个区间内的数据点数量大致相等。这种方法尝试平衡每个箱中的数据点数，但箱的宽度可能会有很大的差异。

（3）基于聚类的分箱（Cluster-Based Binning）：使用聚类算法（如K-means聚类）将数据点分组，每个组形成一个箱。这种方法考虑了数据点之间的相似度，因此可以更自然地反映数据的结构。

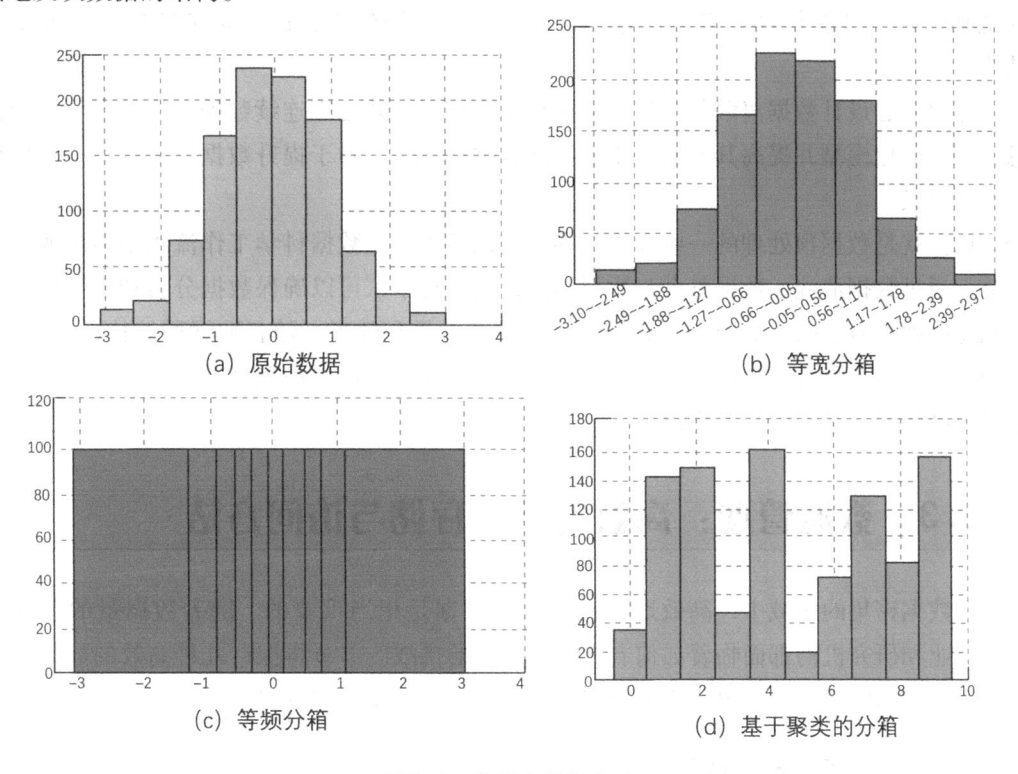

(a) 原始数据

(b) 等宽分箱

(c) 等频分箱

(d) 基于聚类的分箱

图3-3 数据离散化方法

图3-3（a）是生成的1 000个随机数据点的直方图。这些数据点遵循标准正态分布（平均值为0，标准差为1）。该图显示了数据在不同数值范围内的分布密度，用于对比后续的离散化结果。

图3-3（b）采用了等宽分箱方法，数据的整个范围被划分成宽度相等的区间或箱子。每个箱子包含落在其数值范围内的所有数据点。由于使用了10个箱子，因此整个数据范围被等分为10个部分。这种方法简单直观，但由于原始数据分布不均匀，因此一些箱子中的数据点数量可能远多于其他箱子。在图3-3（b）中，每个柱子的高度表示落在该宽

度区间内的数据点数量,所以分布不均匀。

图 3-3 (c) 利用等频分箱方法将数据分成使每个区间或箱子内有大致相同数量的数据点的部分。用这种方式能使每个箱子中的数据点数量尽可能相等,但箱子的宽度可能会有很大的不同。这种情况反映在图中就是每个柱子的高度大致相同(表明每个箱子中的数据点数量大致一样),但每个箱子的宽度存在显著差异。

如图 3-3 (d) 所示,基于聚类的分箱使用聚类算法(这里使用的是 K-means 聚类)将数据点分组,每个组形成一个箱子。这种方法考虑了数据点之间的相似性,因此相似的数据点更有可能被分配到同一个箱中。这种方法的目标是根据数据本身的结构,而不是简单地基于数值范围,来形成更自然的分组。在图 3-3 (d) 中,每个柱子代表一个聚类产生的箱子,其高度表示该箱子中的数据点数量。由于是根据数据点的相似性进行分组的,因此某些箱子可能包含更多的数据点,而其他箱子则较少,这反映了数据内在的聚类结构。

通过精心设计数据离散化过程,数据科学家可以有效处理连续数据,提取有价值的信息,同时简化模型并提高其性能。正确实施数据离散化,对于提升数据分析的质量和效率有重要意义。

以上就是数据预处理的一些关键步骤。数据预处理是数据科学工作流程中不可或缺的环节。通过数据清洗、数据整合与数据转换,数据科学家可以确保数据分析和模型构建的基础是准确且可靠的,从而提升数据项目的整体质量和效率。随着数据科学技术的发展,越来越多的工具和方法会以自动化或半自动化的方式进行数据预处理,这可以帮助数据科学家更高效地从数据中提取价值。

3.3 数据管理:高效的数据存储与访问方法

在数据密集的领域中,高效地存储和访问数据是相当重要的。随着数据量的急剧增长,企业和研究机构都面临着如何有效管理数据的挑战。本节将探讨几种高效的数据存储策略与数据访问方法,提出实用的策略和技术以优化数据管理流程。

3.3.1 数据存储策略

在现代数据管理中,选择正确的数据存储策略对于确保数据的高效访问和持久化至关重要。下面介绍几种主要的数据存储策略:

3.3.1.1 分布式存储系统

对于需要处理大量数据的企业和应用来说,分布式存储系统是数据存储和管理的重要基石。分布式存储系统是指利用网络连接的多台物理服务器共同对数据进行存储和管理的系统。与传统的集中式存储不同,分布式存储不依赖单一设备,而是将数据分散存放在多个位置，每个位置都可以独立访问数据。这种架构通过数据副本和分区技术，不仅可以提高数据的可靠性和访问速度，还可以增强系统的容错能力和可扩展性。

分布式存储系统主要有以下几个特点：

（1）可扩展性：分布式存储系统的设计使其能够通过简单地增加更多的存储节点来扩展系统的总存储容量和处理能力，这种水平扩展的能力是处理大规模数据集的关键。

（2）容错性：分布式存储系统在多个物理位置复制和存储数据，这样能够保证即便某个节点或设备发生故障，数据依然安全且可访问。这种多份复制的策略可以显著降低数据丢失的风险。

（3）高可用性：分布式存储系统能够保证即使在部分节点发生故障的情况下，整个系统仍然可以正常运行。这样可以确保数据的持续可访问性，对于需要全天候不间断运行的关键业务尤为重要。

下面是分布式存储系统的一个应用案例：

Hadoop 分布式文件系统是一个专门为处理大量数据而设计的系统。它通过在多台机器上分布式存储大型文件，来实现高吞吐量的数据访问。Hadoop 分布式文件系统特别适合执行大规模数据处理的批处理作业，如大数据分析和机器学习任务。其设计初衷是在廉价的硬件上提供高容错性和高可靠性，从而降低成本。

总之，分布式存储系统凭借独特的架构和技术，解决了传统存储系统在处理大规模数据时面临的挑战，为数据密集型应用提供了高效、可靠和可扩展的存储解决方案。

3.3.1.2 关系数据库与非关系数据库

在数据管理领域，关系数据库与非关系数据库代表了两种截然不同的数据存储和处理方法。它们拥有不同的特点和优势，适用于不同的应用场景。

1. 关系数据库

关系数据库使用严格定义的表格结构来组织数据，每个表格由行和列组成，其中每一行代表一个数据项，每一列代表数据项的一个属性。这种数据库遵循严格的 ACID 适用场景：

（1）原子性（Atomicity）：一个事务中的所有操作要么全部完成，要么全部不完成，不会处于中间状态。

（2）一致性（Consistency）：事务完成后，数据库状态是一致的，即数据符合所有规则和约束。

（3）隔离性（Isolation）：事务的执行互不干扰，每个事务都是独立的。

（4）持久性（Durability）：一旦事务被提交，它对数据库的修改是永久的，即便系统发生故障也不会丢失。

关系数据库主要有以下几个应用场景：

（1）金融服务。金融行业对数据处理的准确性和可靠性有非常严格的要求。无论是银行转账、证券交易还是支付处理，每项操作都需要确保数据的原子性和一致性，任何数据的丢失或错误都可能导致重大的财务损失和信用风险。关系数据库通过支持复杂的事务管理和 ACID 原则，为这些高风险操作提供坚固的数据管理基础，从而确保每笔交易都能准确无误地完成。

（2）企业资源规划系统。企业资源规划系统是企业管理的核心，集成了财务、供应链、生产、人力资源等方面的管理功能。这个系统中的数据不仅数量庞大而且高度相关。数据的一致性和完整性对于保障企业运营的顺畅至关重要。关系数据库通过其预定义的架构和强大的数据完整性约束（如外键约束），能够有效地维护各个数据表之间的关系，保证数据的准确性和可信度。

（3）传统商业应用。传统商业应用包括客户关系管理系统和库存管理系统，其中客户关系管理系统能帮助企业管理客户信息、销售机会及客户服务记录。这些系统需要处理大量的结构化数据，并且经常需要根据复杂的查询条件生成报表。关系数据库优秀的查询性能和事务支持使其成为构建客户关系管理系统的理想选择。

库存管理系统需要实时跟踪商品的存货量、销售和供应链状况。准确的库存数据对于防止商品滞销或缺货，以及优化供应链管理非常重要。关系数据库提供了严格的数据一致性验证功能和复杂的查询功能，支持库存管理的高效运作。

在这些应用场景中，关系数据库都反映出对数据准确性、可靠性和一致性的高度重视。虽然非关系数据库在处理大数据和提供灵活性方面具有优势，但在需要严格事务管理和数据完整性保障的场景下，关系数据库仍然是不可替代的选择。

2. 非关系数据库

非关系数据库，通常被称为 NoSQL 数据库，已成为现代数据存储和处理的重要工具，特别是在处理大规模、高并发的数据访问请求时。下面对非关系数据库的特点和适用场景进行介绍。

非关系数据库主要有以下几个特点：

（1）数据模型灵活：由于非关系数据库支持各种数据模型，包括键值对、文档、宽列存储和图形数据库，因此能够更自然地存储和管理结构化数据、半结构化数据及非结构化数据。相比关系数据库严格的表结构，非关系数据库的灵活性使数据模式可以根据需要进行快速迭代和调整。

（2）读/写性能高：非关系数据库经常在内存中进行数据的读/写操作，减少了磁盘读/写的消耗，所以可以提供极高的数据访问速度。此外，许多非关系数据库采用了优化的数据存储和索引技术，能进一步提高查询效率。

（3）支持水平扩展：非关系数据库天然支持水平扩展，即通过添加更多的服务器来提升数据库的处理能力和存储容量。这种扩展方式相对于传统关系数据库的垂直扩展（升级服务器硬件）来说，不仅成本更低，而且能更灵活地应对数据量的增长。

非关系数据库可用于多种场景，下面介绍一些具有代表性的应用场景：

（1）大数据应用：在处理大量的用户生成数据（如社交媒体帖子、交易记录等）时，非关系数据库能够提供必要的性能和扩展性。例如，它能够有效存储和分析来自社交网络、物联网设备和在线游戏的海量数据。

（2）实时 Web 应用：对于需要快速响应用户请求的在线服务（如电商平台、新闻聚合网站和在线广告系统），非关系数据库能够提供高效的数据访问和处理能力。在这些应用场景中，数据模型的灵活性和高性能访问对于提升用户体验至关重要。

（3）内容管理系统：非关系数据库非常适合用于管理 Web 内容，如博客文章、用户评论和媒体文件。文档型数据库（如 MongoDB）可以直接存储 JSON 或 XML 格式的内容，这使内容的增加、查询和修改操作更为高效。

非关系数据库在大数据和高并发的 Web 应用领域展现出巨大的潜力。随着数据量的持续增长和应用需求的多样化，非关系数据库在现代数据架构中的作用越来越重要，成为数据存储和管理的关键组件之一。

3.3.1.3 内存数据库

内存数据库以高速的数据处理能力和灵活的应用场景，正在重新定义数据存取的边界，特别是在当今这个对性能和实时响应有着极高要求的时代。

内存数据库是一种数据存储系统。它将所有数据存储在随机存取存储器（Random Access Memory，RAM）中，而不是采用传统的基于磁盘的存储方法。这种设计允许数据直接在内存中被访问，避免了磁盘读/写操作的延迟，从而大幅提高了数据处理速度。内存数据库支持高速数据读/写操作，适合高并发场景和需要快速响应的应用。

内存数据库主要有以下几个特点：

（1）速度快：由于内存的读/写速度远远超过硬盘，因此内存数据库能提供极低的延迟和极高的吞吐量，这对于需要实时分析和即时决策的应用来说至关重要。

（2）灵活性高：内存数据库不仅能高效处理数据，还能灵活应对各种场景，包括作为缓存系统减轻后端数据库负载压力，临时存储会话信息以提升 Web 应用性能，或者执行复杂的实时数据分析。

内存数据库主要有以下几个应用场景：

（1）缓存系统。Redis 作为一个开源的高性能键值数据库，支持的数据结构包括字符串、哈希、列表、集合等。它不仅可以用作数据库，还常被用作缓存和消息队列。Redis 的持久化机制还允许它在系统重启后恢复数据。另外，Memcached 也是一个简单的高性能内存缓存服务，主要用于通过缓存数据来减少数据库加载，加速动态 Web 应用。Memcached 因其简洁的设计和易于部署的特性，成为提升大型数据驱动网站性能的首选工具。

（2）实时数据分析。内存数据库在金融分析、电信网络监控、即时推荐系统等领域扮演着重要角色，能够实时处理流数据，提供即时的数据分析和决策支持。

（3）会话存储。在 Web 应用和移动应用中，将内存数据库用于存储用户会话信息，可提供快速响应和个性化体验。相较于每次都从磁盘数据库读取会话信息，使用内存数据库可以大幅提升应用性能。

内存数据库具有卓越的性能和广泛的应用范围，可以为处理现代应用中的大量数据提供有效的解决方案。随着技术的发展，内存数据库正在帮助企业实现更快的数据处理速度，以适应不断增长的性能需求。

3.3.1.4 云存储

云存储是一种远程存储解决方案，允许数据通过互联网存储在远程数据中心的服务器上。这些服务器由第三方云服务提供商托管和管理。用户可以从任何地点、任何设备访问存储在云中的数据。云存储不仅可以消除对物理存储设备的依赖，还可以为数据的存储和访问提供更高的灵活性和可扩展性。

云存储主要有以下几个特点：

（1）云存储服务允许用户根据实际需求轻松增加或减少存储容量。这意味着企业可以在业务增长时迅速扩展存储空间，而在需求减少时减少资源使用，避免因估计不准而浪费资源。

（2）与传统的物理存储解决方案相比，云存储通常采用按需付费的模式，用户仅需为其实际使用的存储空间和服务付费。这种支付模式有助于企业减少初期投资和降低运维成本，尤其适合对成本敏感的中小型企业。

（3）云存储服务提供了自动的数据备份和恢复机制，增强了数据的安全性和持久性。即使数据丢失或硬件发生故障，用户也能快速恢复数据，确保业务的连续性。

云存储在数据科学领域中主要有以下几个应用：

（1）数据分析和数据科学项目。云存储为数据科学家提供了存储和处理大规模数据集的能力。无论是运行复杂的机器学习模型，还是进行数据挖掘、数据可视化，云存储都能提供必要的数据访问速度和计算资源。

（2）大数据存储和处理。对于需要处理PB级别数据的大数据项目，云存储可以提供一种成本效益高、易于扩展的解决方案。企业可以利用云服务商提供的大数据处理工具和服务，如Amazon EMR、Google BigQuery和Microsoft Azure HDInsight，来分析存储在云中的数据。

（3）数据备份和灾难恢复。云存储是实施数据备份和灾难恢复计划的理想选择。企业可以利用云存储服务来创建数据的远程备份，从而确保在本地数据中心发生故障时能够迅速恢复业务操作。

总之，云存储凭借其高度的可扩展性、成本效益和数据安全性，在数据科学和大数据处理领域发挥着重要作用。

3.3.1.5 数据湖

数据湖是一个存储系统或存储库，旨在以原始格式存储大量、多样化的数据，包括结构化数据（如数据库中的表格）、半结构化数据（如XML和JSON格式的文件）和非结构化数据（如电子邮件、文档、视频）。与传统的数据仓库不同，数据湖允许用户在数据被查询或分析之前保留其原始格式，无须将其转换为固定格式。这种设计理念提供了极大的灵活性，使数据科学家和数据分析师能够直接访问与分析原始数据。

数据湖主要有以下特点：

（1）数据湖支持存储各种数据类型，这为用户提供了前所未有的灵活性。它允许用户在单一位置存储和管理所有数据，不论是来自业务系统的结构化数据，还是来自社交媒体等外部源的非结构化数据。

（2）通过允许用户存储未经处理的原始数据，数据湖有助于降低长期的数据存储和管理成本。与需要 ETL 过程的数据库相比，数据湖的成本效率更高，尤其是在处理大规模数据集时。

（3）数据湖有高度可扩展的架构，能够适应不断增长的数据量和日益复杂的数据分析需求。这种可扩展性可以确保即使在数据量呈爆炸式增长的情况下，它也能保持高效的数据存储和处理能力。

数据湖主要有以下几个应用场景：

（1）大数据分析。数据湖为存储和分析海量数据提供了理想的平台，使企业能够利用大数据技术（如 Hadoop 和 Spark）进行复杂的数据处理和分析任务，以洞察业务运营和市场趋势。

（2）数据科学和机器学习。数据科学项目和机器学习模型的开发需要依赖对大量多样化数据的访问。数据湖通过提供对原始数据的直接访问，使数据科学家能够更容易地进行数据探索、特征工程和模型训练。

（3）数据整合和管理。对于企业而言，将不同来源和不同格式的数据集中存储在数据湖中，不仅有助于简化数据管理，还能够促进数据的共享和再利用。数据湖支持多种数据访问和分析工具，能为数据的整合、治理和安全提供强大的支持。

数据湖作为一种灵活、成本效益高且可扩展性强的数据存储解决方案，在数据驱动的决策制定、数据分析和机器学习等领域发挥着关键作用。

综上所述，需要根据具体的业务需求、数据特性及系统架构考虑和选择合适的数据存储策略。理解各种存储选项的特点和限制是设计高效、可靠数据管理系统的关键。

3.3.2　数据访问方法

在数据科学和信息技术领域，高效的数据访问方法对于处理大规模数据集、加速数据检索和分析过程十分重要。

3.3.2.1　数据索引技术

数据索引技术通过为数据库或数据集创建快速查找路径来优化检索速度，从而显著提高数据查询效率。可以将索引看作指向数据存储位置的指针，使数据检索过程类似于查找书籍目录，而不是逐页翻阅。在实践方面，B 树（Balanced Tree）索引和哈希索引被广泛应用于数据库系统中，Elasticsearch 等搜索引擎使用倒排索引处理复杂查询。常用的索引技术有以下几种：

（1）B树索引。B树索引是数据库系统中最常用的索引类型之一，特别适合处理大量的顺序访问请求。其结构保证了树的平衡，使数据的插入、删除和查找操作都能在对数时间内完成。

（2）哈希索引。哈希索引基于哈希表实现，适用于快速查找操作。它通过哈希函数将键值映射到表中的一个位置上，从而实现快速的数据访问。但哈希索引不适合范围查询和顺序访问。

（3）倒排索引。倒排索引是搜索引擎等文本检索系统中的一种核心技术。它将文档中的词语映射到包含这些词语的文档列表中，从而实现快速的全文搜索。Elasticsearch 是一个广泛使用倒排索引技术的搜索引擎，适用于处理复杂的文本查询。

（4）空间索引。对于地理空间数据的查询和分析，利用空间索引技术（如R树、四叉树）能够有效优化空间数据的访问。这些索引被专门设计用于处理空间位置和区域查询，如地图服务和地理信息系统中的数据检索。

（5）多维索引。在处理多维数据（如时间序列数据、多维度分析）时，多维索引技术（如KD树、立方体索引）可以提供更高效的数据访问方法，支持多维范围查询和最近邻搜索。

（6）全文索引。除了倒排索引，全文索引还包括 N-gram 索引等，这些技术允许在大型文本数据集中进行模糊查询和模式匹配，适用于自然语言处理和文本分析领域。

数据索引技术通过优化数据访问路径和检索方法，大大提高了数据检索的速度和效率。在设计和实施数据管理系统时，选择合适的索引策略对于确保系统性能和响应速度非常重要。由于数据量在不断增长，并且查询需求日益复杂，因此数据索引技术的发展和优化将成为数据科学领域的一个重要研究方向。

3.3.2.2 数据压缩

在大数据时代，数据压缩是一个重要议题，尤其是在需要存储和传输大量数据的场景中。数据压缩旨在减少数据的存储需求和提高数据传输的效率，同时尽量保持数据的完整性和可用性。

1. 数据压缩的目的

（1）降低存储成本。通过减少数据占用的存储空间，数据压缩技术可以显著降低数据存储成本。这在云存储和大数据仓库等环境中尤为重要，因为它们的数据量可能达到 PB 级别。

（2）加速数据传输。压缩数据可以减少网络传输过程中所需的带宽，提高数据传输速度，尤其适用于网络带宽受限的远程数据访问和同步场景。

2. 数据压缩的基本方法

（1）列式存储格式。列式存储格式（如 Parquet、ORC）是将表格中同一列的数据存储在一起，而不是按照行存储，提高了数据的压缩率，并优化了分析查询的性能。这种存储方式特别适用于分析型数据库和大数据处理框架，因为它们通常只需要访问表中的特定几列。

（2）数据压缩算法。除了列式存储格式，还可以使用各种数据压缩算法（如 Gzip、Snappy、LZ4）直接对数据进行压缩。在不同的应用场景中可以根据压缩效率和速度的需求选择使用不同的算法，从而实现数据在存储和传输过程中的高效管理。

3. 数据压缩的应用场景

（1）大数据处理。在大规模数据处理（如 Hadoop、Spark）中，采用列式存储格式和高效压缩算法可以减少磁盘读/写，加速数据处理过程，提高查询和分析的效率。

（2）网络传输优化。在网络传输中使用数据压缩技术可以显著减少所需传输的数据量，加快数据同步和备份过程，对于跨地域通信和云服务具有重要意义。

（3）移动设备和物联网。在存储资源和带宽受限的移动设备及物联网设备上，利用数据压缩技术有助于有效管理存储空间和网络资源，确保设备能够高效运行。

数据压缩是数据管理策略的重要组成部分。通过合理选择和应用压缩技术，可以在确保数据可用性的同时，有效降低数据管理的总体成本和提高系统性能。随着数据量的持续增长和技术的不断进步，开发更高效的数据压缩方法将成为数据科学和信息技术领域热门的研究方向。

有效的数据管理不仅需要依赖合适的存储系统，还需要综合运用索引、压缩和缓存等技术来提升数据访问的效率。随着技术的不断进步，数据管理的策略和工具也在不断演化，适时评估和采纳新技术对于提高数据管理效率极为重要。

第4章 数据分析与可视化入门

本章着重介绍探索性数据分析与数据可视化在整个数据科学领域中的重要性。本章旨在通过综合介绍探索性数据分析的基本方法、数据可视化的原则与工具，以及制作交互式数据展示，帮助读者全面理解数据洞察过程。本章并非逐个分解每个环节，而是聚焦于这些组件如何协同工作，共同支撑起数据分析的核心框架。

本章将探究如何通过初步的数据探索揭露数据集的内在结构与潜在问题，并介绍如何利用可视化工具将抽象数据转化为易于理解的图形信息，从而为进一步分析提供直观的基础。此外，本章还将探讨如何通过交互式数据展示提高观众的参与度和理解度。

本章旨在帮助读者建立一个清晰的数据分析与可视化的思维框架，明白数据探索不是对数据的一次浏览，而是全面理解和准备数据的一个过程。从探索数据分析的基本方法到数据可视化的设计原则，再到交互式展示的实现技巧，每一步都至关重要。

通过学习本章内容，读者将获得必要的工具和知识，以更加自信和有效地进行初步的数据分析工作，为数据科学的后续学习和实践奠定坚实的基础。这既是学习数据科学的起点，也是将理论知识应用于实践、解决实际问题的重要步骤。

4.1 探索性数据分析的基本方法

探索性数据分析（Exploratory Data Analysis，EDA）的基本方法是数据科学工作流中的关键步骤，可以为深入进行数据分析与建模提供必要的前提和条件。本节主要介绍探索性数据分析的核心元素，重点强调对数据集的理解、描述性统计的应用，以及通过可视化手段揭示数据特征和关系的重要性。

4.1.1 数据集的初步了解

在探索性数据分析的初期阶段，对数据集进行全面且快速的审视是必要的步骤。这个步骤不仅可以为后续的分析工作提供方向，还可以帮助数据分析师识别可能需要特别关注的区域。以下是进行数据集初步了解时需要考虑的几个关键方面：

4.1.1.1 数据集的规模和结构

在探索性数据分析的初始阶段，对数据集的规模和结构有全面的认识是基础且关键的一步。这不仅涉及对数据的数量级和维度的认知，还包括对数据的质量和复杂度的初步评估。

（1）数据量的影响。数据集的规模，包括样本数（行数）和特征数（列数），直接影响分析过程的设计和所需的计算资源。对于规模较小的数据集，手动检查和单机计算可能是可行的；对于大规模数据集，可能需要依赖更高效的数据处理技术，如分布式计算和自动化数据清洗工具。在大数据环境下，数据的处理和分析往往要求使用特定的技术栈，如 Hadoop 或 Spark 等大数据处理框架，以及适用于大规模数据处理的高效算法。

（2）特征类型的识别。精确地识别并理解数据集中每个特征的类型是制定有效数据处理策略的前提。数值型特征，如年龄和收入，适合进行量化分析和数值预测；类别型特征，如性别和国籍，常用于分组分析和分类模型；时间序列型特征，如日期和时间戳，可以为分析提供时间维度，常用于趋势分析和时间依赖性建模。此外，混合数据类型的存在加大了数据预处理的复杂度，需要更精细化的数据清洗和转换策略。

理解数据集的规模和结构对于后续的数据分析与模型建立极其重要。它不仅会影响数据处理的方法选择，也决定了可能面临的挑战和限制。因此，在探索性数据分析的早期阶段，投入一定的时间彻底了解数据集的规模和结构，将为整个分析过程的成功奠定坚实的基础。

4.1.1.2 特征的分布

深入了解数据集中每个特征的分布情况对于整个探索性数据分析过程是非常重要的。这一步不仅有助于描绘数据的整体画像，还可以为识别潜在的数据处理需求提供线索。

1. 分布概览

（1）数值型特征。通过对数值型特征进行描述性统计分析，可以快速且全面地了解数据集的分布特征。中心趋势的指标（如平均值和中位数）提供了数据集"正常"水平的参考点，而离散程度的指标（如方差和标准差）则揭示了数据值围绕中心值的分布密集程度。这些分析结果有助于初步判断数据是否均匀分布，是否存在明显的偏斜或集中趋势。

（2）类别型特征。对于类别型特征，频率分布的检视能揭示哪些类别是数据集中的主要类别，以及是否存在不平衡问题。类别不平衡可能会对后续的数据分析和模型训练产生影响，特别是在分类任务中，严重的类别不平衡可能会导致模型偏向于多数类，从而影响模型的泛化能力和准确性。

2. 数据范围

了解数据的范围，尤其是数值型特征的最大值和最小值，对于评估数据的整体变异程度非常重要。这个步骤不仅有助于识别数据中的潜在异常值和离群点，还可以为后续的数据处理策略提供依据。例如，当数据特征之间的尺度差异较大时，直接在模型中应用这些未处理的数据可能会导致优化算法不稳定，进而影响模型训练的效率和效果。适当地进行数据变换，如对数变换、归一化（将数据缩放到 0 到 1 之间）或标准化（将数据转换为服从平均值为 0、标准差为 1 的分布），是解决这个问题的常见方法。这些变换不仅可以改善模型训练过程中的数值稳定性，还有助于提高模型的预测准确性。

通过对特征分布进行综合分析，我们能够更好地理解数据集的特性和结构，为制定有效的数据预处理和分析策略奠定坚实的基础。

4.1.1.3 缺失值情况

（1）缺失数据识别。在进行探索性数据分析的早期阶段，精确地识别并量化数据集中各个特征的缺失值十分重要。这个过程不仅涉及统计每个特征缺失值的比例，以此评估数据完整性，还包括对缺失数据在整个数据集中的分布进行观察和分析。缺失值的存在可能指向数据收集或记录过程中的问题，影响数据分析和模型训练的准确性。因此，在早期阶段识别缺失值，有助于指导后续的数据清洗和预处理工作，确保数据分析的基础坚实可靠。关于处理缺失值的策略请参考 3.2.1.1 节，此处不再赘述。

（2）缺失值模式。缺失值的分布模式是理解数据完整性问题的关键。缺失值可能呈现出随机分布，也可能呈现出某种特定的模式。例如，在某些时间段或某些特定的观测对象中缺失更频繁。非随机的缺失模式往往暗示着缺失数据不是偶然发生的，而是由某些特定的因素或机制造成的。例如，某项调查中的缺失数据集中在特定的年龄组或地区，这可能与调查方法或参与者的特性有关。

通过深入分析缺失值模式，我们可以更好地了解数据缺失的根本原因，从而采取更有针对性的数据补全或修正措施。此外，对缺失值模式的理解还有助于我们评估数据缺失对分析结果可能产生的影响，确保所得结论的可靠性和有效性。在某些情况下，了解缺失值模式还可以揭示数据中隐藏的有用信息，为数据分析提供新的视角。

对数据集中缺失值情况进行细致分析是探索性数据分析中不可或缺的一部分。它不仅关乎数据处理的策略和方法选择，更直接影响数据分析的深度和广度，以及最终分析结果的质量和可信度。因此，数据分析师需要对数据缺失给予足够的重视，并采取合理的方法来处理，以保证数据分析的基础坚实可靠。

4.1.1.4 数据质量问题

除了 3.2.1 节中的识别和处理异常值，数据质量问题还涵盖其他几个重要方面。

（1）数据一致性。数据一致性问题的出现可能有多种原因，包括但不限于数据录入错误、数据来源多样性导致的格式不统一，以及数据处理过程中的误差。确保数据的一致性，意味着需要统一数据格式、处理同义异表的情况（如"男性""Male"和"M"应统一表示），以及确认时间序列数据的连续性和时区处理的正确性。

（2）完整性检查。数据的完整性涉及确保数据集中所有必要信息的完备，包括检查关键字段是否存在缺失值，关联数据是否完整（如在多表关联的数据库中），以及数据是否覆盖了分析所需的所有时间段和分类。数据不完整可能会导致分析结果存在偏差，因此，在早期阶段识别并处理这些问题十分重要。

（3）数据源验证。在处理不同来源的数据时，验证每个数据源的可靠性和准确性是保证最终数据质量的关键步骤。这可能涉及比较不同数据源之间的数据一致性,检查数据收集和录入过程的标准化程度,以及评估数据更新的频率和数据的时效性。

(4)数据质量的持续监控。除了初始的数据质量检查,对于持续更新的数据集,建立持续的数据质量监控机制同样重要。这包括定期检查数据的一致性、完整性和异常值,使用自动化工具跟踪数据质量指标,以及设置报警机制以便在数据质量出现问题时及时做出响应。

对数据质量进行综合管理可以显著提高数据分析项目的成功率和分析结果的准确性。这就要求数据分析师不仅要掌握技术工具和方法,还要具备对数据质量综合管理的认识和策略。

利用以上方法,数据分析师可以对数据集进行初步且全面的了解,从而有效地评估数据集的质量,识别可能的挑战和限制,为制定合理的数据处理和分析策略奠定基础。此外,这个步骤还有助于发现数据中的初步趋势和模式,为后续更深入的分析提供线索和假设。

4.1.2 描述性统计分析的运用

描述性统计分析是探索性数据分析的核心,可以为数据科学家提供一种量化的手段来深入理解数据集的基本属性。它包括一系列的统计量计算,旨在量化地揭示数据的中心趋势、离散度及分布形态等特性。这个阶段的分析可以帮助我们从数值角度对数据进行初步的、全面的评估,从而为后续的深入分析奠定基础。

4.1.2.1 中心趋势的量化

中心趋势的量化是描述性统计分析的核心,旨在通过平均值和中位数等统计量来捕捉数据集的核心特征。这两个统计量虽然简单,但能提供丰富的信息。

(1)平均值(均值)。平均值是最常用的中心趋势度量,是通过将所有数据点的值相加后除以数据点的总数计算得到的。它是数据集中所有数值的平衡点,可以提供数据集整体水平的直观概念。然而,平均值的局限性在于其对异常值的高敏感性。在包含极端值的数据集中,平均值可能会被拉向这些极端值,从而无法准确反映大多数数据的中心位置。因此,在数据分布不均或包含离群点时,平均值可能不是描述中心趋势的最佳选择。

(2)中位数。相对于平均值,中位数是一种更稳健的中心趋势度量。中位数将数据集分为两等部分,位于正中间的数值就是中位数。对于具有奇数个数据点的数据集,中位数是中间的那个数;对于具有偶数个数据点的数据集,中位数则是中间两个数值的平均数。中位数的关键优势在于其对异常值具有抗干扰能力,所以成为存在离群点或极端值时可靠的中心趋势度量。

(3)偏斜度与中心趋势。对平均值和中位数进行比较不仅能提供数据中心位置的信息,还能揭示数据的偏斜方向。通常,如果平均值大于中位数,则表明数据分布可能呈现右偏(正偏);相反,如果平均值小于中位数,则可能呈现左偏(负偏)。偏斜度是衡量数据分布不对称程度的指标,而平均值和中位数的差异可以作为偏斜度的初步指示。数据的偏斜度不仅影响中心趋势度量的选择,还可能对数据分析的其他方面(如数据建模和推断统计)产生重要影响。

下面用一个例子进行说明:假设有一个房价数据集,大部分房价集中在一个相对较低的范围内,但也包括一些价格昂贵的豪宅(异常值)。在这样的数据集中,平均值可能会高于中位数,因为豪宅的价格会拉高平均值。而由于中位数对异常值不敏感,因此可以更好地代表普通房屋的价格。

接下来绘制一个图表来展示平均值和中位数的位置。使用直方图来显示数据的分布,并在直方图上标注平均值和中位数。这样可以直观地看到中心趋势的量化如何反映数据集的特征,以及它们如何受到异常值的影响。

通过生成数据集,并绘制图4-1,可以发现房价分布情况及其平均值和中位数的位置。在这个例子中,大部分房价集中在较低的范围内,形成了直方图的主体。但是,由于存在几个异常值(即价格昂贵的豪宅),平均值被提高到323 291.65美元,而中位数则相对较低,为306 345.60美元。图4-1中的实线(平均值)位于虚线(中位数)的右侧,这说明平均值受到异常值影响的程度较大,从而高于中位数。这项差异展示了平均值对异常值敏感的特性,而中位数则对这些异常值不太敏感,因此中位数更能反映大多数普通房屋的价格。

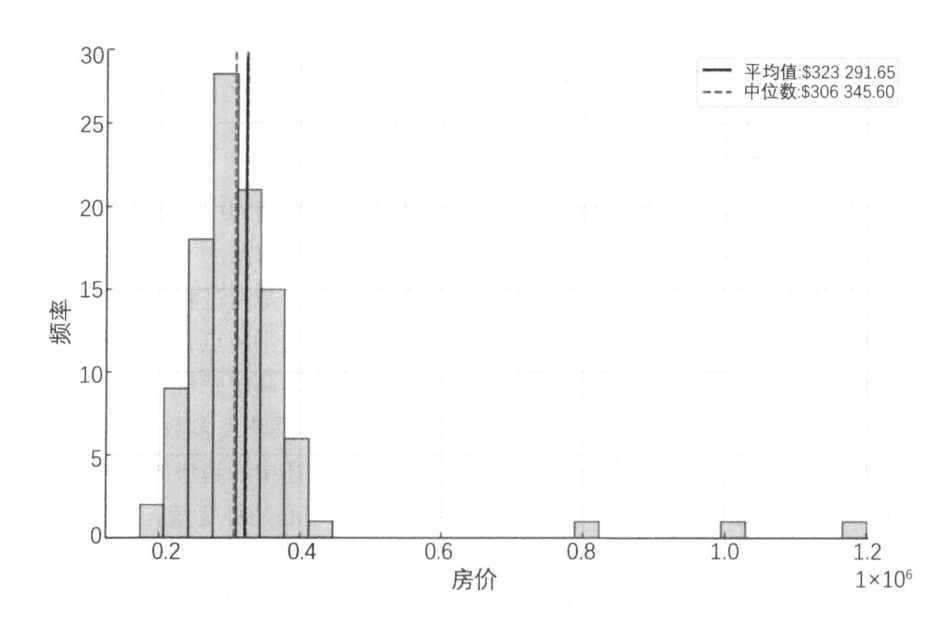

图 4-1 房价的平均值和中位数分布

4.1.2.2 离散度的度量

方差和标准差是描述数据分布离散程度的两个基本统计量。它们以不同的方式反映数据点围绕数据集平均值的分布波动性。

1. 方差

方差（Variance）通过计算每个数据点与整体平均值差的平方值的平均数来衡量数据的波动性。方差的数值越大，表明数据点相较平均值的偏离越大，即数据分布越分散。虽然方差是评估数据集离散程度的有力工具，但由于其计算结果是原数据平方的单位，因此在直观上较难与原数据集的尺度直接对应，尤其是在对数据离散程度进行解释时。

在数学上，方差通常用符号 σ^2（总体方差）或 s^2（样本方差）表示。

总体方差的计算公式为

$$\sigma^2 = \frac{1}{N} \sum_{i=1}^{N} (x_i - \mu)^2$$

样本方差的计算公式为

$$s^2 = \frac{1}{n-1} \sum_{i=1}^{n} (x_i - \bar{x})^2$$

其中，N 为总体中的数据点数，n 为样本中的数据点数，x_i 为各个数据点的值，μ 为总体平均值，$\bar{x}$ 为样本平均值。

2. 标准差

标准差（Standard Deviation）是方差的平方根。由于标准差将方差的量纲调整回数据原有的单位，因此其更易于理解和解释。标准差能够直观地表示数据分布的离散程度，即数据点围绕平均值分布的"宽度"。较小的标准差意味着数据点较集中于平均值附近，而较大的标准差则意味着数据点分布更分散。方差和标准差是衡量数据点围绕平均值分布波动大小的统计量，反映了数据集的离散程度。标准差一般用 σ（总体标准差）或 s（样本标准差）表示。

总体标准差的计算公式为

$$\sigma = \sqrt{\sigma^2} = \sqrt{\frac{1}{N} \sum_{i=1}^{N} (x_i - \mu)^2}$$

样本标准差的计算公式为

$$s = \sqrt{s^2} = \sqrt{\frac{1}{n-1} \sum_{i=1}^{n} (x_i - \bar{x})^2}$$

相较于方差，标准差由于保持了与原数据相同的量纲，因此更易于理解。例如，在衡量一组人的身高数据的离散程度时，标准差直接以身高的单位（如厘米）表达，能更直接地反映身高数据围绕平均值的分散程度。

为了更好地让读者理解方差和标准差在量化数据离散程度上的作用，下面用一个例子进行讲解。例如，分析两组学生在某次考试中的成绩分布情况，图 4-2 中分别为 A 班学生的成绩和 B 班学生的成绩。

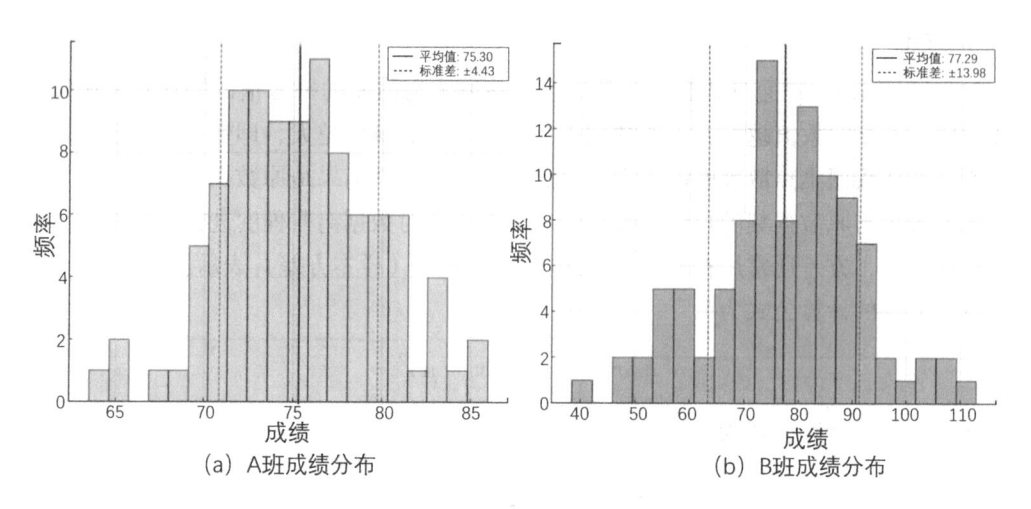

图 4-2 学生成绩分布情况

(a) A班成绩分布　　(b) B班成绩分布

从图 4-2 中可以看出，A 班的成绩分布较为集中，方差约为 19.59，标准差约为 4.43，这意味着 A 班学生的成绩大多数围绕着平均值（75 分）上下波动，成绩较为稳定；B 班学生的成绩分布较为分散，方差约为 195.44，标准差约为 13.98，这表明 B 班学生的成绩波动较大，有的学生的分数很高，有的学生的分数很低，成绩差异较大。这直观地展示了标准差较小的数据集比标准差较大的数据集具有更低的离散程度。通过计算两组数据的方差和标准差，读者可以直观地理解方差和标准差在量化数据离散程度上的作用，以及它们如何反映数据分布的特征。

由此可见，方差和标准差是反映数据集离散程度的重要统计量，能够帮助我们理解数据分布的特征，特别是在比较不同数据集的离散程度时非常有用。

4.1.2.3　分布形态的识别

为了深入了解数据的形状特征，并预测数据的行为模式，往往用偏度和峰度进行表示。其中常常涉及概率密度函数。

1. 偏度

偏度（Skewness）是描述数据分布形态对称性的统计量。偏度的值可以是正的、负的，也可以等于（接近）0。正偏表示数据分布的尾部朝右延伸，负偏则表示尾部朝左延伸。偏度等于（接近）0 通常意味着数据分布比较对称。

偏度的计算公式为

$$\text{Skewness} = \frac{n}{(n-1)(n-2)} \sum_{i=1}^{n} \left(\frac{x_i - \bar{x}}{s} \right)^3$$

其中，n 为样本容量，x_i 为每个观察值，$\bar{x}$ 为样本平均值，s 为样本标准差。

若偏度值大于 0，则表示正偏；若偏度值小于 0，则表示负偏，若偏度值等于 0，则表示分布大致对称。

2. 峰度

峰度（Kurtosis）是描述数据分布尖峭或扁平程度的统计量。高峰度表示一个尖锐的顶部和厚重的尾部，低峰度表示一个更扁平的顶部和较轻的尾部。

峰度的计算公式为

$$\text{Kurtosis} = \frac{n(n+1)}{(n-1)(n-2)(n-3)} \sum_{i=1}^{n} \left(\frac{x_i - \bar{x}}{s}\right)^4 - \frac{3(n-1)^2}{(n-2)(n-3)}$$

其中，n 为样本容量，x_i 为每个观察值，$\bar{x}$ 为样本平均值，s 为样本标准差。

正态分布的峰度为 3，因此相对峰度通常与 3 进行比较，以判断分布的尖峭程度。

3. 概率密度函数

概率密度函数（Probability Density Function，PDF）是连续型随机变量的分布的描述。对于一个连续型随机变量 x，$f(x)$ 描述了在任意两点之间变量取值的概率。概率密度函数的关键特性包括以下几点：

（1）非负性。对于所有的 x，$f(x) \geqslant 0$。

（2）面积为 1。概率密度函数曲线下的总面积等于 1，这反映了随机变量取任意值的概率总和为 1，可用公式表示为

$$\int_{-\infty}^{\infty} f(x) \mathrm{d}x = 1$$

概率密度函数并不直接给出随机变量取某个具体值的概率，因为在连续分布中，变量在任意一个特定点的取值概率实际上是 0。相反，它提供了随机变量落在一个区间内的概率。这意味着，要计算连续型随机变量在区间 $[a, b]$ 内取值的概率，需要计算概率密度函数在该区间上的积分，即

$$P(a \leqslant X \leqslant b) = \int_a^b f(x) \mathrm{d}x$$

在实践中，概率密度函数用于描述数据的分布形状，如数据对称性、是否集中及尾部的重度。通过观察概率密度函数曲线，可以直观地获取数据分布的许多特性，如集中趋势、离散程度、偏度和异常值等。

为了让读者更好地理解，下面仍然沿用前面的学生考试成绩数据，计算 A 班和 B 班学生成绩数据的偏度和峰度，并分析这些值所代表的数据分布形态。为了方便表示，此处使用概率密度函数图来展示这两组数据的分布形态，并在图中标注偏度和峰度的值。这样读者不仅能看到成绩分布的形状特征，还能理解偏度和峰度是如何反映这些形状特征的。学生成绩的偏度和峰度如图 4-3 所示。

(a) A班成绩分布　　　　　　(b) B班成绩分布

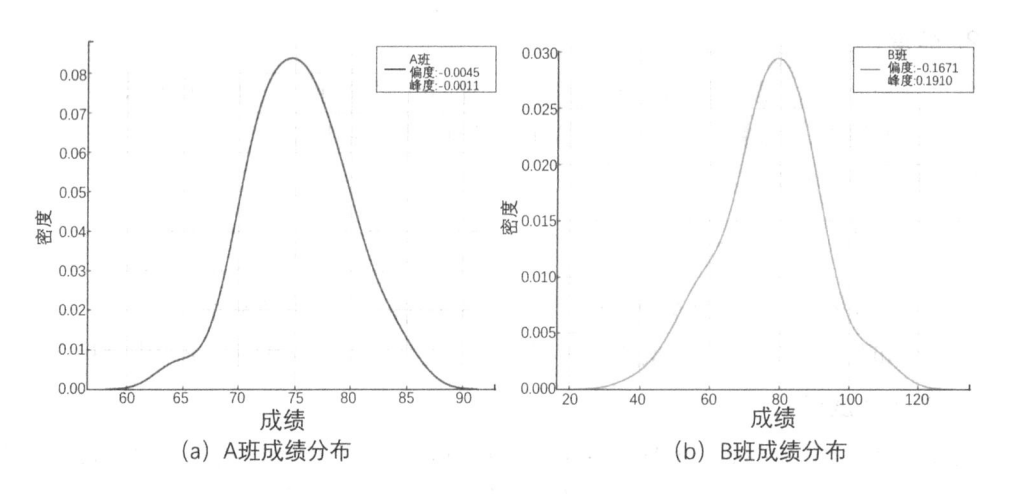

图4-3 学生成绩的偏度和峰度

概率密度函数图展示了每个成绩段内的学生数比例,为读者提供了一种直观的方式来查看每个班级学生成绩的整体分布情况。高峰代表学生成绩集中的区域,而低谷则表示较少学生取得的成绩区间。例如,A班学生的成绩曲线在75分附近达到峰值,这意味着大部分学生的成绩接近75分。同时,该曲线的宽度可以反映成绩的分散程度。宽而平的曲线意味着成绩分布较广,学生间的成绩差异较大;狭而尖的曲线则意味着成绩较为集中,学生间的成绩差异较小。

下面从偏度和峰度的角度进行分析。

A班学生的成绩分布相对而言更集中,偏度接近0,这说明分布较为对称;峰度也接近0,这表明其分布形态与正态分布相似,既不是特别尖锐也不是特别平缓。

B班学生的成绩分布更分散,偏度同样接近0(-0.17),但略向左偏,这表示成绩分布的尾部略向低分延伸;峰度(0.19)稍高于A班,这表明其分布相对于正态分布略尖锐一些,但差别不大。

综上,偏度描述了分布的对称性,而峰度则描述了分布的尖峭或平缓程度。这些度量在统计数据分析中是非常有用的,能帮助我们形成对数据集整体行为模式的直观理解。

对一些关键统计量的计算和分析,以及描述性统计方法的使用,不仅可以加深读者对数据集的量化认识,还可以为其识别数据中的异常值、偏差及其潜在原因提供依据。这个过程是建立在对数据细致观察之上的数值化探索,是连接数据和后续深度分析的桥梁,能够使读者以数据为基础,形成初步假设和分析方向。

4.1.3　数据可视化技术的精选应用

在探索性数据分析过程中,数据可视化技术的应用是对数值化探索的有效补充和深化。它通过图形化的手段,提供了一种直观的方式来理解和解释数据集中的信息。本节专注于探讨数据可视化技术如何揭示数据的模式、趋势和异常,从而加深读者对数据集的理解。

4.1.3.1 图形化表达

图形化表达在数据科学和统计分析中扮演着重要的角色。它不仅可以使数据分析结果更易于理解和传达，还可以揭示数据中隐藏的模式和关联，而这些模式和关联通过传统的数值分析方法可能难以发现。下面详细探讨图形化表达的几个关键方面：

1. 单变量分布的直观呈现

在数据分析和统计学中，直观地展现数据分布是理解数据集的第一步。利用图形化方法，如直方图和密度图，可以获取数据分布的详细视图，这对后续的数据处理和分析决策十分重要。

直方图是表示单变量分布最常用的图形工具之一。图 3-3、图 4-1、图 4-2 均采用直方图的表现形式。它先将整个数据范围划分为一系列连续的区间（也称为"桶"或"bin"），然后计算落入每个区间内的数据点数量（或频率），从而提供数据分布形状的图形化展示。直方图的关键优点在于其简洁性和直观性，使我们能够迅速把握数据的集中趋势、离散程度、偏斜方向，以及是否存在离群点。例如，一个对称的直方图可能暗示数据接近正态分布，而长尾的直方图则表明数据存在偏斜。

相比直方图，密度图则提供了一种更平滑的视图来表示数据分布。密度图通过绘制数据点的连续概率密度函数来展示数据点在整个值域上的分布密度。密度图的生成通常涉及核密度估计（Kernel Density Estimation，KDE），这是一种估计未知概率密度函数的非参数方法。密度图的平滑特性使其特别适合展示和比较多个数据集的分布形状，尤其是在需要强调数据分布连续性和细微差别时。通过观察密度图的峰值和宽度，数据分析师可以直观地评估数据的集中趋势和波动性，以及识别潜在的多模态分布（即数据分布具有多个峰值）。直方图和密度图示例如图 4-4 所示。

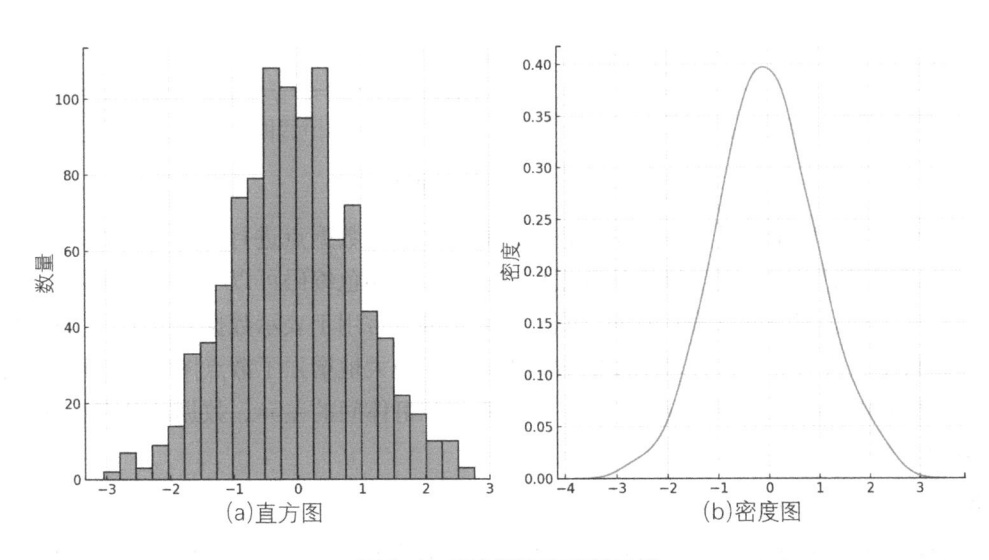

图 4-4 直方图和密度图示例

2. 变量间关系的视觉探索

在数据分析中，探索和理解变量之间的关系对于揭示数据内在的模式与动态非常重要。通过使用散点图、线图，以及颜色、形状、大小的编码，我们能够以视觉化的方式探索这些关系。

散点图是分析两个数值变量之间关系的经典工具。在散点图中，每个数据点的横纵坐标分别对应这两个变量的值，从而在二维平面上展示变量间的关系。可以通过分析散点图上数据点的分布模式，对变量之间是否存在某种相关性（如正相关、负相关或不相关）及这种相关性的性质（如线性或非线性）做出初步的判断。此外，散点图还可以帮助我们发现数据中的异常值或特殊模式，如聚类或数据分离现象。

线图通过将数据点按照一定的顺序（通常是时间顺序）用线段相连来展示变量间关系随时间或其他序列变化的趋势。它特别适用于时间序列数据的分析，能揭示数据随时间变化的趋势、周期性波动和潜在的突变点。线图的连续性使其成为展示数据动态变化的强有力工具。

散点图和线图示例如图 4-5 所示。

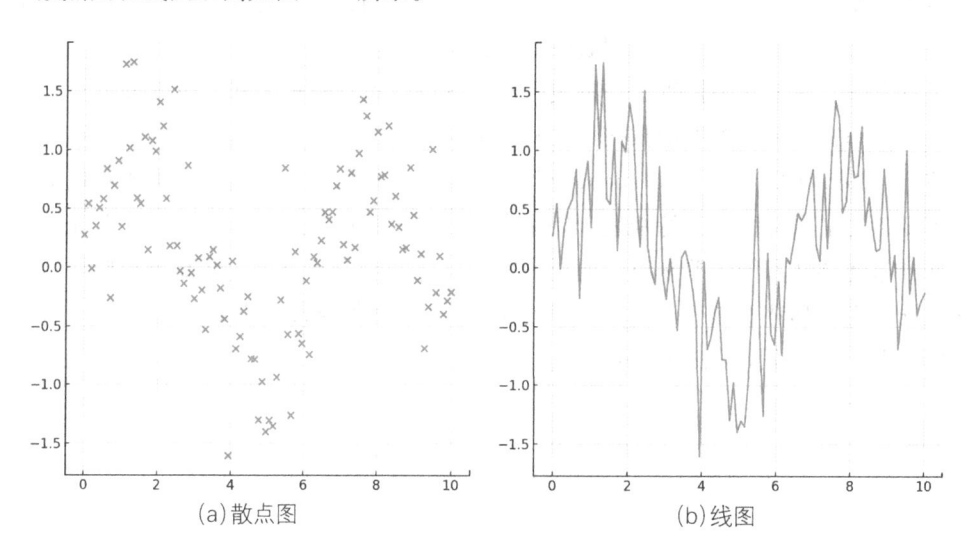

图 4-5　散点图和线图示例

在散点图和线图中，进一步利用颜色、形状和大小对数据点进行编码，可以在不增加图形复杂度的情况下引入更多维度的数据信息。例如，颜色编码可以用来区分不同的数据子集或群体，形状编码可以表示不同类别，而大小编码常用于表示数据点的另一个量度大小，如销售量、人口等。这种多维度的数据编码技术极大地增强了散点图和线图的表达能力，使它们能够揭示数据中更复杂的模式和关系，如群体间的差异、数据的分布特性及其层次结构。

3. 数据集整体概览的呈现

在数据分析过程中，获取数据集的整体概览是至关重要的步骤。箱形图和小提琴图是两种极具价值的工具，能提供关于数据分布特性的直观视觉信息，尤其是在揭示数据的集中趋势、离散程度及离群点方面。

小提琴图是箱形图与密度图的结合体，如图4-6所示。小提琴图不仅可以展示数据的五数（最小值、下四分位数、中位数、上四分位数、最大值）概括，还可以提供数据分布密度的平滑视觉表示。小提琴图的形状可以揭示数据分布的多模态特性，即数据是否存在多个峰值。通过小提琴图，数据分析师可以快速识别数据的集中趋势、分布形状，以及潜在的离群点和异常值。

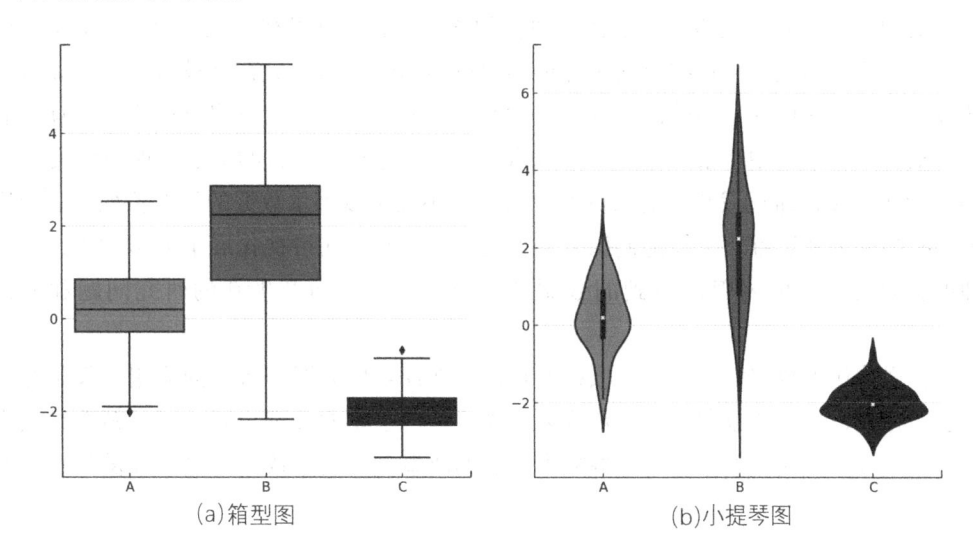

(a)箱型图　　　　　　　　　　(b)小提琴图

图4-6　箱形图和小提琴图示例

相较于单纯的数字描述，箱形图和小提琴图通过图形化的方式使数据的分布特性更加直观和易于理解。这些图特别适合在初步数据探索阶段帮助数据分析师快速评估数据集的质量，识别数据处理的需要，以及为后续深入分析定下基调。例如，通过观察箱形图和小提琴图，数据分析师可以决定是否需要对数据进行转换，是否需要特别处理异常值和离群点，以及数据是否适合应用于某些统计测试或机器学习模型。

在多变量分析中，这些图也可用来比较不同子组之间的数据分布差异，为研究变量间的相互作用提供有价值的视角。通过将这些视觉工具纳入数据分析流程，数据分析师可以有效地提升数据探索的效率，加深数据探索的深度，为做出基于数据的决策提供支撑。

4.1.3.2　数据可视化在探索性数据分析中的作用

探索性数据分析的主要目的是允许数据科学家和数据分析师通过直观的方法理解数据集的主要特征，包括数据的分布、中心趋势、离散程度及变量间的关系等。在这个过程中，数据可视化不仅是一种工具或技术，更是一种使数据"说话"的艺术。下面介绍数据可视化在探索性数据分析中的作用：

（1）揭示数据的隐藏模式和趋势。通过使用各种图和可视化技术，数据分析师能够直观地发现数据中的模式、趋势及异常。例如，时间序列数据的线图可以揭示周期性波动或趋势的变化，而散点图可以揭示变量间的相关关系或聚类趋势。这些视觉信息有时比纯粹的数值分析更能直接指导数据分析师对数据进行深入探索。

（2）加速假设的形成和验证。在探索性数据分析阶段，形成和验证关于数据的假设是一个重要的步骤。数据可视化通过提供直观的数据视图，帮助数据分析师快速形成有关数据集的假设，如假设某两个变量之间存在线性关系，或者数据分布符合特定的统计模型。随后，这些假设可以通过更严格的统计测试来验证。

（3）提高交流和协作的效率。在团队协作的项目中，数据可视化能有效促进成员间的沟通和理解。复杂的数据分析结果或统计模型通过图形化展示，更容易被有其他专业背景的团队成员理解，从而提高团队内部的交流效率。此外，高质量的数据可视化在向项目利益相关者报告分析结果中也很关键，如可以帮助他们快速把握项目的核心发现和建议。

（4）促进创新思维的发现。有效的数据可视化不仅可以揭示数据的显性特征，还能激发数据分析师的创新思维，引导他们探索数据的深层关联。在可视化展示的帮助下，数据分析师可能会发现先前未曾注意到的数据特征或关系，从而产生新的研究问题和分析方向。

数据可视化作为数据科学中的一项核心技能，在探索性数据分析中的应用不仅是对数值化探索的补充，更是使数据分析工作成果直观化、形象化的关键步骤。通过精选和应用合适的可视化方法，我们可以深入挖掘数据背后的故事，为基于数据的决策提供强有力的支持。

4.1.4 假设的形成

在探索性数据分析过程中，假设的形成是一个关键步骤。假设的形成是从简单的数据观察过渡到更深层分析的起始点。通过对数据进行初步探索和可视化，数据分析师能够提出关于数据可能隐藏的模式、趋势和关系的初步猜测。

4.1.4.1 基于观察的假设

在数据分析的初步阶段，数据分析师通过对数据的直观观察来形成假设。这些观察可能基于数据可视化结果，如散点图揭示的潜在关系，或者直方图显示的分布特性。例如，在年龄与购买力的散点图中，如果数据点呈现出明显的正相关趋势，那么数据分析师可能会形成一个假设：随着年龄的增长，购买力也相应增长。

这个阶段的挑战在于正确识别和解释观察到的模式。数据分析师需要依赖他们的专业知识和经验来判断哪些模式是有意义的，哪些可能只是偶然现象。此外，他们还需要考虑到潜在的偏见和误解，避免只基于自己的预期或偏好来形成假设。因此，基于观察的假设需要在数据的支持下进行仔细的测试和验证。

4.1.4.2 数据驱动的假设探索

随着数据科学技术的发展，特别是机器学习和数据挖掘工具的应用，数据分析师现在可以利用算法自动探索和识别数据中的复杂模式与结构。这种数据驱动的假设探索可以揭示传统方法难以发现的关系和趋势。

例如，聚类分析可以揭示客户群体的自然分段，这些分段基于客户的购买行为和偏好。又如，通过关联规则挖掘，数据分析师可以发现商品间的购买模式，了解顾客经常一起购买哪些商品。这些由数据驱动的发现会促使数据分析师形成新的假设，如特定客户群体可能对特定类型的营销策略更敏感。

数据驱动的假设探索不仅可以拓展数据分析师发现新知识的能力，而且通过揭示数据中未被预料的模式和关系，可以加深其分析工作的深度。然而，这也要求数据分析师首先要具备理解和解释复杂模型输出的能力，并且能够在这些自动生成的假设与具体业务或研究问题之间建立明确的联系。这种方法的应用使假设形成过程变得更加动态和迭代，可以为发现新的见解和解决方案提供强大的动力。

4.1.4.3 假设与业务目标或研究问题的对齐

在形成假设的过程中，确保这些假设与业务目标或研究问题紧密相关是极为重要的。这意味着每个假设都应直接贡献于主要目标的理解、解决问题的策略，或者对决策过程提供支持。这个步骤要求数据分析师深入理解业务需求、目标和挑战，以及数据如何能够被用来回答关键的问题或提供必要的建议。

例如，在零售行业，如果主要的业务目标是提高客户满意度，那么数据分析师可能会根据数据观察到的购物行为模式，形成哪些因素（如快速配送、产品多样性或优惠策略）对提高客户满意度有显著影响的假设。这些假设不仅需要基于数据观察，还需要与业务目标相对齐，从而确保分析工作能直接支持业务决策和策略制定。

为了实现这一点，需要从以下几个方面着手：

（1）彻底理解业务。在形成假设之前，数据分析师需要与业务团队密切合作，充分理解业务流程、客户需求及市场竞争情况。

（2）明确目标或问题。清晰地定义业务目标或研究问题是形成有效假设的先决条件。这有助于确保假设的形成是有目的和有方向的，而不是随机或无关紧要的。

（3）数据的适应性。评估手头的数据是否足够支持对这些假设的验证。在某些情况下，可能需要收集额外的数据或调整分析策略，以更好地对齐业务目标或研究问题。

通过确保假设与业务目标或研究问题的对齐，数据分析师能够确保他们的工作为决策提供实际价值，推动数据驱动的战略和行动。这个过程还有助于确定分析的优先级和资源分配，确保分析活动既高效又有效。

4.1.4.4 假设的迭代和验证

假设的形成并不是一次性的事件，而是一个持续的、迭代的过程。初步的假设在随后的数据分析和模型建立过程中可能会被证实或反驳。在这个过程中获得的新数据、新见解和分析结果会不断影响假设的发展，可能会导致修改原有假设、提出新的假设，甚至彻底放弃某些假设。

为了有效地管理这个过程，数据分析师需要采用科学的方法论，严格测试每个假设。这通常涉及设计合适的实验、收集和分析数据、应用统计测试，以及使用数据模型来验证假设。此外，数据分析师还需要保持开放的心态，做好准备以接受数据驱动的见解，即使这些见解与原有的预期或直觉不符。

随着新数据的获得和分析方法的进步，假设的迭代和验证过程可以促进对数据更深层次理解的不断累积。这个过程不仅可以加深数据分析师对数据的洞察，而且可以通过不断测试和学习提高整个分析过程的精确度和可靠性，最终形成更有效的决策和行动方案。

4.1.4.5 明确的假设与分析计划

当假设在初步探索性数据分析中形成之后，下一步是通过一个系统化和结构化的分析计划来验证这些假设。这个阶段的目标是确保每个假设都经过严谨的检验。以下是确定明确假设与分析计划的几个关键组成部分：

1. **选择合适的统计测试方法**

根据假设的性质和数据的类型，选择合适的统计测试方法非常重要。例如，如果假设涉及两个变量之间的相关性，可能需要使用皮尔逊相关系数或斯皮尔曼相关系数（具体内容请参考附录 A.8.1 和 A.8.2）；如果是比较两个群体的平均值，则 t 检验（具体内容请参考附录 A.8.7）或 ANOVA（具体内容请参考附录 A.8.8）可能更适合。正确选择统计方法不仅能有效地验证假设，还能保证分析结果的准确性和可靠性。

2. **确定数据处理和清洗的步骤**

在进一步分析之前，对数据进行适当的处理和清洗非常重要。这可能包括处理缺失数据、去除或修正异常值、标准化数据格式等。这些步骤既可以确保分析的数据质量，又可以减少潜在的偏差和误差，从而使后续的分析结果更加准确和可靠。

3. **定义成功的评价标准**

在开始分析之前明确定义成功的评价标准对于评估分析结果具有指导意义。这可能包括统计显著性水平（具体内容请参考附录 A.8.3）、效果大小、预测准确度或其他与研究目标相关的度量标准。这些评价标准应与业务或研究目标紧密相关，以确保分析工作的最终成果能够为决策提供实际价值。

4. 实施和调整分析计划

随着分析的进行，可能需要根据初步结果对分析计划进行调整。这包括但不限于引入新的变量、更换统计方法或重新定义评价标准。分析计划的灵活性和适应性对于应对数据分析过程中出现的新情况和新挑战非常重要。

根据明确的假设与详细的分析计划，数据分析师可以确保整个数据分析过程的结构化和目标导向，最终提取出数据中有价值的信息，为基于数据的决策提供坚实的支撑。

通过上述过程，假设的形成不仅可以引导分析的方向和焦点，还可以为后续的深入研究提供明确的路线图。这可以确保数据分析工作的系统性和目标导向性，最终帮助数据分析师和决策者从数据中获得有价值的信息。

4.2 数据可视化的原则与工具

数据可视化是将复杂的数据集转换成图形或图像形式的过程，有助于人们理解数据的含义。有效的数据可视化不仅需要依赖功能强大的技术和工具，还需要遵循一些基本原则，以确保所传达的信息既准确又易于理解。

4.2.1 数据可视化的原则

作为一种强有力的沟通和分析工具，数据可视化的成功与否在很大程度上取决于是否遵循了一些核心原则。设计和实施数据可视化时需要考虑以下几个关键原则：

1. 明确数据可视化的目标

成功的数据可视化始于明确的目标设定。这个步骤要求数据分析师在动手设计之前，应先思考和界定数据可视化需要传达的关键信息或解决的具体问题。目标可能多种多样，从展示数据集的总体趋势，到比较不同群体的性能，再到揭示变量之间的潜在联系。明确的目标不仅有助于指导选择合适的可视化类型，还能确保设计过程中的每个决策都服务于这个目标，从而避免产生误导观众或传达混淆信息的风险。此外，明确的目标还有助于后续评估可视化成果的有效性，即判断它是否成功地传达了预定的信息或达到了既定的分析目的。

2. 选择合适的图表类型

选择合适的图表类型是实现有效数据可视化的关键。正确的图表类型能够使信息传达更加直观、清晰，而错误的选择可能会导致信息被误解或忽视。在决定使用哪种图表之前，数据分析师需要考虑数据的性质、所要展示的信息类型及预期受众的知识背景。不同类型的图表（如条形图、线图、散点图等）适用于不同的场景。例如，对于展示部分占总体的比例关系，饼图或堆叠条形图可能是比较合适的选择；如果要展示数据随时间的变化，那么线图或面积图可能更恰当。选择图表类型需要综合考虑目标、数据和受众，以确保所选图表能够最有效地支持信息的传达。

3. 提高数据可视化的简洁性和清晰性

在数据可视化中，简洁性和清晰性是相当重要的原则。优秀的数据可视化应当能直接、有效地传达所包含的信息，而不是让人迷失在复杂和过度装饰的设计之中。为了提高数据可视化的简洁性和清晰性，可以采取如下措施：

（1）避免过度装饰。在设计数据可视化时，应避免使用不必要的装饰性元素，如复杂的背景图案、过多的颜色变化或不相关的图形装饰。这些元素可能会使受众难以将注意力集中在数据本身要传达的信息上。

（2）限制颜色的使用。颜色是一种强大的视觉工具，可以用来突出显示数据中的特定部分或表示不同的数据系列。然而，使用过多或不恰当的颜色可能会导致视觉混乱，使受众难以理解可视化的主要信息。最佳实践效果是限制使用的颜色数量，并为数据可视化选择一套合理、协调的颜色方案。

（3）简化数据表示。选择最直接有效的方式来表示数据至关重要。例如，如果目标是比较不同类别的数值，条形图可能比饼图更清晰、更直观。简化数据表示还涉及只展示对于传达核心信息必要的数据点或数据系列，避免信息过载。

（4）使用清晰的标签和注释。应确保所有的图表和数据点都配有清晰、简洁的标签和注释。这些文本元素应当直接服务于可视化的目标，并且足够简短，以便快速阅读和理解。同时，标签的字号和样式应保持一致，以确保整体的视觉协调性。

在数据可视化过程中采用简洁和清晰的原则，能够更有效地传达信息，使受众能够快速、准确地理解数据中的关键信息。简洁、清晰的可视化不仅有助于加深受众的理解和记忆，还可以反映数据分析师对数据的深刻理解。

4. 保持数据可视化的一致性

在数据可视化的实践中，一致性起着重要的作用。它不仅关乎美学，更是确保信息传达有效性的关键因素。以下是确保数据可视化一致性的几个重要方面：

（1）颜色使用的一致性。保持颜色使用的一致性意味着在同一报告或同一系列可视化图表中，相同的颜色应代表相同的意义。例如，如果在一张图中用蓝色表示男性，而用红色表示女性，那么在所有相关的可视化图表中保持这样的颜色编码非常重要。这有助于减轻受众的认知负担，使他们能更快地理解和处理数据可视化所传达的信息。

（2）字体选择的一致性。选择易于阅读的字体，并在所有可视化中保持字体的一致性，有助于呈现专业和协调的视觉效果。这包括字体、字号、粗体或斜体的使用。一致的字体样式能使整个数据报告或系列作品更加整洁，提高信息的接收效率。

（3）图表布局和标记风格的一致性。图表的布局和标记应遵循一致的风格指南。这意味着相同类型的图表应该有相似的布局，如图例的位置、坐标轴的标记和标题的放置应保持一致。此外，数据点的标记（如点的形状、线条的类型）也应该保持一致，以避免混淆。一致的布局和标记风格不仅能使整个数据分析项目看起来更统一，还能使受众更容易地从一个图表过渡到另一个图表，不需要重新适应不同的视觉规则。

确保数据可视化图表中颜色、字体、布局和标记的一致性，可以大幅提高数据报告的专业性和有效性。可视化一致性能帮助受众构建对数据和分析结果的理解与信任，特别是在呈现复杂数据集和进行长篇报告时。简言之，可视化一致性不仅是视觉美学的问题，更是有效沟通和信息传达的关键。

5. 确保数据的准确性

在数据可视化中，准确性是基础中的基础，是确保信息传达有效性和维护受众信任的关键要素。以下是在设计和实现数据可视化时确保数据准确性的几个重要方面：

（1）正确反映数据值。数据可视化的目的是以图形的形式呈现数据，因此必须确保每个图形元素（如条形、线条、点等）可以准确地反映对应的数据值。任何对数据的不准确表达都可能导致受众对数据得出错误的解读。例如，条形图中每个条形的高度必须与其代表的数值成正比，以确保受众能够准确理解不同类别或时间点的数据大小。

（2）正确使用比例和尺度。在数据可视化中使用正确的比例和尺度极其重要。这意味着，如果数据集中包含的数值范围很广，那么可视化应采用适当的尺度（如对数尺度）来确保数据的所有部分都能被完整、准确地表示。选择的比例或尺度不当可能会夸大或缩小数据之间的差异，误导受众对数据的解读。例如，在地图可视化中，地图的投影方式应当正确，以避免受众对地理区域的大小或形状产生误导。

（3）避免视觉误导。在设计数据可视化时，需要避免使用那些可能导致视觉误导的元素。这包括但不限于避免使用易于引起误解的图表类型（如3D图表往往难以准确读取数值）、确保坐标轴从0开始（除非有充分的理由使用不同的起点），以及在比较数据时使用统一的尺度。视觉元素的设计应帮助受众准确理解数据，而不是通过不恰当的视觉效果扭曲数据的真实意义。

（4）提供数据源和上下文。为了增强数据可视化的准确性和可信度，提供数据的来源和必要的上下文信息是非常重要的。这可能包括一个简短的说明，描述数据的收集方法、样本大小，以及任何可能影响数据解读的限制或假设。这些信息可以帮助受众更全面地理解数据背后的故事，从而做出更加明智的解读和判断。

4.2.2 数据可视化的工具

4.2.2.1 Python中的数据可视化库

在数据科学和数据分析领域，Python已经成为最受欢迎的编程语言之一，这是因为其提供了一系列数据可视化库。这些库能满足数据分析师和数据科学家的可视化需求，无论是简单的数据探索还是复杂的交互式数据故事讲述。以下是一些使用非常广泛的Python数据可视化库：

1. Matplotlib

Matplotlib是Python中使用最广泛的数据可视化库之一，提供了一个庞大的图表库，可以用来创建高质量的 2D 图表和图形。从简单的折线图和条形图到复杂的散点图和直方图，Matplotlib 都提供了广泛的可视化选项。它的灵活性和定制能力使其成为科学计算和数据分析的理想工具。

2. Seaborn

Seaborn 是基于 Matplotlib 构建的，专注于统计数据可视化的 Python 库。它提供了一种更高级的接口，用于绘制吸引人的和信息丰富的统计图形。Seaborn 简化了许多常见的可视化类型的创建过程，如热图、时间序列可视化和分类散点图，特别适合用于探索和理解数据集的结构。

3. Plotly

Plotly 是一个支持创建交互式图表和数据可视化的 Python 库，允许用户创建可以在 Web 浏览器中查看的动态图形。Plotly 的特点是支持广泛的交互式图表类型，如 3D 图表、地理地图和时间序列动画。它的交互性特别适配 Web 应用程序和仪表板，能让最终用户深入探索数据。

4. 其他数据可视化库

除了上面提到的库，Python 生态系统还包含其他数据可视化库，如 Bokeh 和 Altair，它们同样提供了创建交互式和动态可视化的能力。此外，Pandas 库也提供了基本的可视化功能，适用于快速查看数据集的分布和基本趋势。

Python 的这些数据可视化库各有优势，能满足从数据探索到报告呈现等不同阶段的需求。选择哪个库往往取决于具体的项目需求、期望的可视化类型及是否需要交互性等因素。

4.2.2.2　R 语言中的数据可视化工具和包

R 语言不仅是统计学和数据分析领域中极为重要的工具，还在数据可视化方面具有重要作用。R 语言在学术研究和行业应用中广受欢迎，在很大程度上得益于其丰富的数据可视化包和灵活的图形系统。以下是 R 语言中一些关键的数据可视化工具和包：

1. ggplot2

ggplot2 是 R 语言中使用最广泛的数据可视化包之一。基于图形语法（Grammar of Graphics）的理念，它提供了一种强大而富有表现力的方式来创建统计图形。ggplot2 让用户能通过简单的语法构建复杂的图表，包括但不限于散点图、条形图、折线图和箱形图等。ggplot2 的灵活性和可扩展性使其成为 R 语言用户进行数据可视化的首选工具。

2. Plotly

虽然 Plotly 是 Python 中一个很流行的库，但它也提供了 R 语言的接口。在 R 语言中使用 Plotly 可以创建同样丰富的交互式图表，包括 3D 图形、地图和动态图表。Plotly 的 R 接口允许 R 语言用户轻松地将静态图表转换为交互式图表，从而增强数据呈现的动态性和用户体验。

3. Shiny

Shiny 不是一个单纯的可视化包，而是一个 R 语言的 Web 应用框架，并且在数据可视化和交互式数据应用的构建中扮演着重要角色。通过 Shiny，R 语言用户可以开发丰富的 Web 应用程序，使最终用户能直接与数据进行交互，如通过滑动条选择参数或筛选数据集。结合 R 语言强大的数据处理和可视化能力，Shiny 可以用来构建复杂的数据分析和可视化应用。

4. Lattice

Lattice 也是 R 语言中的数据可视化包，专注于创建多变量数据的条件图形。它提供了一种系统的方法来探索数据的结构和模式，特别适合用于需要从多个维度分析数据的情况。Lattice 的图形能力在科学研究和复杂数据分析项目中非常有价值。

R 语言及其可视化工具为研究人员和数据分析师提供了一个功能全面、灵活的平台，不仅可以用于创建传统的统计图表，还可以用于设计高度定制化和交互式的数据可视化解决方案。无论是在学术研究还是商业分析中，R 语言都是进行数据可视化的强大工具。

4.2.2.3 Tableau

Tableau 是当前市场上非常受欢迎的商业数据可视化工具之一。它以用户友好的界面、强大的数据处理能力及灵活的交互式可视化功能著称。Tableau 的核心优势在于它能让没有相关技术背景的用户也可以轻松地创建复杂而美观的数据可视化图表，无须编写任何代码。

以下是 Tableau 的几个关键特点：

（1）强大的拖曳式界面。Tableau 的直观拖曳式界面是其最引人注目的特点之一。用户可以简单地将数据字段拖曳到画布上，并即刻看到数据可视化的效果。这种即时反馈的设计极大地降低了数据可视化的学习难度，使得从数据分析师到业务决策者都能利用 Tableau 来探索数据。

（2）交互式探索和分析。Tableau 提供了丰富的交互式功能，允许用户通过筛选、排序和钻取等操作来探索数据的不同维度。这种交互性不仅能使数据故事讲述更加动态和引人入胜，还能为数据探索和分析提供更深层次的能力。

（3）多源数据集成。Tableau 几乎支持连接到所有类型的数据源，包括文件数据、数据库、云服务和实时数据流等。更重要的是，Tableau 能够对不同来源的数据进行整合和融合，从而让用户能在单一视图中分析和呈现综合数据。

（4）丰富的图表和仪表板。Tableau 提供了广泛的图表库，从基本的条形图、线图到高级的地图、散点图矩阵。用户可以利用这些图表创建信息丰富的仪表板，实现数据的多角度展示。Tableau 的仪表板不仅视觉效果出众，还可以发布到网络上，供团队或公众访问。

（5）强大的社区和资源。Tableau 拥有活跃的用户社区和丰富的学习资源。无论是新手还是经验丰富的数据可视化专家，都可以在社区中找到支持、灵感和最佳实践。

Tableau 是一款商业数据可视化工具，适用于需要快速、直观地从数据中获取信息的各类用户。凭借其用户友好的设计和强大的功能，Tableau 已成为数据可视化和商业智能领域中的佼佼者。

4.2.2.4　Power BI

微软的 Power BI 是一款商业智能和数据可视化工具。允许用户轻松地从多种数据源获取数据，进行数据分析，并以视觉方式呈现信息。Power BI 提供了一整套丰富的数据连接、可视化和报告功能，旨在帮助企业用户洞察数据背后的故事，做出更明智的决策。

以下是 Power BI 的一些关键特性：

（1）数据连接。Power BI 支持广泛的数据源，包括本地数据库、云服务、Excel 表格及第三方服务等。借助 Power Query，用户可以轻松地连接到这些数据源，提取和转换数据，并用于分析和可视化。

（2）丰富的可视化选项。Power BI 提供了多种可视化工具和自定义视觉效果，允许用户创建从简单的条形图、折线图到复杂的地图、散点图矩阵的各种图表。用户可以通过简单的拖曳操作来选择数据和设计视觉效果，无须编写代码。

（3）交互式仪表板。Power BI 的仪表板功能，允许用户将多个视图和图表集成到一个交互式的仪表板中。仪表板可以配置为动态更新，并且支持用户交互，如筛选和切片数据，以便用户深入探索数据背后的细节。

（4）协作和共享。Power BI 强调了协作和共享的重要性。用户可以在云端发布其报告和仪表板，与团队成员或整个组织共享洞察力。此外，Power BI 集成了微软的其他办公工具，如 Excel 和 Teams，能进一步促进跨团队的数据共享和协作。

（5）数据安全和治理。作为一个企业级的解决方案，Power BI 非常重视数据安全和治理。它提供了细粒度的访问控制、数据保护和审计日志功能，以确保敏感数据的安全和合规。

Power BI 凭借其易用性、强大的数据处理能力和灵活的可视化选项，成为企业用户进行数据分析和决策支持的强大工具。无论是数据分析师还是业务用户，都可以利用 Power BI 发现数据中的价值，并以直观的方式分享他们发现的信息。

总的来说，通过应用这些原则和工具，数据科学家和数据分析师可以有效地将数据转化为信息，支持决策制定过程，同时促进信息的交流和共享。恰当的数据可视化方法能够揭示数据背后的故事，为复杂的数据分析提供直观的解释。

4.3　制作交互式数据展示

在现代数据分析和商业智能领域，交互式数据展示已成为一种功能强大的工具，使最终用户不仅能观察数据，还能与之互动，深入探索数据的多个层面。下面介绍制作交互式数据展示时需要考虑的一些关键因素。

4.3.1 以用户体验为中心

在交互式数据展示的设计中，优先考虑用户体验是十分重要的。成功的交互式数据展示应该能在提供丰富信息的同时，保持直观易用，让用户无须特别培训即可快速理解并能上手操作。以下是确保用户体验优先的一些具体方法：

（1）简化用户界面。交互式数据展示的用户界面（User Interface，UI）应简洁明了，避免不必要的元素干扰用户的视线或操作。在设计时，应尽量减轻用户的认知负担，用清晰的视觉提示和简单的操作指令引导用户进行数据探索。例如，可以使用明确的图标表示工具的功能，合理布局图表和控件，以优化视觉流。

（2）响应用户操作。优秀的用户体验需要交互式数据展示能快速、准确地响应用户操作。无论是数据筛选、时间范围调整还是维度切换，响应都应是实时的，给予用户即时的反馈。这种互动性不仅能增强用户的探索体验，还能帮助他们更好地理解数据。

（3）适配用户需求和背景。了解目标用户群的需求和背景是设计交互式数据展示的前提。不同的用户群可能对数据有不同的理解能力和需求，因此设计时应考虑到这一点，为他们提供适合的可视化和交互方式。例如，对于技术用户，可以提供更多的自定义选项和深度分析工具；而对于一般商业用户，应重点提供直观、易懂的数据视图和简单的操作指引。

（4）提供帮助和指引。为了确保用户能充分利用交互式数据展示的功能，应当提供必要的帮助文档、操作指引或教程。这些资源可以是在线帮助页面、快速入门指南，也可以是交互式教程，以帮助用户在使用过程中快速找到解决问题的方法。

（5）测试和反馈。持续的用户测试和反馈是提升交互式数据展示用户体验的重要环节。通过观察真实用户如何使用数据展示、收集他们的意见和建议，设计师和开发人员可以不断优化交互式数据展示，使其更贴合用户的实际需求。

总的来说，进行交互式数据展示设计应以用户体验为中心，这意味着需要从用户的角度出发，通过简化界面、响应操作、适配需求和提供支持，创建既有丰富信息又易于探索的数据交互环境。

4.3.2 动态数据探索

动态数据探索是交互式数据展示的核心特性之一。它极大地增强了用户体验，提供了一种直观、灵活的方式来深入理解数据。下面介绍实现动态数据探索的一些关键功能和技术。

1. 交互式操作

（1）点击和选择：用户可以通过点击图表中的元素（如条形图中的柱子、地图上的点等）来查看详细信息或高亮显示相关数据，从而使数据探索变得更加直观。

（2）拖曳：拖曳操作能使用户在图表中移动对象或改变视图，如在地图视图中拖曳以浏览不同区域，或者在复杂图表中拖曳以重组数据的展示。

（3）缩放：缩放功能允许用户缩小或放大视图，查看数据的不同层次和细节，特别适用于时间序列数据或地理数据的深入分析。

2. 时间滑动条

时间滑动条是动态数据探索中的重要工具，尤其适用于时间序列数据的展示和分析。借助时间滑动条，用户可以轻松地在不同的时间点或时间范围之间切换，观察数据随时间的变化趋势，从而发现潜在的模式和异常。

3. 数据筛选器

数据筛选器允许用户设定一定的条件来筛选数据集，从而聚焦于对他们来说最重要的部分。这可以通过下拉菜单、复选框或搜索框等控件实现。数据筛选器支持对数据进行多维度的细分和探索。

4. 工具提示和详细信息查看

当用户将鼠标指针悬停在图表的特定部分时，工具提示可以显示关于该数据点的更多信息，如具体数值、描述信息或其他相关数据。这种即时的反馈机制能丰富用户的探索体验，使他们能快速获得所需的详细信息。

5. 自定义视图和自动保存状态

让用户自定义数据视图，并自动保存其探索状态，可以让他们在之后的会话中随时继续之前的分析。这种个性化的探索路径不仅可以提高用户的参与度，还可以使数据分析过程更加高效和个性化。

通过实现这些动态数据探索的功能，交互式数据展示不仅能提供更丰富、更直观的数据体验，还能激发用户的好奇心，引导他们深入挖掘数据背后的故事。这种动态、互动的探索方式使每个用户都可以根据自己的需求和兴趣，发现数据中独特的信息和价值。

4.3.3 数据驱动的故事讲述

在交互式数据展示的设计中，数据驱动的故事讲述是一种强大的策略。它通过串联数据视图和数据分析来展示数据背后的故事。这种方法不仅能使数据更吸引人，还能深化用户对数据的理解。要实现数据驱动的故事讲述，需要考虑以下几个关键因素：

（1）设计引导性的故事流程。故事讲述的核心是引导用户通过数据发现新的信息。在设计时，应创建一个清晰的故事线，安排逻辑性强的数据视图序列，引导用户从数据的总体概览开始，逐步深入更具体的分析。每一步都应为用户提供新的信息，推动故事向前发展。

（2）利用交互元素增强故事的吸引力。交互式元素（如滑动条、下拉菜单和按钮）

可以使用户参与到故事的发展中来。例如，用户可以通过调整时间滑动条来探索时间序列数据的变化，或者使用筛选器来查看特定子集的数据。这种参与感不仅能增强用户对数据的探索兴趣，还能使故事讲述更加动态和个性化。

（3）结合文字和视觉元素讲述故事。有效的数据故事讲述通常结合使用文字说明和视觉元素。文字可以提供背景信息，解释数据视图中的关键点或提出引导性的问题。而视觉元素则可以通过图表、图形和动画等直观地展示数据。这种文字和视觉的结合能够确保信息的完整性与多维度的理解。

（4）提供探索性的分支。虽然故事讲述通常有一个主线，但提供一些探索性的分支可以让用户根据个人的兴趣深入探索数据。这可以通过设置交互式的数据视图、提供不同的分析路径或允许用户自定义视图等方式来实现。这种灵活性让每个用户都能在数据故事中洞察自己。

（5）强调故事的结论和行动呼吁。一个好的数据故事应该以强有力的结论结束，并且包括明确的行动呼吁。结论应总结数据分析的主要发现，并强调这些发现的意义。在数据分析适用的情况下，行动呼吁可以鼓励用户采取特定行动，如改变策略、做出决策或进一步探索相关主题。

通过以上方法，数据驱动的故事讲述能够有效地将抽象的数据转化为有意义的信息，提升用户的理解能力和参与度，最终促进知识的传播和决策的制定。

4.3.4 多维度的数据展现

交互式展示技术开辟了探索和呈现数据的新途径，尤其是在处理包含多个变量和维度的复杂数据集时。这种技术的核心优势在于能够在单一视图中融合多维度的数据信息，提供一种全面且深入的分析方式。利用多维度数据展现需要考虑以下因素：

（1）集成视图。通过将多个数据维度集成到一个统一的视图中，用户可以从不同的层面观察和分析数据。例如，一个地理信息系统地图可以同时展示地理位置、人口密度、经济活动等多个维度的数据，用户可以通过选择不同的图层或数据指标来探索特定的兴趣点。

（2）交互式过滤和切片。交互式的过滤器和切片工具，允许用户根据需要动态地选择和查看数据的不同维度。这种灵活性使用户可以深入挖掘数据，发现不同维度之间的相关性或趋势。例如，在一个销售数据仪表板中，用户可以通过选择特定的时间范围、地区或产品类别，来细化分析销售性能。

（3）动态聚合和分解。交互式数据展示支持用户根据分析需求，动态地对数据进行聚合或分解。用户可以从高层次的概览开始，逐步钻取到更具体的数据点。这项功能特别适合探索由总体到细节的数据模式，如从全国的销售趋势钻取到单个地区或门店的销售数据。

（4）可视化维度编码。可以通过颜色、形状、大小等视觉编码手段，在同一图表中呈现额外的数据维度。这种方法不仅能增加数据展示的信息密度，还能帮助用户通过视觉线索快速识别数据集中的模式和异常。例如，在散点图中，可以使用不同的颜色代表不同的产品类别，也可以使用不同大小的点表示不同的销售额。

充分利用交互式展示技术的多维度数据展现能力，可以极大地提高数据分析的效率。这种方式不仅可以为用户提供直观的数据探索平台，还可以为数据科学家和数据分析师提供功能强大的工具，从而使其更全面地理解数据，洞察其中的复杂关系和模式。

总之，制作交互式数据展示是一种艺术与科学的结合，需要充分考虑用户体验、数据的可探索性和故事讲述的能力。通过精心设计，交互式数据展示可以成为沟通数据洞察、促进决策制定的工具。

深化篇　机器学习与深入探索

在数据科学的旅程中，机器学习与深入探索搭建了一座桥梁，来连接基础数据处理与高级分析技术。本篇旨在深化读者对机器学习基础和进阶技术的理解，探索如何通过算法挖掘数据的深层价值，并应用这些技术来解决实际问题。

第 5 章介绍机器学习的基础知识，第 6 章深入探讨机器学习与智能分析。这两章不仅会提供技术的概念框架，还强调通过实践案例学习并实际应用这些技术。

第 5 章从机器学习的三大类学习方式入手，详细探讨监督学习、无监督学习与强化学习的理论基础和应用场景。每种学习方法都配以实际案例，以帮助读者理解如何将理论应用于解决具体问题。

第 6 章则进入更具挑战性的机器学习领域，如深度学习的原理与应用、集成学习的策略与效益等。这一部分旨在为有志于掌握数据科学高级技能的读者提供必要的知识储备。

本篇不仅可以为读者呈现机器学习的全貌，还可以激发读者探索未知、解决实际问题的热情。无论是机器学习的新手，还是希望深化自己技能的专业人士，本篇都可以为其提供丰富的知识和实践指南。

第5章 机器学习的基础知识

机器学习作为数据科学的核心，是推动分析、预测与决策自动化的关键技术。通过学习本章内容，读者能够理解和运用机器学习的主要技术，从而为其深入探索更复杂的数据分析方法奠定基础。

5.1节主要介绍机器学习的发展历程和基础概念，为后续进行机器学习相关技术和内容的讲解奠定基础。5.2节和5.3节介绍监督学习的相关内容，旨在帮助读者理解监督学习在实际应用中的优势和局限。5.4节转向无标签数据的世界，探索如何从未经标注的数据中发现结构和模式，探讨聚类、降维和关联规则学习等无监督学习关键技术，以及它们在数据挖掘中的应用。通过学习这部分内容，读者可以了解无监督学习在识别数据内在结构和隐藏关系中的作用。

5.5节主要介绍强化学习的相关内容，如强化学习的基础概念、基础算法（如Q学习和策略梯度方法）等。强化学习是一种通过与环境的交互来学习最优决策策略的学习方式。通过强化学习，机器不仅能学习如何做出决策，还能不断优化其决策过程。强化学习适用于游戏、机器人导航等领域。

本章旨在为读者提供机器学习的入门知识，包含从理论到实践、从基本概念到关键算法等内容。通过学习本章内容，读者能建立起对机器学习领域的初步理解和实践能力，从而为其后续的深入学习和应用奠定坚实的基础。

5.1 机器学习的发展历程和基础概念

机器学习可以追溯到20世纪50年代，最初是作为人工智能领域的一个分支逐渐发展而来的。在这个时期，科学家开始探索如何使计算机模仿人类学习的能力，从而自动改进其性能。亚瑟·萨缪尔在1959年开发的下棋程序被认为是机器学习早期的一个成功案例。

随着时间的推移，机器学习经历了几个重要的发展阶段。20世纪70—80年代，专家系统的兴起是人工智能的一个重要里程碑。专家系统能够模拟专家的决策过程来解决复杂的问题。然而，专家系统的局限性在于它们需要高度依赖领域专家提供的知识。

20世纪90年代，随着统计学习理论的发展，机器学习开始从依赖先验知识的方法转向更加关注从数据中自动提取模式的算法。在这个时期，支持向量机和决策树等算法的发展，为解决分类和回归问题提供了强大的工具。

进入21世纪，随着大数据时代的到来和计算能力的显著提高，机器学习技术迎来了新的发展高峰。深度学习，作为机器学习的一个分支，开始在图像识别、语音识别和自然语言处理等领域展现出惊人的性能。同时，机器学习也开始被用于解决实际问题，如推荐系统、自动驾驶和医疗诊断等。

如今，机器学习已经成为数据科学的核心组成部分，其算法和技术正不断推动人工智能领域向前发展。随着研究的不断深入和技术的不断创新，机器学习将在未来继续扮演关键角色，解锁更多全新的应用场景。

机器学习的概念体系如图 5-1 所示。

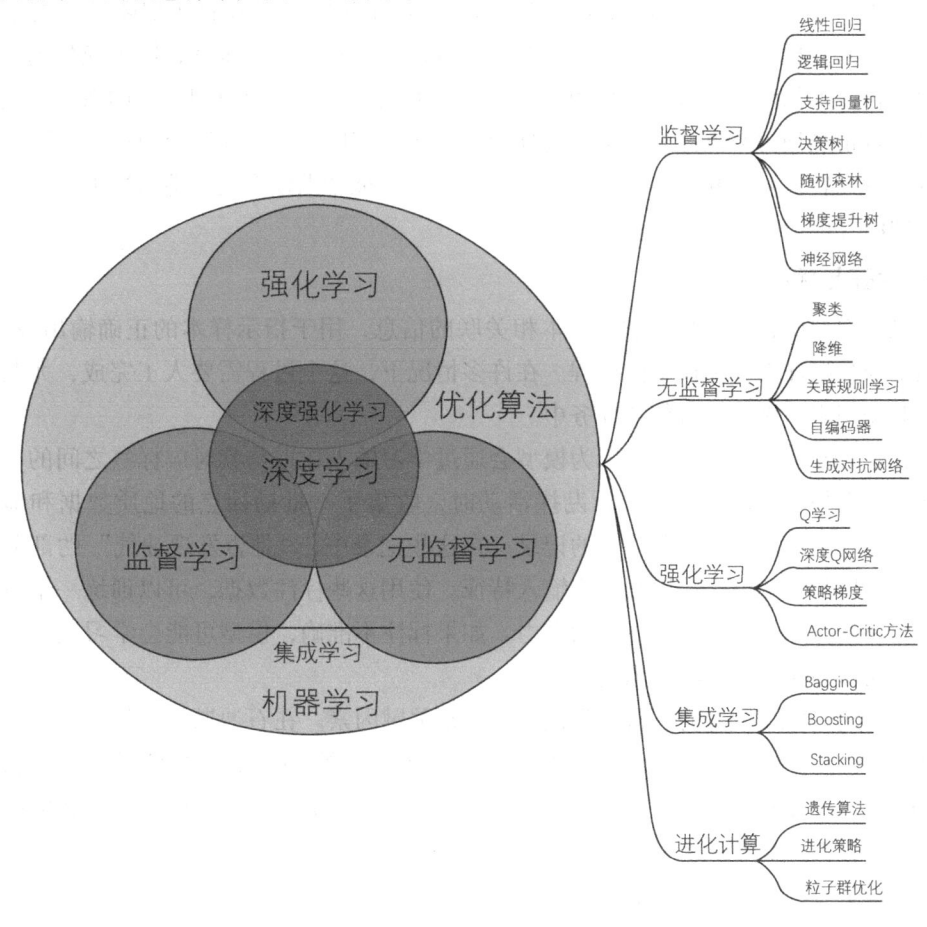

图 5-1　机器学习的概念体系

机器学习是一个非常广泛的领域，涵盖了许多不同的学习方法和算法。其中，强化学习、监督学习和无监督学习是机器学习的主要类别，它们都有独特的方法和应用。可以将深度学习看作监督学习和无监督学习下的一个子类别，这是因为深度学习可以应用于这两种类型的问题。集成学习则是一种方法论，可以跨越监督学习和无监督学习，因此可以将其视为它们之间的交叉领域或工具。

在深入探索机器学习之前，理解一些基础概念和术语对于后续的学习非常重要。这些基础概念构成了机器学习领域的语言和框架，可以帮助我们更好地理解复杂的算法和模型。

1. 数据集

在机器学习中,数据集是模型学习的基础,通常由一系列的样本组成。样本可以是一组特征向量,代表某个观察或实体的信息。

2. 特征

在机器学习中,特征(Feature)指的是用来描述数据样本的各个独立的属性或观测值。特征可以是数量型的(如面积、温度等),也可以是类别型的(如颜色、类型等)。在构建机器学习模型时,选取恰当且有意义的特征是非常关键的步骤,因为模型的预测性能在很大程度上依赖于输入的特征的质量。特征不仅能直接影响模型学习的效率,还能决定模型能否正确理解数据并做出准确的预测。在实际应用中,特征选择和特征工程(如特征提取、特征转换)是机器学习流程中的重要环节,能帮助模型更好地从数据中学习并提高模型的泛化能力。

3. 标签与标准

在机器学习中,标签是与数据样本相关联的信息,用于指示样本的正确输出或分类。标注则是为数据样本分配标签的过程。在许多情况下,这个过程需要人工完成,尤其是在需要专业知识来识别复杂特征的任务中。

标签是监督学习中的核心,因为模型会通过学习输入数据与其对应标签之间的关系来做出预测。例如,石油公司在进行勘探活动时,收集了一批勘探点的地质数据和地震数据,以及这些勘探点是否发现油气的记录。在这些记录中,"是否发现油气"的部分就是标签,而地质数据和地震数据则构成输入特征。使用这些标注数据,可以训练一个分类模型来预测新勘探点是否有发现油气的潜力。如果标注不准确,模型可能会学习到错误的模式,导致在新勘探点的预测上出现偏差。

不仅如此,标注数据的丰富性和代表性也是关键因素。在石油勘探的场景中,意味着需要收集和标注不同地区、不同地质条件下的勘探点数据,以确保模型能够泛化到新的、未见过的情况。此外,随着更多数据的收集和标注,持续更新训练集以包含最新的勘探结果和发现,将进一步增强模型的预测能力和适应性。

在监督学习项目中,标注准确是成功的关键。

4. 训练集与测试集

在监督学习中,训练集与测试集构成了模型训练和评估的基础。训练集与测试集的合理划分和使用是确保学习算法有效性及泛化能力的关键。

训练集由一组已经标注好的数据组成,其中每个样本包含输入特征及其对应的输出标签。在训练过程中,模型通过分析这些输入特征与输出标签之间的关系,尝试学习到一个从输入到输出的映射函数。训练集的大小和质量直接影响模型的学习能力与最终性能。一个典型的训练过程包括多次迭代,模型在每次迭代中逐渐调整其参数,以最小化预测结果与实际标签之间的差异。

测试集是一组独立于训练集的标注数据,其主要目的是评估训练好的模型的性能。通过在测试集上的表现，我们可以评估模型对未见数据的泛化能力。测试集的数据在模型训练阶段是完全不可见的，这个原则可以确保模型评估的公正性和准确性。模型在测试集上的表现通常通过准确率、精确率、召回率等指标来衡量，这些指标反映了模型在实际应用中的可靠性和有效性。

下面通过一个例子来探讨训练集和测试集在监督学习中的应用。

在石油领域，通常要收集一系列与油井产量相关的特征数据，如油井的深度、地理位置、所处地层的类型及历史产量等。实验目标是开发一个模型，能够根据这些特征预测未来某个时间段内油井的产量。

首先，使用收集到的大部分数据（如70%）作为训练集来训练模型。这些数据包含油井特征的各种组合及其对应的历史产量（标签）。在训练过程中，模型会学习这些特征与产量之间的关系，并尝试找到一个能够准确预测油井产量的函数。

然后，将剩余的数据（如30%）作为测试集，用于评估模型的预测性能。这部分数据对模型来说是新的，未在训练过程中出现过，因此可以客观地测试模型对新油井产量预测的准确度。如果模型在测试集上的表现良好，则表明模型具有较强的泛化能力，可以被用于实际的产量预测。

泛化能力是衡量机器学习模型性能的关键指标，指的是模型对新的、未见过的数据进行预测的能力。一个具有良好泛化能力的模型能够在训练集之外的数据上也表现出良好的性能，这意味着模型能够有效地应用于实际问题中，而不是只在训练过程中表现良好。泛化能力的提高依赖于模型的设计、训练方法，以及训练数据的多样性和代表性。避免过拟合是提高模型泛化能力的关键。

5. 过拟合与欠拟合

在机器学习中，过拟合（Overfitting）发生于模型过于复杂，以至于它开始捕捉训练数据中的噪声而不只是底层的数据分布。这种模型在训练集上可能显示出极高的准确度，但在新的、未见过的数据集上则性能较差。过拟合的模型失去了泛化能力，因为它对训练数据过度敏感，无法适应额外的数据或变化。

相较于过拟合，欠拟合（Underfitting）发生于模型过于简单，不能在数据中捕捉到足够多的模式或结构。这样的模型即使在训练数据上也会表现不佳，因为它没有学习到数据的关键特征。欠拟合的模型缺乏足够的灵活性或深度，未能充分理解数据背后的复杂性，导致预测性能不佳。

平衡过拟合和欠拟合是机器学习过程中的一大挑战，需要通过选择合适的模型复杂度、使用正则化技术及采取其他策略（如交叉验证）来实现。

6. 损失函数

损失函数（Loss Functions）是衡量模型预测值与实际值差异的一个标准，在机器学习中扮演着指导模型训练的角色。通过最小化损失函数，模型学习过程中的参数会不断被调整，以提升模型对训练数据的拟合程度。在不同类型的学习任务中，可能会使用不同的损失函数。例如，在回归问题中常用均方误差作为损失函数来衡量模型预测值与真实值之间的差值的平方的平均值；在分类问题中，交叉熵损失函数常被用于衡量模型输出的概率分布与实际标签的分布之间的差异。由此可见，选取合适的损失函数对于构建高效、准确的模型极为重要。

7. 优化算法

优化算法是在机器学习中用于最小化或最大化损失函数的一系列方法。这些算法通过迭代调整模型的参数（如权重和偏置），目的是找到能使损失函数值最小（对于最小化问题）或最大（对于最大化问题）的参数值。优化算法的选择对模型的训练速度和最终性能有重要影响。常见的优化算法包括梯度下降及其变体（如随机梯度下降、批量梯度下降）、牛顿方法、共轭梯度法等。在深度学习中，特别是梯度下降及其变体因为简单有效而被广泛使用。优化算法不仅可以用于模型的初步训练，还可以用于模型的进一步调整和优化，以提高其在特定任务上的性能。

8. 超参数

在机器学习模型的训练过程中，超参数是在开始学习之前设置的参数，不能从数据中直接学习得到。超参数对模型的性能和学习过程有重要影响。决策树模型中树的深度，神经网络中隐藏层的数量和每层的节点数，以及训练算法中的学习率和批处理大小等，都是典型的超参数。调整这些超参数可以帮助模型更好地学习数据的特征，从而提高模型在未知数据上的泛化能力。由于超参数不是通过数据训练得到的，因此通常需要通过交叉验证等技术来选择最优的超参数设置，以实现模型性能的最大化。

9. 交叉验证

交叉验证是一种评估机器学习模型泛化能力的统计方法，通常将数据集分成若干个子集反复进行训练和验证，以确保模型在未知数据上的性能评估尽可能准确。在 k 折交叉验证中，数据集被等分为 k 个大小相等的子集；在每一轮中，选择其中一个子集作为测试集，剩余 $k-1$ 个子集作为训练集。这个过程重复 k 次，每次选择不同的子集作为测试集，最后取模型性能的平均值作为最终评估结果。交叉验证能防止模型过拟合，是选择模型超参数和比较不同模型性能的重要工具。

在掌握上述基础概念之后，读者可以更深入地理解机器学习的过程和挑战，从而为学习更高级的技术奠定坚实的基础。

5.2 监督学习任务：回归和分类

作为机器学习的一个主要分支，监督学习可追溯到 20 世纪中叶，后来其在人工智能和统计学的交叉领域中逐步成型。监督学习的核心思想是通过训练数据来学习或建立一个模型，该训练数据包含输入特征及对应的输出标签，目标是使模型能够对新的、未见过的数据做出准确的预测或决策。

20世纪50—60年代，早期的模式识别和神经网络研究为监督学习的发展奠定了基础。在这个时期，研究人员试图模拟人脑的神经元网络来进行简单的任务学习，如感知器模型的提出就是早期尝试之一。然而，由于技术和理论的限制，这些早期模型的应用范围和效果均较为有限。

随着统计学习理论的发展和计算能力的提升，自20世纪90年代起，监督学习的方法得到了快速发展和广泛应用。特别是决策树、随机森林、支持向量机等方法的提出和完善，极大地推动了数据分类和回归分析技术的进步。这些算法不仅在理论上有坚实的基础，而且在实际应用中表现出了良好的性能。

21世纪初，随着大数据时代的来临，监督学习在许多领域发挥着重要作用，如图像和语音识别、自然语言处理、金融欺诈检测等。至今，监督学习依然是机器学习研究和应用的核心内容之一。

监督学习涉及从带有标注的训练数据中学习预测模型，以便对未见过的数据做出准确的预测或决策。在监督学习中，每个训练样本都由输入特征和相应的输出标签组成，其中输入特征描述样本的属性，而输出标签则是我们希望模型预测的目标。

5.2.1 回归和分类的目标

监督学习有两大类任务：回归和分类。回归任务关注预测一个连续的数值，如预测房价或股票价格；而分类任务则是将输入数据分到两个或多个类别中，如识别电子邮件是否为垃圾邮件，或者将图片分类到不同的类别中。在监督学习中，回归和分类是两大核心问题，分别用于处理连续的数值型目标和离散的类别型目标。

1. 回归任务

回归任务的目标是预测一个连续的数值。这类任务关注的是建立输入特征（自变量）和一个连续目标变量（因变量）之间的关系模型。例如，在石油行业，回归分析可以用来根据地质特性、钻井深度等因素预测油井的产量。在这种情况下，模型会尝试找到特征和产量之间的数学关系，以便对新油井进行产量预测。回归问题的一个关键特点是其输出是一个连续范围内的任意值，如价格、温度或产量等。

假设有一组关于油井的历史数据，这组数据包含多个特征，如地质结构类型（如砂岩、页岩）、油井深度、历史产量数据、周围地区的勘探活动情况等。每个油井的记录都包含这些特征和一个关键的数值——实际产量（如每日产油量）。我们的目标是构建一个模型，根据油井的特征来预测其潜在的产量。

目标变量油井的产量是一个连续的数值。我们尝试预测的不是油井是否会产油，也不是将油井分类为高产或低产，而是尽可能准确地预测出油井的具体产量数值。这就要求我们使用回归分析方法来建模，因为回归分析专注于预测连续数值型的目标变量。

2. 分类任务

与回归任务不同，分类任务旨在预测输入数据属于哪一个或哪些离散的类别。这可以是二分类问题,也可以是多分类问题,主要取决于类别的数量。例如,在地质数据分析中,分类模型可以用来预测岩石样本属于哪一种地质类型,或者根据地震数据判断潜在的油气藏是否存在。在这类任务中,模型会学习从输入特征到离散类别标签的映射关系。分类问题的输出是预定义类别集合中的一个,表示每个输入属于哪个或哪些类别。在分类问题的场景中,我们的目标是判断某个实例属于预先定义的类别之一,而不是预测一个连续的数值。

假设我们现在面对的问题是判断某个地区是否具有油气勘探的潜力。这是一个典型的二分类问题,因为目标变量(油气是否存在)只有两个可能的状态:存在和不存在。

所以这个例子是典型的分类问题,因为我们关注的是将勘探地点基于其特征分为"含油气""不含油气"两个离散的类别,而不是量化一个具体的数值。通过学习历史数据中的模式,分类模型能够对新的数据点做出属于预定义类别的判断,这对于许多决策制定过程(如资源分配和风险评估)来说是极其重要的。

5.2.2　回归和分类的评估指标

评估指标是衡量机器学习模型性能的关键工具。在回归和分类任务中,由于预测目标不同,因此采用的评估指标也有所不同。

5.2.2.1　回归任务的评估指标

(1)均方误差(Mean-Square Error,MSE):计算模型预测值与实际值差值的平方的平均值。均方误差越小,模型性能越好。

均方误差的计算公式为

$$\text{MSE} = \frac{1}{n}\sum_{i=1}^{n}(y_i - \hat{y}_i)$$

其中,y_i 为第 i 个观测值的真实值,$\hat{y}_i$ 为模型预测的值,n 为样本总数。

均方误差越小,模型预测的精确度越高。

(2)均方根误差(Root Mean Squared Error,RMSE):是均方误差的平方根,用于将误差的量级调整回原始数据的量级。

均方根误差的计算公式为

$$\text{RMSE} = \sqrt{\text{MSE}} = \sqrt{\frac{1}{n}\sum_{i=1}^{n}(y_i - \hat{y}_i)}$$

均方根误差通过取均方误差的平方根,使误差的单位与原始数据保持一致,从而提供误差大小的直观感受。

(3)平均绝对误差(Mean Absolute Error,MAE):是模型预测值与实际值差值的绝对值的平均数,提供了预测误差的直观感受。

平均绝对误差的计算公式为

$$\text{MAE} = \frac{1}{n} \sum_{i=1}^{n} |y_i - \widehat{y_i}|$$

平均绝对误差提供了另一种衡量预测精度的方式。相较于均方误差，平均绝对误差对异常值的敏感度较低。

（4）决定系数（R-squared，R^2）：用于衡量模型解释的变异量在总变异量中所占的比例，范围通常在 0 和 1 之间。

决定系数的计算公式为

$$R^2 = \frac{\sum_{i=1}^{n}(y_i - \widehat{y_i})^2}{\sum_{i=1}^{n}(y_i - \overline{y})^2}$$

其中，$\overline{y}$ 为所有观测值的平均值。

决定系数衡量的是模型解释的变异量占总变异量的比例，其值介于 0 和 1 之间。R^2 越接近 1，表明模型对数据的拟合度越高。

5.2.2.2 分类任务的评估指标

分类任务预测的是离散标签，下面介绍一些常用的评估指标。

（1）准确率（Accuracy）：正确分类的样本数占总样本数的比例。准确率是最直观的性能衡量指标，但在数据不平衡的情况下可能会产生误导。

准确率的计算公式为

$$\text{Accuracy} = \frac{\text{TP+TN}}{\text{TP+TN+FP+FN}}$$

其中，TP（True Positives，真正例）表示实际为正类且预测也为正类的样本数，TN（True Negatives，真负例）表示实际为负类且预测也为负类的样本数，FP（False Positives，假正例）表示实际为负类但错误预测为正类的样本数，FN（False Negatives，假负例）表示实际为正类但错误预测为负类的样本数。

（2）精确率（Precision）：真正例占所有被预测为正例（真正例+假正例）的比例。精确率高意味着假正例较少。

精确率的计算公式为

$$\text{Precision} = \frac{\text{TP}}{\text{TP+FP}}$$

（3）召回率（Recall）：真正例占所有实际正例（真正例+假负例）的比例。召回率高意味着假负例较少。

召回率的计算公式为

$$\text{Recall} = \frac{\text{TP}}{\text{TP+FN}}$$

（4）ROC 曲线和 AUC：ROC（Receiver Operating Characteristic，受试者工作特征）曲

线通过描绘在不同阈值下模型的真正例率（TPR）和假正例率（FPR）来评估模型性能。而 AUC（Area Under Curve）用于衡量 ROC 曲线下的面积。AUC 值越大，越接近 1，模型的区分能力越强。

真正例率（TPR）和假正例率（FPR）的计算公式分别为

$$TPR = \frac{TP}{TP+FN}$$

$$FPR = \frac{FP}{FP+TN}$$

（5）F1 分数（F1 Score）：精确率和召回率的调和平均值，是一个综合考虑精确率和召回率的性能指标。

F1 分数的计算公式为

$$F1\ Score = 2 \times \frac{Precision \times Recall}{Precision + Recall}$$

F1 分数旨在同时考虑精确率和召回率，为二者之间的平衡提供一个单一的度量。该公式能确保在精确率和召回率之间达成平衡，特别是当二者存在显著差异时。

总而言之，选择合适的评估指标对于正确评价和比较不同模型的性能极其重要，同时也是模型调参和优化的基础。

5.3 监督学习

监督学习涉及从数据收集开始，到特征选择和模型选择，再到模型训练、模型评估，以及参数调整和优化的一系列步骤。

数据收集阶段主要聚焦于获取标注好的训练数据。特征选择阶段旨在识别和选择那些对预测任务最有益的特征，以提高模型的训练效率和预测准确性。在模型选择阶段，应根据问题的性质选择合适的算法。模型训练阶段主要是通过调整模型参数，使模型能够尽可能准确地从输入特征映射到预测标签。模型评估阶段则使用独立的测试集来验证模型的泛化能力，从而确保模型在未见过的数据上也能表现良好。通过参数调整和优化步骤来细化模型，可以进一步提升其性能。整个过程不仅需要相关技术和算法的支持，还需要依赖研究人员对数据的深入理解，以确保构建出既准确又可靠的预测模型。

5.3.1 数据收集

数据收集是监督学习的第一步，也是构建有效模型的基础。这个阶段的目标是收集足够多的、质量高的、代表性强的数据，以确保训练出的模型能够准确地预测未知数据。数据收集阶段需要考虑以下几个关键因素：

（1）数据质量。高质量的数据是训练有效模型的前提，这就要求数据应准确、完整，没有错误或偏差。错误的数据会直接影响模型的学习效果，可能导致模型学习到错误的模式。

（2）数据量。数据量需要足够大，以覆盖输入空间的各种可能性。较大的数据集可以帮助模型更好地理解不同情况下的行为，从而提高其泛化能力。然而，收集数据的成本和时间也需要考虑。

（3）数据的代表性。收集的数据需要能够代表实际应用场景中的各种情况。数据偏差会导致模型在特定场景中表现良好，而在其他场景中表现不足。确保数据的多样性和代表性对于提高模型的泛化能力非常重要。

（4）标注质量。在监督学习中，每个数据点都需要有对应的标签。标签的准确性直接决定模型学习的方向。因此，需要通过专业的标注人员或精准的自动化工具来确保标注的质量。

（5）数据隐私和安全。在收集和处理数据时，必须遵守相关的法律法规，保护用户隐私和数据安全。特别是在涉及敏感信息的应用场景中，如医疗、金融等领域，数据的收集和使用需要格外小心。

（6）数据来源的多样性。为了提高模型的适用性和鲁棒性，从不同来源收集数据是有益的。这可以帮助模型学习到更广泛的数据分布，从而在面对新的、未知的数据时有更好的表现。

5.3.2 特征选择

特征选择是监督学习中一个关键步骤。其目的是从原始数据中识别出对预测目标最有影响的特征。选择相关性高的特征并排除无关或冗余的特征，可以提高模型的训练效率和预测性能。特征选择需要注意以下几点：

（1）特征相关性。评估每个特征与目标变量之间的相关性是特征选择的第一步。相关性高的特征更可能对模型的预测结果产生积极影响。

（2）特征冗余。避免包含冗余特征也是特征选择过程中需要考虑的因素。如果两个特征高度相似，通常只包含其中一个就足够了，因为冗余特征只会增加模型的复杂度，不会增加新的信息。

（3）特征工程。在特征选择过程中，可能需要进行特征工程，如创建新特征或转换现有特征。进行特征工程有助于揭示数据中的隐藏模式，提高模型的预测能力。

（4）维数约简。特征选择可以视为维数约简的一种形式。在某些情况下，使用主成分分析等维数约简技术可以减少特征的数量，同时保留大部分原始信息。

（5）特征选择的目标。最终的目标是找到一个特征子集，这个子集应该能够在不显著增加计算负担的同时，提供足够多的信息用于构建一个准确的预测模型。

进行精心的特征选择，不仅可以显著提升模型的性能，还可以降低因特征数量过多而导致的过拟合风险。有效的特征选择不仅可以提高模型的训练和预测速度，还可以提高模型对新数据的泛化能力。

5.3.3 模型选择

在完成数据收集和特征选择之后，下一步是选择一个或多个合适的模型来进行训练。模型的选择取决于具体的预测任务（如回归或分类）、数据的特性，以及期望模型的性能和复杂度。不同的模型具有不同的假设前提和适用范围，因此在实践中可能需要尝试多种模型来找到最匹配当前问题的模型。

在监督学习中，有以下几种常见的模型：

（1）线性模型（如线性回归、逻辑回归）：适用于变量间关系大致为线性的简单预测任务。

（2）决策树和随机森林：适用于处理复杂的非线性关系，容易理解和解释。

（3）支持向量机：适用于高维数据的分类任务，具有良好的泛化能力。

（4）神经网络和深度学习模型：适用于大规模数据集和复杂的模式识别任务，如图像和语音识别。

关于各种模型的具体介绍请参考 8.1.2 节。

在模型选择的过程中，也需要考虑模型训练的计算成本和最终模型的可解释性。在某些应用场景中，简单模型的快速响应可能比复杂模型的微小性能提升更重要。

5.3.4 模型训练

模型训练是监督学习中的核心步骤。其目标是使模型能从给定的训练数据中学习到输入特征和输出标签之间的映射关系。这个过程涉及调整模型内部参数，从而使预测结果与实际结果之间的差异最小。

5.3.4.1 初始化模型参数

在模型训练阶段，初始化模型参数是第一步，并且是极其重要的步骤。这个步骤涉及设定模型内部参数的初始值，它们将在训练过程中被调整以最小化损失函数。正确的参数初始化策略对于模型的收敛速度和最终性能有显著影响。以下是一些常见的初始化方法：

（1）零初始化：将所有参数初始化为零。这种方法简单直接，但可能不适合某些模型，特别是深度学习模型，因为它可能导致模型学习效率过低。

（2）随机初始化：将参数设置为随机值。这种方法可以打破模型参数的对称性，帮助模型更有效地学习。但是，过大或过小的初始化值都有可能引发训练过程中的问题，如梯度消失或梯度爆炸。

（3）He 初始化和 Xavier/Glorot 初始化：分别针对 ReLU（Rectified Linear Unit，线性整流函数）和 Sigmoid/Tanh 函数优化。它们通过考虑输入和输出神经元的数量来调整参数的初始规模，旨在保持网络各层的激活值和梯度的分布稳定。

（4）预训练模型参数：在某些情况下，可以使用已经在相似任务上训练好的模型参数作为初始化值。这种方法,特别是在深度学习中,可以加速训练过程并提高模型的性能。

参数初始化的选择需要依赖具体的模型类型、所使用的激活函数(Activation Functions)及训练数据的特性。适当的初始化方法可以加快模型收敛速度,避免引发训练过程中的潜在问题,从而提高模型的学习效率和预测精度。

5.3.4.2 选择损失函数

在监督学习中,选择损失函数是模型训练阶段的一个关键步骤。损失函数,也称代价函数,用来衡量模型预测值与真实值之间的差异。选择合适的损失函数对于指导模型学习正确的参数,进而提高模型性能十分重要。

回归任务常用的损失函数包括均方误差、均方根误差和平均绝对误差。

需要注意的是,模型训练阶段的内部评价机制,目的是指导模型的学习方向。损失函数被用来计算模型预测值与真实值之间的差异,而训练过程通过最小化这一损失来调整模型参数。所以,虽然评估指标和损失函数在某些情况下可能采用相同的数学形式,如回归任务中的均方误差既可以作为评估指标,也可以作为损失函数,但它们服务的目的不同。评估指标更多用于衡量模型的整体性能和做出决策,而损失函数则更多用于在训练过程中指导模型参数的优化。

分类任务中常用的损失函数主要用于衡量模型预测的类别与实际类别之间的不一致程度。以下是几种常见的分类损失函数:

(1)交叉熵损失(Cross-Entropy Loss):也称为对数损失,主要用于二分类或多分类问题。它测量的是模型预测的概率分布与真实标签的概率分布之间的差异。具体内容请参考附录 A.5 中的第一点。

(2)合页损失(Hinge Loss):主要用于支持向量机等最大间隔分类器。合页损失旨在增加正确分类的样本和决策边界之间的距离。具体内容请参考附录 A.5 中的第二点。

(3)对数损失(Logarithmic Loss):主要用于逻辑回归模型。对数损失与二分类问题的交叉熵损失相似,两者其实是相同的概念。

这些损失函数在训练阶段帮助模型通过最小化它们来优化模型参数,从而学习区分不同类别的能力。选择哪种损失函数通常取决于特定的应用场景和模型类型。

5.3.4.3 优化算法

在监督学习中,优化算法的作用是调整模型的参数以最小化损失函数,进而提高模型在训练数据上的预测准确性。常见的优化算法有以下几种:

(1)梯度下降(Gradient Descent):最常见的优化算法,适用于几乎所有的监督学习模型。它先计算损失函数相对于模型参数的梯度(即偏导数),然后沿着梯度下降的方向调整参数值,逐步减小损失函数的值。梯度下降有多种变体,包括批量梯度下降(Batch Gradient Descent,BGD)、随机梯度下降(Stochastic Gradient Descent,SGD)和小批量梯度下降(Mini-batch Gradient Descent,MBGD)。具体公式和详细应用介绍请参考附录 A.2.1。

（2）牛顿法（Newton's Method）：是一种更高级的优化技术，通过考虑损失函数的二阶导数来寻找损失函数的最小值。这种方法通常能比梯度下降更快地收敛到最小值，但计算成本较高，因为它需要计算和存储损失函数的 Hessian 矩阵。具体公式和详细应用介绍请参考附录 A.2.2。

（3）Adam（Adaptive Moment Estimation）优化器：是一种基于梯度的优化算法，结合了动量法和 RMSProp 算法的特点。它通过计算梯度的一阶矩估计和二阶矩估计来调整每个参数的学习率，因此 Adam 在实践中对于很多问题都非常有效。具体公式和详细应用介绍请参考附录 A.2.3。

选择哪种优化算法取决于具体的模型、数据集的特性及训练的具体需求。例如，对于大规模数据集，随机梯度下降或其变体通常是更优的选择，因为它们每次迭代只需要计算一小部分数据的梯度，从而加速训练过程。而对于需要快速收敛的场景，Adam 优化器可能是更好的选择。

5.3.4.4　批处理和迭代

在机器学习模型的训练过程中，为了提高效率和有效管理资源，数据通常被分批处理，这个过程被称为批处理（Batch Processing）。同时，模型会在整个数据集上进行多次迭代学习，这些重复的学习过程被称为迭代（Iteration）。下面详细解释这两个概念及其在模型训练中的应用。

批处理就是在模型训练过程中，将训练数据集分成多个较小的数据集（即批次）进行处理。每个批次包含一定数量的样本，这个数量由批次大小（Batch Size）参数确定。使用批处理不仅能提高内存使用效率，还能利用现代计算硬件的并行处理能力，从而加快模型训练速度。批次的大小对模型的训练效果有直接影响，过小的批次可能会导致模型训练不稳定，过大的批次可能会降低模型训练的效率和准确性。

迭代是指模型在一个批次上进行单次前向传播和反向传播的过程。轮次（Epoch）是指模型在整个训练数据集上完成一次前向传播和反向传播的过程。换句话说，一个轮次包含多次迭代，迭代次数取决于数据集的大小和批次大小。在每个轮次结束时，模型都会更新其参数以最小化损失函数。训练通常会持续多个轮次，直到模型的性能不再显著提升，或者达到了预设的最大轮次数。

通过批处理和迭代的训练方式，模型能逐渐学习到数据集中的模式和特征。模型训练的目标是通过不断调整参数，使预测结果尽可能接近真实标签，从而最小化损失函数的值。在实际操作中，数据科学家需要仔细选择合适的批次大小和轮次数，以平衡训练效率、模型性能和资源消耗。

5.3.4.5　防止过拟合

在机器学习模型的训练过程中，过拟合是常见现象。过拟合是指模型在训练数据上表现得非常好，但是在未见过的新数据上表现不佳。过拟合发生时，模型过度学习了训练数据中的噪声和细节，以至于失去了泛化到新数据的能力。为了防止过拟合，可以采取以下几种策略：

（1）数据增强（Data Augmentation）：可以通过对训练数据进行变换和扩充来增加数据的多样性，如图像数据的旋转、缩放、翻转等，帮助模型学习到更加泛化的特征。

（2）正则化（Regularization）：在模型的损失函数中添加一个正则项，以惩罚过大的模型参数值。常见的正则化技术包括L1正则化和L2正则化。正则化有助于限制模型复杂度，降低过拟合风险。相关内容请参考附录A.3。

（3）早停（Early Stopping）：在训练过程中监控模型在测试集上的性能，当性能在连续几个轮次后不再提升时停止训练。早停可以防止模型在训练数据上过度训练而忽视泛化能力。

（4）丢弃法（Dropout）：在训练过程中随机丢弃网络中的一部分神经元，防止模型对训练数据过度依赖，从而提高模型的泛化能力。丢弃法常用于深度神经网络。

（5）集成学习（Ensemble Learning）：训练多个模型并结合它们的预测结果。集成学习通过整合多个模型的预测来减少过拟合，提高模型的稳定性和准确性。关于集成学习的相关内容请参考6.2节。

采取上述策略，不仅可以有效地降低过拟合风险，还可以提升模型在新数据上的泛化能力。在实际应用中，通常会结合使用多种策略，以达到防止过拟合的最佳效果。

5.3.4.6 验证模型

使用测试集对模型进行间歇性评估，可以监控训练过程并调整超参数，以及优化模型性能。

通过这些步骤，模型在训练集上的性能可以逐步改进，最终得到一个能够对未见过的数据进行有效预测的模型。

5.3.5 模型评估

模型评估是监督学习中的一个关键环节。它的目的是验证模型对未见数据的预测能力，即模型的泛化能力。模型评估主要按照以下几个步骤进行：

（1）选择评估指标。根据具体的任务（如回归或分类）选择合适的评估指标。

（2）分割数据集。为了评估模型的泛化能力，通常需要将原始数据集分割为训练集和测试集。模型在训练集上进行训练，而测试集则用于评估模型的性能。

（3）交叉验证。为了更有效地评估模型性能，可以采用交叉验证的方法。

（4）性能比较。在有多个模型或算法可供选择时，可以通过比较它们在测试集上的表现来选出最优模型。性能比较可以基于单一指标，也可以综合考虑多个指标。

（5）误差分析。除了量化指标，模型评估还应包括对模型预测错误的分析。可以通过检查模型在哪些类型的数据上表现不佳，获得模型改进的方向。

综合上述步骤，可以对模型的性能和适用性进行全面评估，并为最终模型的选择和部署提供依据。

5.3.6 参数调整和优化

在监督学习中，参数调整和优化是重要步骤，旨在提高模型的预测准确性和泛化能力。这个步骤通常发生在模型评估后，基于评估结果进行。以下是几种常用的参数调整和优化策略：

（1）超参数调整。超参数是在训练过程之前设置的参数（如学习率、正则化系数等），会影响模型的结构和训练方式。通过调整超参数，可以找到最佳的模型配置，从而改善模型的性能。

（2）交叉验证。使用交叉验证方法可以评估不同超参数设置下模型的性能。这种方法是将数据分为多个子集，轮流使用其中一个子集作为测试集，其余的作为训练集，从而获取模型性能的稳健性评估。

（3）特征工程。特征工程基于模型的评估结果，进行特征的选择、构造或转换。移除不相关或冗余的特征可以降低模型的复杂度和过拟合风险，而添加新特征或变换现有特征可能会揭示更多有用的信息，提升模型的预测能力。

（4）模型集成。有时单一模型可能无法达到最优性能，可以通过集成多个模型的预测结果来提高整体的预测准确性。

（5）迭代优化。可以通过反复的训练、评估和调整过程，逐步优化模型的性能。在每轮迭代中，基于前一轮的评估结果来调整模型的配置，寻找性能最优的模型。

通过以上步骤，数据科学家可以调整模型参数，确保模型达到最佳的预测性能，并且具备在未知数据上进行准确预测的能力。

监督学习在众多领域都有广泛应用，包括金融风险评估、医疗诊断、图像识别、语音识别和自然语言处理等。从历史数据中学习，能够构建出对新数据做出准确预测的模型，并为决策提供强有力的数据支持。

5.4 无监督学习

无监督学习作为机器学习的另一大核心分支，专注于从未标注数据中学习数据的内在结构和模式。与监督学习不同，无监督学习的数据没有提前定义好的标签或结果。因此，无监督学习是探索数据本质特性、发现数据中隐藏信息的重要手段。

无监督学习的早期探索主要集中在聚类和维度降低等技术上。20 世纪 60—70 年代，统计学家和计算机科学家开始尝试应用数学模型对数据进行分类，这些算是最初的无监督学习尝试。其中，K-means 聚类算法的提出是一个标志性事件。该算法使用迭代方法将数据分为多个类别，是后续无数研究和应用的基础。

20世纪80—90年代，随着计算机技术和算法理论的发展，无监督学习开始涉及更复杂的数据处理任务，包括主成分分析、独立成分分析（Independent Component Analysis，ICA）及更先进的聚类技术等。这些方法为数据的模式识别、特征提取和数据压缩提供了功能强大的工具。

21世纪初，随着大数据和深度学习的兴起，无监督学习的应用领域和方法都得到了极大的扩展。自动编码器（Autocoder）、生成对抗网络（Generative Adversarial Network，GAN）等深度学习技术的出现，使无监督学习不仅能处理更复杂的数据结构，还能生成新的数据样本，为图像和语音生成、数据增强等领域带来了新的可能。

随着算法和计算能力的持续进步，无监督学习将在更多的领域展现出独特的价值。

与监督学习需要依赖预先定义的标签不同，无监督学习不需要外部的指导，而是通过分析数据本身的特性来揭示其中的关系和组织结构。接下来介绍无监督学习的几种关键技术和方法。

5.4.1 聚类

聚类是一种无监督学习方法，旨在将数据集中的对象分成若干个组或"簇"，使同一组的对象之间相似度较高，而不同组的对象之间相似度较低。聚类的目标是根据数据特征发现数据的内在结构和模式，而不需要依赖预先标注的数据标签。

在聚类过程中，相似度的度量通常需要依赖数据的性质和特定的应用场景。对于数值型数据，相似度常常通过计算对象之间的距离（如欧几里得距离或曼哈顿距离）来衡量。对于分类数据，相似度可能会使用基于属性匹配的方式度量。

聚类的应用非常广泛，如可以用于市场细分、社交网络分析、图像分割、异常检测等。选取合适的聚类算法和参数对于获得有意义的聚类结果非常重要。

下面介绍几种常用的聚类算法：

5.4.1.1 K-means 聚类

K-means 聚类是一种经典的分区聚类算法，广泛应用于各种领域的数据分析和模式识别中。其主要步骤如下：

步骤1：初始化。随机选择 K 个数据点作为初始的聚类中心。

步骤2：分配。对于每个数据点，计算其与各个聚类中心的距离，并将其分配到最近的聚类中心所对应的聚类。

步骤3：更新。重新计算每个聚类的中心点，通常取聚类内所有点的平均值作为新的聚类中心。

步骤4：迭代。重复步骤2和步骤3，直到聚类中心的变化小于某个预设的阈值，或达到预定的迭代次数。

K-means 聚类实例如图 5-2 所示。

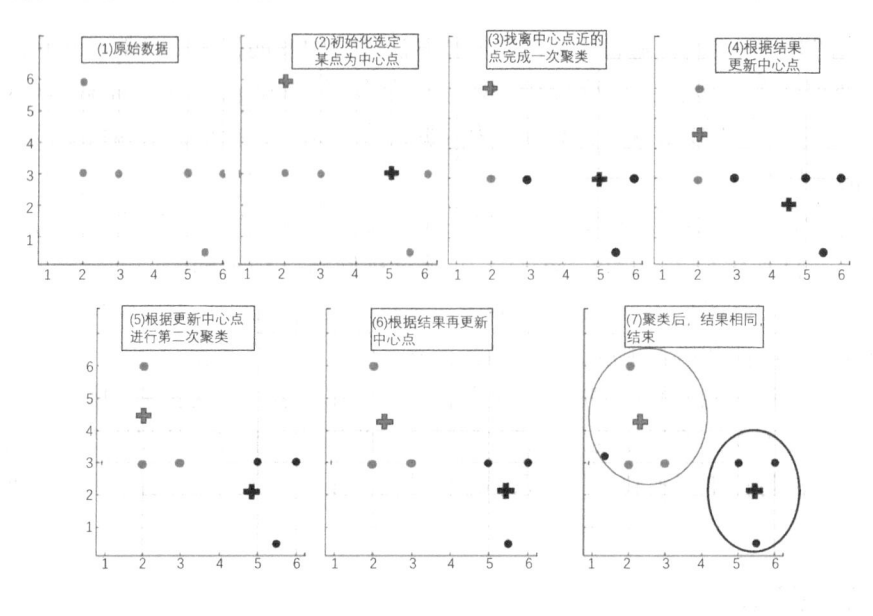

图 5-2 K-means 聚类实例

如图 5-2 所示，需要针对 6 个点进行聚类，假设 K 为 2，共分为两类。步骤（1）是原始数据；步骤（2）是选取某个数据点作为中心点，选取的初始化中心点为（2,6）、（5,3）；步骤（3）是根据中心点进行聚类，离中心点近的分为一类；步骤（4）是根据结果更新分类计算中心点；步骤（5）是根据新的中心点进行第二次聚类，可以看到点（3,3）由于与新的浅色中心点接近，所以被重新归类；步骤（6）是根据新的分类重新计算中心点；步骤（7）是根据新的中心点进行再次聚类，由于聚类结果未发生变化，所以视为聚类完成。

K-means 聚类算法的主要优点是实现简单、计算效率高，特别适合处理大数据集。然而，它也有一些局限性：

（1）需要预先指定聚类数 K，而在实际应用中 K 的最优值往往是未知的。
（2）对初始聚类中心的选择敏感，不同的初始化可能导致不同的聚类结果。
（3）假设聚类是凸形状，对于非球形的数据分布可能无法取得满意的聚类效果。
（4）对噪声和离群点敏感，这些点可能会对聚类结果产生较大的影响。

尽管存在这些局限，但是 K-means 算法仍然是解决聚类问题时最常用和最有效的方法之一。在实践中，通常会通过多次运行算法并比较结果，或者使用肘部法则等方法来找到最佳的 K 值，以提高聚类的质量和稳定性。

5.4.1.2 DBSCAN

DBSCAN（Density-Based Spatial Clustering of Applications with Noise，具有噪声的基于密度的聚类算法）是一种使用广泛的基于密度的聚类算法。不同于 K-means 聚类算法需要预先指定聚类数目的要求，DBSCAN 能根据数据自身的分布特征识别出聚类的数目。另外，DBSCAN 对聚类的形状没有任何限制，能发现任意形状的聚类。

DBSCAN 的核心概念包括核心点、边界点和噪声点。核心点是指在其 Eps（扫描半径）邻域内至少包含 MinPts（最小包含点数）的数据点，边界点是指邻域内包含少于 MinPts 点数但属于某个核心点邻域的数据点，噪声点则是不属于核心点和边界点邻域的数据点。假设 MinPts 为 5，核心点、边界点和噪声点的实例如图 5-3 所示。

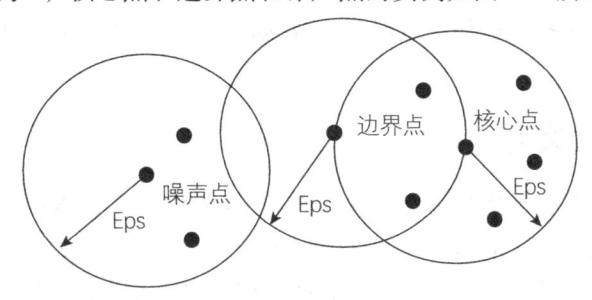

图 5-3 核心点、边界点、噪声点的实例

DBSCAN 从任意未被访问的点开始，探索该点的 Eps 邻域。如果这个邻域内的点数达到了 MinPts，该点就被标记为核心点，并且这个邻域内的所有点（包括核心点和边界点）都会被加入当前聚类中。然后，算法递归地探索这些点的邻域，扩展当前聚类。这个过程持续进行，直到所有点都被访问过。最终，算法能够识别出稠密连通的区域作为聚类，以及标记出孤立的点作为噪声。聚类过程如图 5-4 所示。

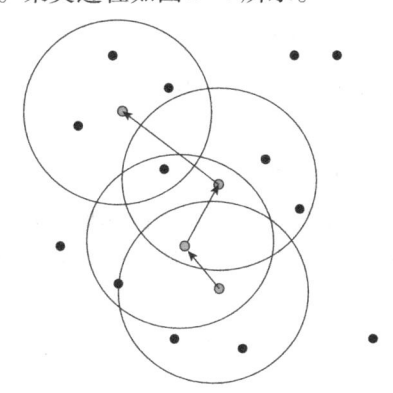

图 5-4 聚类过程

查看图 5-4 就可以很容易理解上述定义。由于 MinPts = 5，因此在 Eps 邻域内，灰色的点都是核心对象，其 Eps 邻域至少有 5 个样本。黑色点对应的样本是非核心对象。所有核心对象密度直达的样本在以灰色核心对象为中心的球体内，如果不在球体内，那么不能密度直达。图 5-4 中用箭头连起来的核心对象组成了密度可达的样本序列。在这些密度可达的样本序列的 Eps 邻域内，所有的样本相互都是密度相连的。

DBSCAN 有以下几个特点：

（1）灵活性：由于 DBSCAN 能发现任意形状的聚类，因此在实际应用中非常灵活。

（2）噪声点处理：DBSCAN 能有效识别并处理噪声点，提高聚类的质量。

（3）不需要指定聚类数目：DBSCAN 不需要像 K-means 聚类那样预先指定聚类的数量，聚类数目由数据自身的密度分布决定。

（4）参数选择：虽然 DBSCAN 不需要预设聚类数目，但选择合适的 Eps 和 MinPts 参数对于算法的结果有重要影响。

DBSCAN 适用于具有复杂结构或分布的数据集，特别是当聚类的形状不规则或数据中存在噪声时。然而，选择合适的参数需要对数据有一定的了解，有时可能需要通过实验来确定最佳的参数设置。

5.4.1.3 层次聚类

层次聚类是一种将数据集分组为一系列嵌套的聚类算法。与 K-means 聚类和 DBSCAN 等算法不同，层次聚类不仅能提供一个聚类划分，还能提供关于数据结构的丰富信息，这能通过构建一个层次化的聚类树（称为树状图或层次树）来实现。层次聚类主要分为两种类型：聚合层次聚类（自底向上的方法）和分裂层次聚类（自顶向下的方法）。

1. 聚合层次聚类

开始状态：每个数据点被视为一个单独的聚类。

合并过程：每一步都寻找并合并最相似（或距离最近）的聚类对，直到所有的数据点都被合并为一个大聚类。

相似度度量：在合并聚类时，可以使用多种相似度（或距离）度量方法，如最短距离（单链接）、最长距离（全链接）和组平均距离等。

如图 5-5 所示，假设有 5 个样本点 {A，B，C，D，E}，对于层次聚类来说，先假设每个样本点都为一个簇类，计算每个簇类间的相似度，得到相似矩阵。寻找各个簇类之间最近的两个簇类，即若簇类 B 和 C 的相似度最高，则将其合并为一个簇类 BC。现在有 4 个簇类，分别为 A、BC、D、E。之后更新簇类间的相似矩阵，若簇类 BC 和 D 的相似度最高，则将其合并为一个簇类 BCD。现在有 3 个簇类，分别为 A、BCD、E。更新簇类间的相似矩阵，若簇类 A 和 BCD 的相似度最高，则将其合并为一个簇类 ABCD。现在有 2 个簇类，分别为 ABCD、E。更新簇类间的相似矩阵，若簇类 ABCD 和 E 的相似度最高，则将其合并为一个簇类 ABCDE。至此，层次聚类算法结束。

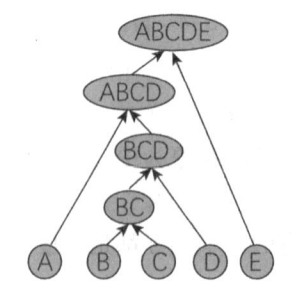

图 5-5 聚合层次聚类示意图

2. 分裂层次聚类

开始状态：所有数据点作为一个整体被视为一个单独的大聚类。

分裂过程：每一步都将当前的聚类分裂为更小的聚类，这个过程基于聚类内的异质性进行，直到每个聚类只包含一个数据点，或者满足某些停止条件。

分裂标准：选择分裂聚类的标准可以基于最大化聚类间的差异或最小化聚类内的相似度等。

3. 层次聚类的特点

（1）提供层次结构：层次聚类提供的树状图有助于理解数据集的内在结构，如聚类之间的亲疏关系。

（2）灵活性：通过裁剪树状图的不同高度，可以得到不同粒度的聚类划分。

（3）不需要预先指定聚类数：与 K-means 聚类不同，层次聚类不需要预先指定聚类数，但用户需要在树状图中选择一个"切点"来获得最终的聚类划分。

层次聚类适用于那些需要揭示数据层次结构或在不同层次上进行聚类分析的应用场景。然而，层次聚类特别是聚合层次聚类在计算上比较昂贵，对于大规模数据集可能不太适用。

5.4.2 降维

降维是无监督学习中的一项重要技术，通过减少数据集中的特征数量来简化模型。降维的目的是在尽可能保留数据集中重要信息的同时，减少计算资源的消耗，并提高算法的效率。在很多情况下，数据集中包含大量的特征，不仅会增加模型训练的难度，还可能引入噪声和冗余信息，降低模型的性能。降维技术可以有效解决这些问题，下面简要介绍几种常见的降维方法：

1. 主成分分析

主成分分析是最常用的线性降维技术之一，通过线性变换将原始数据转换到新的坐标系统中，新坐标（即主成分）按照方差递减的顺序排列。选择方差最大的几个主成分，可以捕捉到数据的大部分变异性，从而实现降维。

这种变换是线性的，意味着新坐标是原始数据坐标的线性组合。

以下是主成分分析的几个操作步骤：

步骤1：标准化原始数据。由于主成分分析会受到数据尺度的影响，因此通常需要先对数据进行标准化处理，确保每个特征的平均值为0，方差为1。

步骤2：构造协方差矩阵。计算数据的协方差矩阵，以反映特征间的相关性。

步骤3：计算协方差矩阵的特征值和特征向量。协方差矩阵的特征向量代表新坐标的方向，而特征值则表示各主成分的方差大小，即数据在该方向上的变异程度。

步骤4：选择主成分。按照特征值的大小，即主成分的方差递减的顺序，选择前 n 个主成分作为新的特征。这些主成分捕捉到了原始数据中大部分的变异性。

步骤 5：转换到新的坐标系。将原始数据投影到选定的主成分上，从而完成降维。

通过主成分分析，研究人员可以去除数据中的噪声和冗余信息，保留最重要的特征，这对于数据可视化、预处理和提高算法效率都非常有用。

2. t-SNE

t-SNE（t-distributed Stochastic Neighbor Embedding，t-分布随机邻域嵌入）是一种非线性降维技术，特别适用于高维数据的可视化。不同于主成分分析的线性变换，t-SNE 通过保持高维数据点之间的相对距离来将数据映射到二维或三维空间中，从而使类似的数据点在降维后的空间中彼此接近，不同的数据点互相远离。

t-SNE 主要有以下几个步骤：

步骤 1：在高维空间中计算相似度。对于每一对高维数据点，t-SNE 首先计算一个概率值，表示一点选择另一点作为其邻居的概率。这个概率与两点之间的距离有关，距离越近，概率越大。

步骤 2：在低维空间中寻找对应的数据点。t-SNE 在低维空间（通常是二维或三维的，以方便可视化）中寻找数据点的一个新表示，这个表示尽可能保持原有的近邻概率分布。

步骤 3：优化过程。t-SNE 通过最小化高维空间和低维空间中相似度分布之间的 Kullback-Leibler 散度来寻找最佳的低维表示。这个优化过程能确保在低维空间中保留高维空间中的局部结构。

t-SNE 的优势在于其出色的可视化效果，能够揭示数据中的团簇（即自然分组）和结构，即使应对高度复杂的数据集也是如此。

3. 自动编码器

自动编码器是一种使用神经网络来实现降维的方法。它先训练网络学习一个压缩的低维表示（编码器部分），然后重构出原始数据（解码器部分）。通过这种方式，自动编码器可以学到数据的有效低维表示。降维技术在无监督学习中发挥着重要作用，不仅能降低数据处理和模型训练的复杂度，还能在一定程度上提高模型的解释性。

5.4.3 关联规则学习

关联规则学习是一种常见的无监督学习方法，用于发现大型数据库中变量之间的关系。关联规则学习的核心概念包括支持度（Support）、置信度（Confidence）和提升度（Lift）。

支持度表示某个商品组合出现的频率。具体来说，是指项集（商品组合）在所有交易中出现的比例。例如，如果 100 笔交易中有 20 笔交易包含货物 A 和 B，那么这个项集 {A, B} 的支持度就是 20%。

置信度可以衡量在前件（A）出现的情况下，后件（B）出现的条件概率。例如，如果在包含货物 A 的所有交易中，有 50% 的交易同时包含 B，那么规则 {A->B} 的置信度就是 50%。

提升度表示在有前件出现的条件下，后件出现的概率与后件在数据集中出现的概率之比。提升度可以用来衡量关联规则的相关性，提升度大于 1 表示两个项集正相关，等于 1 表示两个项集独立，小于 1 表示两个项集负相关。

关联学习主要用于事务数据集（如市场购物数据），以分析商品之间的共现关系，并挖掘顾客购买行为中的模式。例如，通过分析超市的销售记录，关联规则学习可以帮助我们发现"顾客购买面包时，也经常购买牛奶"的规律。这类规律可以通过上面介绍的支持度、置信度和提升度来描述：由支持度可以看出面包和牛奶一起被购买的交易占总交易的比例；由置信度可以看出购买了面包的顾客中，也购买了牛奶的人占多大比例；而提升度则表示在考虑面包的情况下，牛奶的销售增加了多少。

关联规则学习的一个典型应用是市场篮分析（Market Basket Analysis），通过分析顾客的购物篮来发现商品之间的关联规则。这种分析对零售业非常有价值，因为它可以帮助商家优化商品的摆放位置、进行交叉销售和规划促销活动等。

常用的关联规则学习算法有 Apriori 算法和 FP-Growth 算法，它们都是通过逐渐增加项集的大小，来寻找满足最小支持度和置信度阈值的关联规则。

1. Apriori 算法

Apriori 算法基于频繁项集来生成关联规则。它先识别出频繁出现的单个项集（频繁项集），再逐步扩展，以找到所有可能的频繁项集组合。在此过程中，Apriori 算法利用了一个关键性质，即若一个项集是频繁的，其所有非空子集也必须是频繁的。这个性质大大减小了搜索空间，提高了算法的效率。然而，Apriori 算法需要多次扫描数据库，对于规模特别大的数据集，这可能会成为性能瓶颈。

2. FP-Growth 算法

FP-Growth 算法是对 Apriori 算法的改进，使用一种被称为频繁模式树（Frequent Pattern Tree，FP-tree）的数据结构来存储数据集的压缩表示。FP-Growth 算法只需要扫描两次数据库：第一次扫描用于构建项的频繁度索引，第二次扫描用于构建频繁模式树。与 Apriori 算法相比，FP-Growth 算法大大减少了数据库扫描次数和候选项集的数量，从而提高了算法的执行效率。FP-Growth 算法适用于处理大规模数据集，在实际应用中常常优于 Apriori 算法。

尽管 FP-Growth 算法在效率上有明显的优势，但其算法实现和频繁模式树的构建相对复杂。在选择具体算法时，需要根据实际数据集的大小、特性及可用计算资源做出决策。

5.4.4 异常检测

在无监督学习中，异常检测是一项重要的任务，专注于从数据集中识别那些不符合预期模式的数据点，即异常值或离群值。这些数据点可能是由测量误差、数据处理错误或某些不常见的事件造成的。

无监督学习与异常检测之间的关键联系在于，无监督学习不需要依赖事先标注的数据，而是通过分析数据的内在结构和分布来识别异常的。异常检测特别适用于那些因为没有足够先验知识而无法定义"正常"与"异常"标准的场景。

无监督学习提供了一种框架，允许通过分析数据的自然聚集或分布模式来识别异常。异常点通常与主要数据集的模式不一致，在数据的多维空间中往往处于孤立位置或形成小的、不寻常的聚集。无监督学习中的聚类和密度估计方法常被用于异常检测，因为它们可以揭示数据的内在结构和潜在的异常。

异常检测在多种应用场景中都非常有用，如欺诈检测、网络安全、故障诊断等。以下是两种常见的异常检测方法：

1. 孤立森林

孤立森林（Isolation Forest）算法以其高效处理大规模数据集的能力而著称，尤其适用于高维数据的异常检测。该算法的核心在于，不需要预设距离或密度的阈值，这与基于距离或密度的其他异常检测方法形成了鲜明的对比。由于孤立森林是随机过程，不直接依赖数据的分布假设，因此对于各种分布类型的数据集都有较好的适应性。

在实践中，孤立森林的性能主要受到树的数量和树的深度这两个参数的影响。更多的树可以提高检测的准确性，但同时也会增加计算的复杂度。此外，孤立森林对于检测全局异常（即与大多数数据点明显不同的异常点）表现良好，但可能对局部异常（即只在局部与周围数据点略有差异的异常点）的检测敏感度较低。

孤立森林算法主要有以下几个步骤：

步骤1：随机选择特征。从数据集的所有特征中随机选择一个特征。

步骤2：随机选择切分值。对于选定的特征，随机选择一个切分值。该切分值位于该特征的最大值和最小值之间。

步骤3：构建孤立树。使用步骤1和步骤2中的特征和切分值递归地划分数据，直到异常数据点被孤立出来，或者树达到限定的深度。

步骤4：评估异常程度。通过计算数据点在树中的平均路径长度来评估其异常程度。平均路径长度越短，数据点越有可能是异常的。

通过这种方式，孤立森林算法为异常检测提供了一种高效、可扩展的方法，特别适用于那些具有未知分布和高维特征的数据集。

2. 一类支持向量机

一类支持向量机（One-Class SVM）提供了一种强大的工具来识别在特征空间中显著偏离大多数数据点的异常点，尤其适用于那些仅有单类标签数据可用的场景。一类支持向量机会在特征空间中寻找一个最小的球体，尽可能包含所有的数据点，此时离球体中心最远的数据点会被判定为异常。这种方法的关键在于，它试图直接为数据定义一个"正常"区域，而不需要事先知道异常样本的信息，因此一类支持向量机在无监督学习中尤其有价值。

一类支持向量机的工作原理可以总结为以下几个步骤：

步骤1：选择核函数。核函数常用于将原始数据映射到更高维的特征空间，以便在这个空间中更容易找到分隔超平面。常用的核函数包括线性核、多项式核和径向基函数（Radial Basis Function，RBF）核。

步骤2：选择参数，包括正则化参数和核函数参数。正则化参数控制模型的复杂度和对异常点的敏感度，核函数参数（如RBF核的γ）影响数据映射到高维空间的方式。

步骤3：训练模型。使用只包含正常数据的训练集来训练一类支持向量机模型。模型训练的结果定义了数据的正常区域的决策边界。

步骤4：检测异常。对于新的数据点，如果它落在决策边界之外，那么会被判定为异常点。

一类支持向量机面临的一个挑战是参数选择对模型性能的影响很大，不恰当的参数设置可能会导致较多的正常点被错误地判定为异常，或者异常点被忽视。因此，在实际应用中通常需要通过交叉验证等方法来细调参数。

在石油和天然气行业中，异常检测可以用来监控生产过程中的异常事件，如设备故障、生产量的突然下降等。通过实时监控传感器数据，孤立森林或一类支持向量机可以快速识别出异常模式，从而及时采取措施，减少损失。

5.5 强化学习

强化学习是机器学习的一个分支，使计算机系统能够自动决定如何在复杂、未知的环境中采取行动，以最大化某种累积奖励。与传统的监督学习不同，强化学习不依赖预标注的输入/输出对，而是通过智能体（Agent）在环境（Environment）中采取行动，并从环境反馈的奖励（Reward）中学习。这个学习过程中的目标是发现一个策略（Policy），该策略能够告诉智能体在给定的状态（State）下应该采取什么样的行动（Action），以期获得最大的未来奖励。因此，强化学习是一种机器学习的范式，旨在让智能体通过与环境的交互来学习如何做出最佳的决策。强化学习与监督学习、无监督学习有本质的不同，因为它不依赖预先标注的数据集，而是通过智能体在环境中尝试不同的行为，并根据这些行为的结果来学习。

智能体的目标是最大化其在一系列决策中获得的总奖励。它通过观察当前环境的状态，选择并执行动作，环境会根据动作改变状态，并提供新的状态信息和相应的奖励给智能体。智能体利用这些信息更新其行为策略，并试图在长期内最大化累积奖励。这个过程涉及不断试错和学习，智能体需要平衡探索（尝试未知的动作以发现更好的策略）与利用（根据已知信息采取最佳动作）之间的关系。

强化学习的实际应用很广，包括但不限于游戏、自动驾驶、机器人控制、自动化交易系统和推荐系统等。通过强化学习，智能体可以学习如何在不同的环境中做出最佳决策，适应新的挑战，并在没有直接指令的情况下自主优化其行为。

5.5.1 强化学习的基础概念

在强化学习中,以下概念构成了整个学习框架的基础:

1. 智能体

智能体在强化学习系统中扮演着核心角色。作为决策者,智能体需要根据其接收到的环境状态信息,选择最佳的行动方案。这些决策基于智能体对环境的观察和对可能结果的预测。在不同的强化学习任务中,智能体的目标是多种多样的,如取得游戏胜利、导航到特定位置,以及控制机械臂完成精确操作等。

智能体的决策过程涉及对当前环境状态的评估,以及对不同动作结果的预估。通过不断与环境互动,智能体可以学习哪些动作能带来更好的奖励,并逐渐形成或优化其决策策略。在这个过程中,智能体可能会采用探索(尝试新动作以发现可能的高奖励)和利用(基于当前知识采取已知能获得高奖励的动作)之间的平衡策略。

强化学习中的智能体可采用多种形式,包括但不限于计算模型、算法和物理机器人。智能体的复杂性取决于任务的要求和环境的复杂度。无论形式如何,智能体的终极目标都是通过与环境的交互来改善其行为,最大化地累积奖励,从而实现其设定的目标。

2. 环境

环境在强化学习框架中充当智能体决策的背景和依据。具体来说,环境是指智能体所操作和影响的那部分世界,可以是实际的物理环境,如机器人的周围环境,也可以是虚拟的计算环境,如模拟游戏世界。环境为智能体提供了一系列可能的状态和在这些状态下可能采取的动作,同时可以基于智能体的动作反馈奖励或惩罚,引导智能体学习如何更好地执行任务。

在强化学习任务中,环境的设计和特性对学习过程有重要影响。环境决定了任务的难易程度、所需的学习策略及可能达到的性能上限。例如,复杂多变的环境可能需要智能体具备高度的适应性和学习能力,而简单、静态的环境可能会更利于学习和掌握。

3. 状态

状态在强化学习中是环境的一个关键特性,用于描述环境在特定时间点的所有相关属性和条件。这些状态信息为智能体提供了必要的上下文,智能体基于此可以做出决策并执行动作。状态可以包括各种信息,如简单的游戏位置、复杂的传感器读数,信息的复杂度和维度可以根据特定任务和环境的改变而改变。

在实践中,有效地表示状态对于设计高效的强化学习系统十分重要。状态表示应尽可能包含对做出好决策有用的信息,同时避免引入不必要的复杂度。在一些情况下,智能体可能无法观察到环境的全部状态,这种情况被称为部分可观测状态,对应的解决策略可能包括建立环境模型或使用历史信息来补充当前的观察。

由于状态直接影响智能体的决策,因此如何选择和设计状态空间是强化学习中的一个关键问题。好的状态表示不仅能提供足够的信息来支持有效的学习,还能尽量减少计算资源的需求。此外，状态表示的选择也会影响学习算法的收敛速度和最终策略的性能。

4. 动作

在强化学习中，动作是智能体根据当前的环境状态所作出的响应，是智能体与环境交互的方式。每个动作的选择都可能导致环境状态发生变化，并且会从环境中得到相应的奖励或惩罚。

例如，在自动驾驶的应用中，智能体（自动驾驶系统）可能需要在多种动作（如加速、减速、保持当前速度等）中做出选择。在游戏相关场景中，动作可以是移动、跳跃及发射等。在交易系统中，动作可能包括买入、卖出及持有某项资产等。

在设计强化学习系统时，动作的定义需要足够具体和全面，以便智能体可以有效地影响环境，并朝着目标前进。同时，动作集合的大小会影响学习过程的复杂性：过多的动作可能会导致学习过程低效，而过少的动作可能会限制智能体达到最优决策的能力。因此，动作空间的设计需要仔细考虑，以便平衡学习效率和决策质量。

5. 奖励

在强化学习中，奖励是一个关键概念，是环境在智能体执行动作之后提供的反馈。奖励可以是正的，也可以是负的，分别代表智能体的动作带来的有利和不利的结果。智能体的目标是通过其行为策略来最大化期望累积奖励的总和。为此，智能体需要不断学习从每个状态出发采取哪些动作可以获得最大的长期回报。

在实际应用中，奖励函数的设计极其重要，因为它必须能够准确地反映智能体目标的实现程度。例如，在自动驾驶的强化学习模型中，奖励设计可能基于车辆保持在道路中心线的能力、避免碰撞及遵守交通规则等。

奖励不仅会影响智能体的即时决策，还会对其长期策略产生影响。强化学习在不断的试错过程中，智能体会逐渐学习到在特定状态下应采取哪些动作来优化长期奖励，这个过程是通过更新其决策策略来实现的。

6. 探索和利用

在强化学习中，探索（Exploration）和利用（Exploitation）是两种基本的行为策略。探索是指智能体会尝试新动作来发现未知的或潜在的更好的决策路径。这样做能帮助智能体获得新知识，发现更多关于环境的信息，尤其是那些可能带来更高奖励的动作。探索是智能体学习环境的关键部分，有助于提高其在环境中的表现。

利用是指智能体使用其现有知识选择最佳动作的过程。智能体会基于过去的经验采取已知的最优动作，以最大化即时奖励。长期的利用能确保智能体在当前环境中获得稳定的奖励。

探索和利用之间的平衡对于智能体学习最有效的行为非常重要。太多的探索可能会导致智能体在不断尝试新动作时错失优化已知奖励的机会，太多的利用则可能会阻止智能体发现更优的行为策略。智能体必须在二者之间找到适当的平衡点，以实现长期奖励的最大化。

7. 策略

在强化学习框架中,策略发挥着重要作用。它定义了智能体在面对不同状态时应该采取的行为。具体来说,策略是一个函数或映射,会接收当前环境状态作为输入,并输出智能体应该执行的动作。

策略可以是简单的一对一映射,也可以是复杂的,主要依赖一系列计算和概率分布。在某些情况下,策略可能会明确指定在给定状态下执行哪个动作(确定性策略),策略也可能会为每个可能的动作指定执行的概率(随机性策略)。

确定性策略是在每次遇到某个状态时总是执行相同的动作,随机性策略则允许智能体探索和尝试不同的动作,这有助于智能体发现可能更有效的行为模式。

智能体的最终目标是找到最优策略,这样的策略能够在一系列状态中指导智能体采取最佳动作,从而最大化其长期收益,也就是累积奖励。在实际应用中,最优策略的搜索通常涉及大量的试错和迭代,可能需要通过经验累积来逐渐完善。

例如,假设我们正在训练一个机器人通过迷宫寻找出口,策略会告诉机器人在迷宫的每个交叉口应该做出什么样的移动。一开始,机器人可能会随机选择路径,但随着学习的深入,策略会更新,并指导机器人选择那些更有可能到达出口的路径。通过这种方式,智能体可以在不断与环境交互的过程中提升决策能力。

8. 自适应学习

自适应学习(Adaptive Learning)是一种动态的学习过程,可以使学习系统根据环境的变化和在学习过程中获得的反馈自我调整其行为。在机器学习和人工智能领域,自适应学习通常是指算法在接收到新数据时或在其性能评估的基础上进行自我修改和优化的能力。这种学习方法使模型能够在不断变化的环境中保持或提高效率和准确性。

自适应学习系统的关键在于其能够识别何时及如何调整学习策略或模型参数,以适应新的情况或解决新出现的问题。这种能力需要依赖系统对自身性能的监控及对环境变化的感知能力。

例如,在自适应学习系统中,如果模型在特定任务上的表现开始下降(可能由于数据分布发生变化),系统可以自动调整其内部参数或采取新的学习策略,以试图恢复或改善其性能。同样,如果检测到新类型的数据或情况,系统可以通过更新训练集或调整模型结构来适应这些变化。

自适应学习在许多领域都有应用,包括但不限于个性化推荐系统、自动驾驶汽车、机器人导航及在线学习和教育平台等。在这些应用中,自适应学习使系统能够在没有人工干预的情况下自我完善,从而提供更加准确和个性化的服务。

5.5.2 强化学习的基础算法

在强化学习领域,有几种基础且常用的算法对于理解和实施强化学习非常重要。

5.5.2.1 Q学习

Q学习（Q-learning）是强化学习中最经典的算法之一，是基于价值迭代的一种方法。Q学习的目标是学习一种策略，使长期累积奖励最大化。在Q学习中，"Q"代表"quality"，即动作的质量，用于评估在特定状态下采取某个动作的好坏。

1. 核心思想

Q学习通过估计状态-动作对（State-Action Pair）的Q值（即这一对的期望回报）来工作。算法迭代更新Q值，直到Q值收敛至最优Q值。

2. 更新规则

Q值的更新基于贝尔曼方程（Bellman Equation）。Q值更新使用的公式为

$$Q(s,a) = Q(s,a) + \alpha \times (r + \gamma \times \max(Q(s',a')) - Q(s,a))$$

其中，$Q(s,a)$表示在状态s中采取行动a的预期奖励；该动作收到的实际奖励由r引用，而s'指的是下一个状态；α为学习率；γ为折扣因子；状态s'中所有可能的动作a'的最高预期奖励用$\max(Q(s',a'))$表示。

3. 算法过程

Q学习算法的过程如图5-6所示。

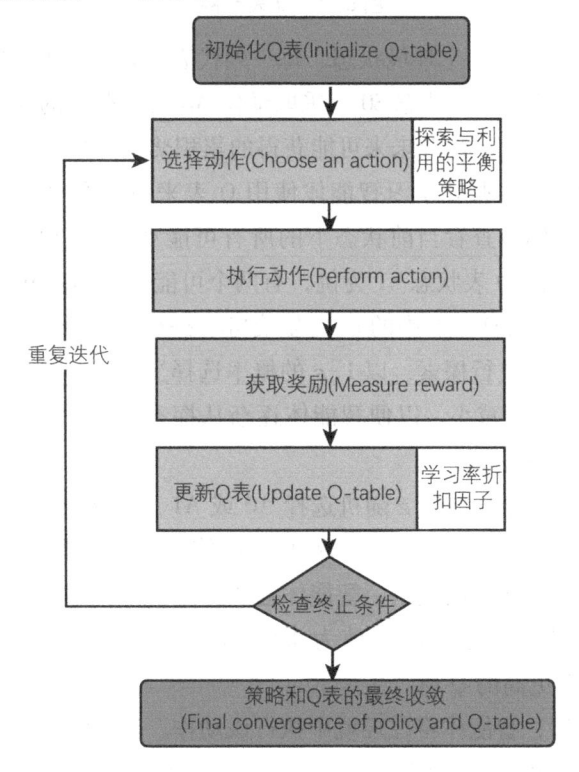

图5-6 Q学习算法的过程

下面就 Q 学习算法的关键内容进行介绍。

(1) 初始化 Q 表。在每个时间步骤，智能体先基于当前的 Q 表（一开始通常初始化为全零或随机值）选择并执行一个动作，然后观察结果奖励和新的状态，并使用这些信息来更新 Q 表中对应的 Q 值。

Q 表是强化学习中 Q 学习算法使用的一种数据结构，用于存储每个状态下采取不同动作的期望回报（即 Q 值）。在一个简单的示例中，假设有一个环境包含四个状态（S0，S1，S2，S3）和两个可能的动作（A0，A1）。Q 表示例，如图 5-7 所示。

状态	A0	A1
S0	0.5	-0.2
S1	0.1	0.4
S2	-0.3	0.8
S3	0	0.9

图 5-7　Q 表示例

在 Q 表中，每一行代表一个环境状态，每一列代表在该状态下可能采取的动作。Q 表中的 Q (S0，A0) = 0.5 代表在状态 S0 下采取动作 A0 所能获得的期望回报。这个期望回报是基于当前的状态和动作，以及未来可能获得的累积奖励的预估。

(2) 工作选择和执行。强化学习智能体使用 Q 表来决定在每个状态下应该采取哪个动作。具体来说，智能体将查看当前状态下的所有可能动作的 Q 值，并选择 Q 值最高的动作执行。以图 5-7 中的 Q 表状态 S1 为例，有两个可能的动作：A0（其 Q 值为 0.1）和 A1（其 Q 值为 0.4）。根据 Q 学习中的 ε-贪婪策略（ε-Greedy Strategy）（其中智能体以一定的概率 ε 选择随机动作进行探索，以 $1-\varepsilon$ 的概率选择当前认为最佳的动作进行利用。随着时间的推移，ε 可以逐渐减小，以便智能体逐渐从探索过渡到利用），基于前面介绍的探索和利用，执行下面的过程：

①探索：智能体有一个小概率 ε 随机选择 A0 或 A1。假设 ε 设定为 0.1，这意味着有 10% 的概率智能体会探索，可能会随机选择 A0，即使它的 Q 值低于 A1。

②利用：以 $1-\varepsilon$，即 90% 的概率，智能体会选择当前 Q 值最高的动作，即 A1。

所以，在状态 S1 下，动作 A 的 Q 值为 0.6，动作 B 的 Q 值为 0.4，智能体将选择执行动作 A，因为它具有更高的 Q 值。

在选择动作 A 之后，智能体将在环境中执行该动作。环境响应智能体的动作，可能会导致状态发生变化，并给予智能体相应的奖励。这个奖励反映了动作的即时效果，可能是正的（如接近目标），也可能是负的（如远离目标或遇到障碍）。之后智能体将观察到新的状态（s'）和新收到的奖励（r）。这些信息将用于后续的 Q 值更新，即根据 Q 学习算法更新 Q 表，以反映最新的学习成果。

例如，在图 5-7 的 Q 表示例中，假设执行动作 A 后，智能体从状态 S1 转移到状态 S2，并获得了奖励 r。智能体将使用这些新的信息来更新状态 S1 下动作 A 的 Q 值，具体的更新方法遵循 Q 学习的更新公式。

通过不断重复这个过程，智能体能够逐渐学习到在各个状态下哪些动作能够获得最大的长期奖励，从而形成一套有效的策略。

（3）评估。在 Q 学习过程中，评估阶段是判断智能体策略性能的关键步骤。在这个阶段，可以根据之前采取的行动，观察结果和奖励，更新 Q 表，评估策略的质量。

评估主要包括以下几个具体步骤：

步骤 1：收集评估数据。在这个阶段，智能体执行其策略并从环境中收集结果数据，包括新的奖励和状态信息。

步骤 2：计算性能指标。基于收集的数据计算总奖励、平均奖励或特定任务的性能指标等。例如，在游戏中，性能指标可能是赢得比赛的比率；在导航任务中，可能是到达目的地的平均步数。

步骤 3：分析和诊断。评估不只是计算性能指标，还包括分析智能体的行为模式，识别可能的问题，如是否存在某些状态下的动作选择不理想导致的性能下降。

步骤 4：调整和优化。基于评估结果，可能需要调整 Q 学习的参数（如学习率或折扣因子），或者对 Q 表进行优化处理。

评估可能会在多个不同的时间点进行。例如，在训练初期进行初步评估，可以快速发现和解决问题；在训练中期进行进度评估，可以确保学习在正确的方向上进行；在训练结束后进行最终评估，可以确定智能体的性能是否满足要求。

评估可能会重复多次，特别是在实际应用中，为了确保智能体能够在各种情况下都有稳定的表现，通常会对其进行全面和系统的评估。

Q 学习算法凭借其简单性和有效性，在许多强化学习任务中都有广泛的应用，尤其是在决策过程可被明确建模为马尔可夫决策过程（Markov Decision Process，MDP）的场景中。

5.5.2.2 深度 Q 网络

深度 Q 网络（Deep Q-Network，DQN）是一种融合经典的 Q 学习和深度神经网络的强化学习算法。虽然深度 Q 网络算法的基本思路源于 Q 学习，但是又与 Q 学习有所不同。深度 Q 网络的 Q 值不是直接通过状态值 s 和动作 a 来计算的，而是通过神经网络来计算的。这种方法在处理具有高维状态空间的任务时特别有效，如视觉识别或游戏玩法。在深度 Q 网络中，传统 Q 学习中的 Q 表被一个神经网络所取代，这个网络能够学习并逼近复杂函数，从而预测在给定状态下每个可能动作的 Q 值。

深度 Q 网络算法从本质上来说属于 Q 学习算法，在策略选择上与 Q 学习保持一致，

采用 ε-贪婪策略。在 Q 学习的基础上，深度 Q 网络的两个技巧使其更新与迭代更稳定：

（1）经验回放。在深度 Q 网络中，学习过程是通过经验回放（Experience Replay）机制进行的。智能体通过探索环境，执行动作并观察结果，即收集到的每一步都包含当前的状态、所采取的动作、获得的奖励及执行动作后的新状态。这些信息被存储在回放缓冲区（相当于一个经验库，专门用来存储智能体的历史经验）。

在训练的每个步骤中，深度 Q 网络不会直接用最新的经验来更新神经网络。相反，它会从这个经验库中随机抽取一批经验，这种随机采样可以打破连续样本之间的相关性，既能避免学习过程中的自相关问题，又能提高样本的利用率。随机抽取的这批经验被用来计算损失函数并更新神经网络。通过这种方式，智能体可以不断学习如何在不同状态下选择最佳动作，从而使累积奖励达到最大化。

经验回放机制提高了学习的稳定性，因为它减少了智能体行为在训练过程中的差异对神经网络更新的影响。通过多次重复这个过程，智能体的策略会逐渐逼近最优策略，在环境中的表现也越来越好，最终能在给定任务中达到更高的性能。

（2）固定 Q 目标。深度 Q 网络算法的另一个关键技术是固定 Q 目标（Fixed-Q-Targets），该技术可用于解决训练过程中的不稳定问题。在传统的 Q 学习中，用同一个网络来预测当前状态的 Q 值和下一状态的目标 Q 值，这样会使训练过程中 Q 值预测的目标不断改变，导致学习过程的振荡或不稳定。

为了解决这个问题，深度 Q 网络采用了两个结构相同但参数不同的神经网络，其中一个是行为网络（或称为在线网络），用于预测当前状态的 Q 值；另一个是目标网络，用于生成目标 Q 值。目标网络的参数是行为网络参数的延迟复制，不会随每一步更新而改变，而是在一定间隔后才更新一次。可以将这种做法看作为目标 Q 值提供了一个相对稳定的目标。

具体来说，当算法使用当前状态和动作计算损失函数以更新网络权重时，会使用目标网络的输出作为目标 Q 值，这些目标值在短期内保持相对固定。然后，行为网络的权重会根据预测的 Q 值和固定的目标 Q 值之间的差异进行调整。在一定的训练周期后，目标网络的参数会被行为网络的参数更新，这样可以确保目标 Q 值逐步接近真实的 Q 值，但又不会因为过于频繁的更新而引起训练过程的不稳定。

通过固定 Q 目标，深度 Q 网络算法在处理经验回放的同时，能够保证学习过程的稳定性，从而在复杂环境中取得更好的性能。这种方法简单有效，现已成为深度强化学习中许多算法的标准部分。深度 Q 网络的具体算法和机制请参考附录 A.6。

在多种 Atari 2600 视频游戏中，深度 Q 网络超越了人类的表现，这证明了其处理复杂问题的能力。通过结合深度学习和经典的强化学习，深度 Q 网络开辟了一条在复杂任务中应用强化学习的新途径。

5.5.2.3 策略梯度方法

策略梯度方法（Policy Gradient Methods）是一类基于优化策略参数来直接提升策略性

能的强化学习算法。这类方法的核心在于直接学习一个映射函数（即策略），该函数从状态空间映射到动作空间，而不是通过学习一个价值函数间接确定最佳策略。这种直接方法允许算法在连续动作空间中工作，并且能够处理具有随机性的策略。

策略梯度方法通过调整策略的参数，使累积奖励的期望值最大化。这里的策略通常表示为参数化的概率分布，给定状态下各个动作的概率由策略的参数决定。优化这些参数的过程涉及计算期望奖励关于策略参数的梯度，并沿着这个梯度的方向来更新参数。

在实践中，策略梯度方法主要通过以下几个步骤来实现学习目标：

步骤1：回报函数的梯度估计。在策略梯度方法中，回报函数的梯度估计是基础且非常重要的步骤。在这个步骤中，智能体通过在环境中执行动作并接收相应的奖励来收集数据。每一个动作都会产生一个或多个结果，包括新的状态和对该动作的即时奖励。智能体会将这些经验（状态、动作、奖励）记录下来，形成一系列的经验数据。

这些经验数据随后会被用于计算策略参数关于回报函数的梯度，即确定在当前策略下，哪些参数的微小变化将会导致期望回报的增加。这个计算过程通常涉及对收集到的奖励进行统计分析，以估计在不同状态下采取特定动作的期望回报。通过这种方式，智能体能识别出那些可以带来更高回报的行为模式。

步骤2：策略参数的更新。策略梯度方法中的策略参数的更新专注于使用回报函数的梯度信息来调整和优化策略参数，从而使智能体在长期学习过程中能获得更多的奖励。在具体实施时，这个步骤利用梯度上升算法来调整参数，从而增加期望奖励。

（1）梯度上升更新：根据前一步得到的梯度信息，策略参数通过梯度上升算法进行更新。这意味着，策略参数在每一次更新中沿着增加期望奖励的方向进行调整。

（2）更新规则：参数的更新可以表述为 $\theta_{new} = \theta_{old} + \alpha \nabla\theta J(\theta)$，其中，$\theta$ 表示策略参数，α 为学习率，$\nabla\theta J(\theta)$ 表示策略性能函数 J 关于参数 θ 的梯度。

（3）学习率的选择：适当的学习率对于确保策略更新过程的稳定性和效率非常重要。学习率决定了参数更新的步长，需要仔细选择以避免更新过快导致的性能不稳定或更新过慢导致的学习缓慢。

通过反复执行策略参数更新步骤，智能体能够逐渐学习到如何通过其行为来最大化累积奖励，从而找到解决问题的最优策略。这个过程涉及对环境的不断探索和学习，需要平衡探索未知策略和利用已知策略之间的关系。然后运用探索和利用的平衡策略，如 ε-贪婪策略，帮助智能体在学习过程中找到最优的行为策略。

策略梯度方法有其独特的优势，特别是在动作空间是连续的或数据集规模非常大而不能有效使用 Q 学习的情况下。策略梯度方法也能自然地处理随机策略，这在探索复杂环境时非常有用。

总的来说，策略梯度方法提供了一种强大的框架，可以直接在策略上应用梯度下降，使智能体能够学会如何在复杂环境中采取最优行动。

5.5.3 强化学习的过程

强化学习是一个不断迭代的学习和决策过程，其中智能体不断与环境互动，通过试错来优化其行为策略，以实现长期目标。

这个过程可概括为以下几个关键步骤：

5.5.3.1 初始化

在强化学习中，初始化通常涉及策略、价值函数（Value Function），以及可能的环境模型的设置。以下是强化学习初始化的主要方法和技术：

1. 策略初始化

（1）随机策略：最简单的初始化方法。随机策略就是在初始阶段，智能体随机选择动作，不需要任何先验知识。这种方法可以探索环境，但可能需要较长时间来学习有效策略。

（2）基于知识的策略：如果有关于环境的先验知识，可以使用这些知识来初始化策略。例如，如果知道在特定状态下某些动作更优，可以将这些知识编码为初始策略。

2. 价值函数初始化

（1）零初始化：将所有状态或状态-动作对应的价值函数初始化为零。这种方法假设初始时对环境一无所知。

（2）启发式初始化：如果有关于如何评估状态或动作的效果的先验知识，可以使用这些知识来初始化价值函数。例如，可以为靠近目标状态的状态赋予较高的初始价值。

3. 模型初始化

在模型基础强化学习中，智能体构建了一个环境的内部模型。初始化时，可以基于先验知识构建模型，或者从观察中学习模型。模型可用于预测和计划环境的未来状态。

4. 探索与利用策略

在初始学习阶段，智能体可能会更侧重于探索，以收集关于环境的信息。例如，ε-贪婪策略在大多数情况下选择最佳动作，但以一定的概率随机选择动作，以促进探索。随着学习的进行，智能体会逐渐从探索过渡到利用已学知识来最大化奖励。

这些初始化技术为强化学习提供了起点，使智能体能够与环境交互，并在反复的试错过程中逐步学习最优策略。在实践中，选择哪种初始化方法取决于具体的问题、可用的先验知识及智能体和环境的特性。

5.5.3.2 观察状态

在强化学习过程中，观察状态是一个关键步骤。它允许智能体获取当前环境的状态信息。这个环节是智能体决策过程的起点，可以为智能体提供执行动作前所需的所有相关信息。观察状态主要包括以下几项内容：

（1）状态表示：首先需要定义环境状态的表示方法。这可以是简单的数值、符号表示，也可以是复杂的数据结构，如图像的像素值。

（2）感知机制：智能体需要通过传感器或其他方式感知环境状态。在计算机模拟环境中，这通常意味着从环境模型中获取当前状态信息。

（3）状态处理：在一些情况下，直接观察到的原始状态可能需要进一步处理才能用于决策。例如，可能需要从复杂的环境观察中提取特征，或者将状态信息转换为智能体能够处理的格式。

通过有效的状态观察和处理，智能体能够更准确地理解其所处的环境，做出更合理的行动选择，进而在强化学习任务中取得成功。

5.5.3.3　选择动作

在强化学习框架下，选择动作是智能体与环境交互的核心环节。智能体会根据当前的状态和策略选择执行一个动作，旨在最大化期望累积奖励。这个过程会显著影响智能体的学习效率和最终性能。

1. 执行动作，接收反馈

在强化学习过程中，"执行动作，接收反馈"是智能体学习和适应环境的关键步骤。智能体在执行选定的动作之后，环境将以新的状态和相应的奖励作为反馈响应智能体的行为。这个反馈机制使智能体能够评估其行动的效果，并据此调整其未来的行为策略。

2. 学习与策略更新

在强化学习过程中，"学习与策略更新"是实现智能体持续进步和适应环境变化的重要步骤。智能体通过从其行为产生的反馈中学习，不断优化决策过程，从而提高在特定任务中的性能。这个过程依赖于智能体能根据收到的奖励来调整其行为，以实现长期目标的最大化。其中涉及的算法和策略请参考5.5.2节。

学习与策略更新过程是强化学习中最为核心的部分。它使智能体不仅能适应环境，还能从自身的行为中学习，不断进步。通过有效的策略更新机制，智能体能够在探索环境的同时，积累知识，优化自身行为，最终实现其目标。

5.5.3.4　重复过程

智能体继续执行上述步骤，通过与环境的持续互动来学习和适应。这个过程涉及前面介绍的探索和利用两个关键方面，智能体需要在探索和利用之间找到适当的平衡，这是强化学习中的一个关键挑战。

5.5.3.5　终止条件

当达到预定的学习目标时，如最大迭代次数或策略性能达到某个阈值，学习过程终止。整个强化学习过程是一个动态的探索与利用的过程,智能体需要在探索新策略和利用已知策略之间找到平衡,以实现最优的长期收益。通过这种方式,智能体能够学会如何在复杂和不确定的环境中做出最佳决策。

5.5.4 强化学习的应用

强化学习广泛应用于各个领域,如自动驾驶、能源领域等。在这些应用中,强化学习能帮助智能体学会如何在复杂、动态的环境中做出最优决策。

5.5.4.1 强化学习在自动驾驶领域的应用

在自动驾驶领域,强化学习算法(如深度 Q 网络和策略梯度方法等)发挥着核心作用。例如,深度 Q 网络通过深度神经网络来逼近动作价值函数(Q 函数),使智能体(自动驾驶汽车)能够在高维状态空间中做出决策。

假设在一项模拟任务中,自动驾驶车辆需要在复杂的城市交通中尽快且安全地到达目的地。在任务初始阶段,模型可能频繁地做出不理想的决策,如不必要的频繁变道或在无障碍物时过度减速。然而,随着反复训练和策略优化,模型将学会如何在保持安全距离的同时高效利用车道,如何根据交通信号灯和行人行为调整速度,最终实现更加平稳和高效的驾驶。

例如,在自动驾驶系统的训练初期,深度 Q 网络模型被初始化,智能体一开始在模拟环境中随机探索,以收集驾驶经验。在此阶段,智能体可能会进行随机行驶,探索不同的驾驶策略。智能体在探索过程中的每一次动作和结果都会被存储在回放缓冲区中。通过从缓冲区中随机抽取一批经验来更新网络,这一机制能减少样本之间的相关性并提高数据利用率,从而使学习过程更稳定。模型通过不断优化,可以提高整体的行驶效率和安全性,并且在探索和利用之间找到平衡。

5.5.4.2 强化学习在能源领域的应用

以石油领域为例,目前强化学习在该领域的实际应用还处于早期阶段,且多数应用集中于研究和试验阶段。由于石油行业本身的复杂性,以及出于安全和经济成本的考虑,将强化学习技术广泛部署到实际生产过程中仍面临着许多挑战。然而,随着计算能力的提高和算法的进步,预计强化学习未来将在石油行业中扮演越来越重要的角色,特别是在优化生产效率和提高资源利用率等方面。

(1)勘探与钻井优化。在勘探与钻井领域,强化学习可用于优化钻井路径,在最小化成本的同时最大化资源的提取率。通过模拟不同的钻井方案,智能体可以学习识别最有效的钻井策略,并综合考虑地质信息、历史钻井数据和现场条件等因素。例如,强化学习模型可以被训练用来预测钻井过程中遇到的具体挑战,如钻头卡死或井壁崩塌等,从而提前调整钻井策略来规避风险。采取这种方式,不仅能提高安全性,还能降低钻井成本,提高资源利用效率。

（2）生产优化。在油田生产阶段，强化学习主要用于优化生产策略，包括油井的开关控制、注水量调整和产量预测等。智能体通过实时监测油井状态和产量数据，自动调整生产操作，可以最大化产量和延长油井寿命。在某些实际应用中，强化学习模型已经被开发出来，用来动态调整油田的注水策略，并根据油井当前的产量和压力数据来优化注水量，以增加原油的回收率，以及降低开采成本。

（3）运维和决策支持。在油气行业的运维管理中，强化学习可用于优化设备维护计划和库存管理，如通过预测设备故障和优化备件库存，可以缩短停机时间，以及降低运营成本。通过部署强化学习算法，能源企业能实现更加精准的维护计划，因为智能体能根据设备历史表现和外部条件（如环境因素）来预测未来的维护需求，进而提前做出维护决策，保障生产的连续性和效率。

5.5.4.3 强化学习在推荐系统中的应用

强化学习在推荐系统中的应用是近年来的一个热点研究领域。它通过动态调整推荐策略来提高用户的满意度和系统的整体效率。在传统的推荐系统中，算法通常基于用户的历史行为数据（如点击率、购买行为或评分等）来预测用户对未知项目的偏好。然而，这种方法通常忽略了用户偏好随时间变化的动态特性和推荐系统本身对用户行为的影响。强化学习能通过考虑用户与推荐系统的交互过程，实现更加动态和个性化的推荐。强化学习在推荐系统中主要有以下几个应用场景：

（1）个性化推荐：通过强化学习，推荐系统可以更好地理解和预测用户的长期偏好变化，动态地调整推荐策略，以最大化用户的长期满意度。例如，Netflix 和 YouTube 等流媒体服务平台已经开始利用强化学习来优化其视频推荐系统，并通过持续学习用户的观看习惯，实时调整推荐列表，以提高用户留存率和观看时长。

（2）为用户发现新内容：在推荐系统中，强化学习能帮助系统在发现新兴趣（探索）和推荐熟悉内容（利用）之间找到平衡。这不仅有助于提升用户体验，避免推荐结果单一化，还可以为用户发现新内容提供机会。

（3）上下文感知推荐：强化学习使推荐系统能根据用户当前的上下文信息（如地点、时间或设备类型）来调整推荐策略。这种上下文感知的推荐机制能更准确地满足用户的即时需求，提高推荐的相关性和用户满意度。

尽管强化学习在推荐系统中的应用充满潜力，但目前还面临着一些挑战，包括数据的稀疏性、系统的复杂性，以及对大规模在线学习的技术要求。此外，如何设计有效的奖励函数来准确地反映用户满意度仍是一个关键问题。然而，随着算法的不断进步和计算资源的不断增强，强化学习正逐渐成为推荐系统领域的重要研究方向和实践趋势，预计未来会有更多的商业推荐系统采用这种技术来提升系统性能和改善用户体验。

第6章 对机器学习与智能分析的深入探讨

本章将探讨机器学习领域中的高级概念与方法，旨在为读者提供深入理解这些技术的视角，并展示它们在实际应用中的潜力。

6.1 节介绍深度学习。深度学习是一种通过大规模神经网络模拟人脑处理信息的方法，已经在图像识别、语音处理和自然语言理解等领域拓展了人工智能技术的边界。6.2 节探讨集成学习。集成学习是一种通过组合多个模型来提升预测性能与可靠性的策略，在处理复杂问题和增强模型鲁棒性方面显示出巨大的优势。6.3 节介绍进化算法与机器学习的结合。该策略可通过模拟自然选择过程中的遗传机制，为解决优化问题和自动编程提供新的途径。6.4 节通过具体的应用案例来展示机器学习如何在特定领域实现创新与变革。

通过学习本章内容，读者能深化对机器学习高级技术的理解，并了解如何将这些技术应用于解决实际问题。本章不仅介绍了各种技术的理论基础，还探讨了它们的实际应用，从而为读者提供一个全面的视角来理解和评估这些技术的实用性与影响力。

6.1 深度学习：推动人工智能的边界

深度学习，作为机器学习的一个分支，已成为推动人工智能发展的关键技术之一。它通过构建深层的神经网络，学习复杂数据的高级抽象表示，在图像识别、语音处理、自然语言理解等领域取得了革命性的进步。

深度学习的发展历程深植于人工神经网络的演进之中。深度学习的起源可追溯到 20 世纪 80 年代初期福岛邦彦提出的新认知机，而对人工神经网络的探索则有着更深远的历史背景。1989 年，扬·勒丘恩等开始探索将标准反向传播算法应用于深度神经网络中，用于手写数字识别，尽管取得了成功，但高昂的计算成本限制了其更广泛的应用。

在接下来的几年中，深度学习领域取得了一系列重要进展。翁巨扬等在 1991 年和 1992 年提出的生长网是早期进行图像中物体识别的深度学习网络，并且引入了后来被广泛应用的最大汇集技术。2007 年，杰弗里·辛顿和鲁斯兰·萨拉赫丁诺夫提出了一种有效训练前馈神经网络的新方法，通过将网络层处理为无监督的受限玻尔兹曼机（Restricted Boltzmann Machine，RBM）并结合反向传播算法来进行优化。

自那时起，深度学习已经成为计算机视觉、语音识别等领域不可或缺的技术，展现出在众多标准测试数据集上优于传统机器学习方法的性能。此外，神经网络技术的发展也受到了从支持向量机到其他简化模型的挑战，这些模型曾在 20 世纪 90 年代末至 21 世纪初期占据主导地位。

与此同时，硬件技术的飞速进展，尤其是高性能图形处理器（Graphics Processing Unit，GPU）的出现，为深度学习算法的快速运算提供了强大的支撑，显著缩短了训练时间，推动了深度学习的广泛应用。随着脑科学研究的深入，基于更接近人脑工作机制的网络结构开始出现，并且为深度学习的未来发展开辟了新的方向。

6.1.1 核心概念和技术

1. 神经网络

神经网络是构成深度学习核心架构的一种算法，其灵感来源于人脑中神经元的工作方式。它们通过一系列层次结构对输入数据进行处理，每一层由多个处理单元（通常称为"神经元"或"节点"）组成。这些神经元在接收到输入（来自数据或前一层的输出）时先对其进行加权求和，然后通常加上一个偏置项，最后通过一个非线性激活函数来生成输出。这个输出随后会传递给下一层作为输入，直至最终产生模型的输出。深度学习中的"深度"指的就是这个层次结构中层数的多寡。通过增加层数（即深度），神经网络能学习更加复杂和抽象的数据表示，从而提升其处理复杂任务的能力。目前，神经网络有很多变种，如卷积神经网络（Convolutional Neural Network，CNN）（适用于图像识别）、时间递归神经网络（适用于语音识别）等。

2. 权重

权重在神经网络中起着重要作用。它是连接网络中各层神经元的参数，决定了网络如何将输入数据映射到输出数据。在训练过程中，神经网络通过优化算法（如梯度下降）不断调整这些权重，以最小化预测输出和实际输出之间的差异。这个过程被称为"学习"。权重的初始值通常是随机选择的，随后通过反复的迭代训练得到优化。每个权重值决定了相应输入的重要性，以及如何影响神经元的最终输出。在多层神经网络中，权重使模型能够捕获到输入数据中复杂的模式和关系，这是深度学习模型强大预测能力的关键所在。

3. 激活函数

激活函数在神经网络中扮演着相当重要的角色，决定了一个神经元是否应该被激活，即向网络的下一层传递信息。通过引入非线性因素，激活函数使神经网络不只是简单的线性组合，而是能够学习并表示非常复杂的函数。常见的激活函数包括 Sigmoid、ReLU、Tanh 等（详见附录 A.4）。这些函数各有特点，并且适用于不同的场景，如 ReLU 因为简单和在多层网络中的有效性而被广泛使用。若没有激活函数，每一层的输出将只是前一层输入的线性函数，这样的网络无论多深都等同于一个单层的线性模型，无法捕捉到数据中的复杂模式。

4. 损失函数

损失函数（有时也被称为成本函数或误差函数）用于衡量模型预测值与真实值之间的差异，是训练过程中需要最小化的目标。损失函数的选择依赖于具体的任务（如回归或分类)和模型预测的特性。在优化过程中,通过算法(如梯度下降)调整模型参数,可以减小损失函数的值。在理想情况下,随着训练的进行,模型的损失会逐渐减少,这表明模型的预测值越来越接近真实值。损失函数不仅可以指导模型的学习方向,而且是评估模型性能的重要指标。

5. 优化算法

优化算法用于更新网络的权重以最小化损失函数值,常见的有梯度下降、Adam 优化器等(深度学习中常用的优化算法请参考附录 A.2)。

6.1.2 模型准备与构建

模型开发流程通常包括模型准备与构建、模型训练与优化,以及评估等步骤。下面介绍模型准备与构建(主要包括数据预处理和构建神经网络这两个步骤)。

6.1.2.1 数据预处理

在开始训练之前,原始数据通常需要经过预处理步骤,包括标准化、归一化、编码统一等,以确保数据格式适合神经网络处理。

6.1.2.2 构建神经网络

在构建深度学习模型的过程中,选择和设计神经网络的架构是非常重要的步骤。这个步骤决定了模型如何从输入数据中提取特征和进行学习,从而影响最终的性能。神经网络架构的选择取决于多种因素,包括待解决的问题类型、数据的特性及期望的模型性能。

(1)确定网络的深度和宽度:神经网络的层数(深度)和每层的神经元数目(宽度)直接影响模型的容量,即其学习复杂函数的能力。一般而言,更深的网络能够学习更高层次的抽象特征,但同时也更容易遇到过拟合问题和训练难度过大的问题。因此,在设计神经网络时需要在模型的复杂度和计算效率之间寻找平衡。

(2)选择激活函数:激活函数决定了网络中每个神经元的输出如何根据其输入进行计算。常用的激活函数包括 ReLU、Sigmoid 和 Tanh 等。不同的激活函数有不同的数学特性,如 ReLU 函数因其非饱和性,常用于缓解梯度消失问题;而 Sigmoid 函数和 Tanh 函数则因其输出范围固定,常用于输出层。

(3)选择网络类型:不同类型的神经网络结构适用于不同类型的数据和任务。例如,卷积神经网络因其强大的特征提取能力,更适用于图像和视频处理任务;循环神经网络(Recurrent Neural Network,RNN)及其改进型长短期记忆网络和门控循环单元由于能够处理序列数据,因此更适用于文本处理、语音识别等任务。此外,生成对抗网络和变分自编码器等结构则被广泛用于数据生成和增强任务。

(4)调整和优化:在构建初步模型后,通常需要通过实验来调整网络结构和参数。这可能包括增减网络层次、改变层的大小、修改激活函数等,以达到更好的性能。

构建神经网络是一个迭代和实验的过程，通常需要基于具体任务的需求和数据的特点不断进行调整和优化。有效的网络结构能显著提高模型的学习效率和性能，是成功应用深度学习的关键。

6.1.3 模型训练与优化

训练深度学习模型是一个复杂且动态的过程，涉及大量的数据迭代和网络参数优化。

6.1.3.1 前向传播

在深度学习模型的前向传播（Forward Propagation）阶段，模型先从输入层接收数据，然后逐层处理到输出层。每一层都执行如下操作：

（1）加权求和：每个神经元接收上一层神经元的输出，并将它们与对应的权重相乘，然后求和得到该神经元的净输入（也称为线性变换）。

（2）非线性激活：净输入通过一个激活函数进行非线性转换。激活函数的选择很关键，因为它给神经网络引入了非线性特性，使模型能够学习和表示复杂的函数映射。常见的激活函数包括 ReLU、Sigmoid、Tanh 等。

（3）传递输出：激活函数处理后的输出成为下一层的输入。

此过程的每一步都是计算密集型的，尤其是在处理大型网络和大规模数据集时。前向传播的最终目标是产生预测输出，该输出稍后将用于计算损失函数，评估模型预测的好坏。具体来说，损失计算（Loss Calculation）是指通过损失函数来量化模型输出与实际的目标值或标签之间的误差。损失函数能评估当前模型预测的准确度。常见的损失函数有均方误差、交叉熵等。

6.1.3.2 反向传播

反向传播（Back Propagation）是深度学习训练中的核心算法，其目的是优化神经网络的权重参数以最小化损失函数。在前向传播产生输出并计算损失后，反向传播将按以下步骤进行：

（1）计算输出误差：在网络的输出层，计算预测值与真实值之间的差异通常由损失函数来完成，如均方误差或交叉熵损失。

（2）计算梯度：误差梯度（损失函数对于网络参数的导数）通过链式法则自输出层反向传播到网络的每一层。这些梯度表示每个参数在当前步骤对总误差的贡献。

（3）更新参数：误差梯度指示了如何调整参数以降低损失。优化算法，如随机梯度下降或其变体（如 Adam 优化器、RMSProp 等），使用梯度来更新每层的权重和偏置。更新量通常由学习率控制，并且可能还会包含动量或其他因素来改善训练过程。

（4）重复迭代：上述步骤在多个训练迭代中重复进行，直到模型性能达到某个预定的标准或不再显著改善为止。

在数学上，反向传播算法的更新规则可以表示为

$$\omega_{ij}^{new} = \omega_{ij} - \alpha \frac{\partial L}{\partial \omega_{ij}}$$

其中，ω_{ij}^{new} 为更新后的权重，α 为学习率，$\partial L/\partial \omega_{ij}$ 是损失函数 L 关于权重 ω_{ij} 的偏导数，它反映了损失函数对权重变化的敏感程度。

通过这样的更新规则，神经网络的权重逐渐调整以减少损失，从而提高模型在训练数据上的性能。正确实施反向传播对于训练有效的深度学习模型非常重要。

6.1.3.3 迭代优化

迭代优化（Iteration Optimization）是深度学习训练过程中的关键步骤，通过多次迭代逐渐调整模型参数，以最小化损失函数。在每次迭代中，模型首先进行前向传播，基于当前参数生成预测结果；然后通过反向传播，计算预测误差的梯度，并使用这些梯度信息更新模型参数。这个过程不断重复，直到满足某个停止条件，如损失函数下降到预设的阈值、达到最大迭代次数，或者模型在测试集上的性能不再提升。迭代优化的目标是找到一组最佳参数，使模型能够准确地将输入数据映射到输出结果中，从而提高模型在未见数据上的泛化能力。在迭代过程中，可能会采用各种策略来提高训练的效率和模型的性能，包括调整学习率、应用正则化技术及更高级的优化算法等。

在训练过程结束后，模型需要进行评估与优化：

（1）模型评估（Model Evaluation）：使用与训练过程中不同的测试数据集来评估模型的性能，以确保模型具有良好的泛化能力，不会在未见过的数据上表现出过拟合。

（2）模型优化（Model Optimization）：基于测试结果，可能需要调整网络结构或训练参数。例如，通过调整学习率可以控制训练过程中梯度更新的速度，引入正则化技术（如丢弃法或 L1/L2 正则化）可以防止过拟合，更换优化算法可以寻求更快的收敛速度。

深度学习模型的训练和优化是一个不断试错和学习的过程，涉及多种技术和方法。只有不断进行实验和调整，才能训练出性能强大的神经网络模型。

6.1.4 卷积神经网络：图像处理的革命

卷积神经网络可追溯到 20 世纪 80 年代。但直到最近几年，随着计算能力的大幅提升和大数据的普及，卷积神经网络才得到广泛应用并在图像处理领域取得革命性的进步。卷积神经网络的核心思想来源于对生物视觉系统的研究，尤其是对哺乳动物视觉皮层的结构和功能的理解。

20 世纪 80 年代，研究人员受到生物视觉感知机制的启发，尝试模拟视觉皮层中的简单-复杂细胞结构，因为这些细胞对于视觉刺激的特定特征（如边缘、角度和运动）有特定的响应。1989 年，Yann LeCun 等将反向传播算法应用于神经网络，开发出用于手写数字识别的 LeNet 网络，这是最早的卷积神经网络之一。

尽管早期的卷积神经网络模型在特定任务上展示出巨大潜力，但由于缺乏强大的计算资源和大规模训练数据集，它们的应用受到了限制。此外，深层网络训练中的梯度消失/

爆炸问题也是一个技术障碍。2006年以后，随着深度学习理论的进步和GPU计算能力的飞速发展，加之大型公开数据集的构建，如ImageNet数据集（ImageNet数据集是为了促进计算机图像识别技术的发展而设立的一个大型图像数据集），卷积神经网络迎来了快速发展的黄金时期。ImageNet卷积神经网络在图像识别、物体检测和图像分割等领域都取得了巨大成功。2012年，AlexNet在ImageNet图像识别挑战赛上获胜，大幅提高了图像识别的准确率，这标志着深度学习时代的正式到来。此后，更加先进的卷积神经网络架构，如VGG、GoogLeNet和ResNet，不断推动图像识别和处理技术的发展。

卷积神经网络的成功不仅为计算机视觉领域带来了革新，还为语音识别、自然语言处理和视频分析等领域的深度学习应用提供了模型架构和训练方法上的启发。未来，随着算法的不断优化和计算资源的进一步发展，卷积神经网络及其衍生模型有望解决更多、更复杂的现实世界中的问题，进一步推动人工智能技术的发展。

卷积神经网络通过模仿人类视觉系统的工作原理，能够有效识别和分类图像中的对象。它由多种类型的层构成，包括卷积层、激活层、池化层和全连接层，如图6-1所示。

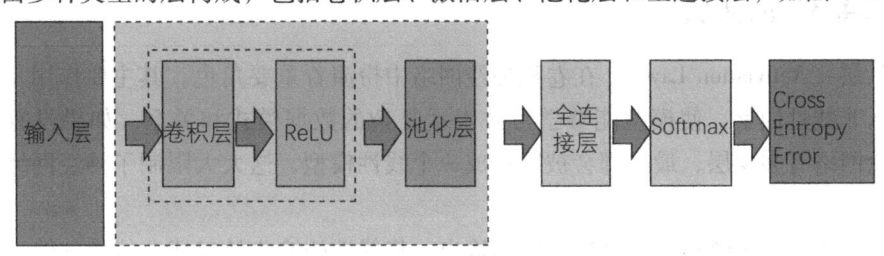

图6-1 常用卷积神经网络的整体结构

6.1.4.1 输入层

输入层（Input Layer）是卷积神经网络结构中的第一层，主要负责接收输入的原始图像数据。在输入层，图像被表示为一个多维数组，通常是一个三维数组，其中包含图像的高度、宽度和颜色通道数（如彩色图像通常有红、绿、蓝三个颜色通道）。输入层不对数据进行任何处理或转换，仅作为数据传输给神经网络中后续层（如卷积层）的起点。

在深度学习模型中，输入层的设计需要考虑输入数据的尺寸和类型。例如，处理图像任务时，输入层的尺寸必须与训练数据中图像的尺寸相匹配。此外，图像数据在进入输入层之前通常会经过一系列预处理步骤，如缩放、增强或归一化，以提高模型的训练效率和性能。

输入层的存在，为神经网络提供了处理高维度数据的能力，使其能适应不同类型和尺寸的输入数据。这是构建灵活且强大的深度学习模型的基础。

6.1.4.2 卷积层

卷积层（Convolutional Layer）是卷积神经网络中的核心层次之一，其主要作用是通过一组可学习的滤波器（或称卷积核）来自动提取输入图像的特征。每个滤波器都专注于捕捉输入数据中的某种特定模式，如边缘、纹理或颜色区域等。当滤波器在输入图像上滑动（卷积操作）并计算其与图像各局部区域的点积时，就能生成一组响应图（特征图），这些图为图像的后续分析和识别提供了重要的信息基础。

在实践中，卷积层通常包含多个不同的滤波器，每个滤波器都能产生一个独立的特征图，从而使网络能够并行地学习输入图像的多个特征表示。随着网络层次的加深，通过堆叠多个卷积层，模型能逐渐学习更高层次的抽象特征，这些特征对于完成复杂的视觉任务（如图像分类、目标检测或图像分割等）是非常重要的。

卷积层的设计参数，包括滤波器的大小、步长（滤波器移动的步幅）、填充方式（用于控制输出特征图的空间尺寸）及滤波器的数量等，都需要根据具体任务和数据集的特性进行仔细选择与调整。对这些参数进行优化，可以进一步提升网络的性能和效率。

总的来说，卷积层凭借其独特的结构和工作机制，为深度学习模型提供了强大的图像处理和特征学习能力，是实现高效图像分析和理解的关键。

6.1.4.3　激活层

激活层（Activation Layer）在卷积神经网络中扮演着重要角色，其主要作用是为神经网络引入非线性因素，使模型能够学习并表示复杂的数据模式和关系。如果没有激活函数，无论网络有多少层，最终都会被简化成一个线性模型，这大大限制了神经网络的表达能力。

激活函数作用于卷积层或全连接层的输出，将线性的输入转换成非线性的输出，这增强了模型的灵活性和学习能力。ReLU 函数是最常用的激活函数之一，其特点是对于所有正数输入保持不变，而对于负数输入则输出为零。ReLU 函数的简单性质有助于加快网络的训练速度，同时减小梯度消失问题的影响。

除了 ReLU 函数，还有其他类型的激活函数，如 Sigmoid 函数、Tanh 函数、Leaky ReLU 函数等（详见附录 A.4），它们的数学特性和应用场景各不相同。可以根据具体任务的需求和网络结构的特点来选择合适的激活函数，以优化模型的性能。在实践中，激活层的应用使卷积神经网络能有效处理图像识别、语音识别等复杂的机器学习任务。

6.1.4.4　池化层

池化层（Pooling Layer）是卷积神经网络中的一种结构，其主要目的是对特征图进行下采样，即减小特征图的尺寸，从而减少网络中参数的数量和计算量，提高模型的计算效率。此外，池化操作还能增强网络对输入图像中小变形、扭曲和位移的鲁棒性，从而提高模型的泛化能力。

在卷积神经网络中，池化层通常紧跟在卷积层和激活层之后。最常见的池化操作有两种：最大池化（Max Pooling）和平均池化（Average Pooling）。最大池化是从特征图的一个小区域（如 2 像素×2 像素）中选取最大值作为该区域的代表，而平均池化则是计算该区域内所有值的平均值。

最大池化的优势在于它能够保留特征图中最显著的特征，而忽略那些不那么重要的信息，这有助于模型在后续层中关注更有意义的特征。相比之下，平均池化则提供了区域内所有特征的平均表示，可能更适用于保持背景信息的场景。

通过这样的下采样过程，池化层不仅能够有效降低数据的维度和模型的复杂度，还有助于提高模型在不同尺度和位置变化中的性能稳定性。因此，卷积神经网络能够在处理大规模图像数据时，保持较高的效率和准确性。

6.1.4.5　全连接层

全连接层（Fully Connected Layer）是卷积神经网络结构中的重要组成部分，位于网络的末端。全连接层的主要作用是先将前面卷积层和池化层提取的特征进行综合与汇总，然后用于完成特定的任务，如分类或回归。

在全连接层中，来自前一层的所有激活都被连接到每一个神经元上。这意味着，如果前一层是一个卷积层或池化层，它的输出特征图将会被展平成一个一维向量，之后这个向量则作为全连接层的输入。每个神经元在全连接层中将会学习到输入特征的不同组合，以对数据进行最终的判断或预测。

例如，在一个图像分类任务中，全连接层会根据从图像中提取的特征来确定图像属于哪个类别。它先对特征进行加权求和，再加上偏置项，最后可能通过一个激活函数（如 Softmax 函数）来输出每个类别的预测概率。

全连接层的关键作用在于，它能够将局部特征整合成全局特征，并做出决策。因此，卷积神经网络能够在处理复杂问题时，如图像识别、语音识别或自然语言处理等任务中表现出卓越的性能。

卷积神经网络的这种层级结构使其非常擅长从图像中自动学习空间层次的特征，从简单的边缘到复杂的对象部件，再到整个对象的表示，极大地推动了计算机视觉领域的发展。卷积神经网络不仅被广泛应用于图像分类、物体检测和图像分割等任务，还被用于视频分析、自然语言处理和医学图像分析等多个领域。

6.1.5　循环神经网络：理解序列数据的关键

循环神经网络起源于传统的神经网络，是为了处理时间序列数据和自然语言等序列化信息而设计的。虽然 20 世纪 80 年代末就已提出循环神经网络的概念，但直到 21 世纪初，随着算法的改进和计算能力的增强它才开始得到广泛的关注和应用。

传统的神经网络，如多层感知器（Multi-Layer Perceptron，MLP），在处理序列数据时面临一个问题：无法在网络的各层之间保持时间上的信息流动。循环神经网络通过在网络层之间引入循环来解决这个问题，使网络能够保持某种状态，从而能够处理序列中的数据。例如，文本是一系列按顺序排列的字符或单词，构成了有意义的句子或段落，这就是具有序列特性的数据。循环神经网络能够有效处理这类数据，因为它能够记忆前文信息并结合当前输入做出预测，非常适用于自然语言处理、时间序列分析等任务。

下面通过一个实际的例子来说明循环神经网络的工作原理：假设我们要预测一篇文章中的下一个词语。这个任务需要理解前文的上下文。对于句子"天气很好，我决定去……"，全连接神经网络（图6-2）可能会根据经验预测出"学校"或"工作"作为下一个词语，但实际上，"外面"或"散步"才是更合适的预测，因为它们更符合句子描述的语境。循环神经网络可以根据整个句子构建的语境来预测下一个词语，而不是像全连接网络那样只依赖数据训练集中哪个词语出现的频率最高。

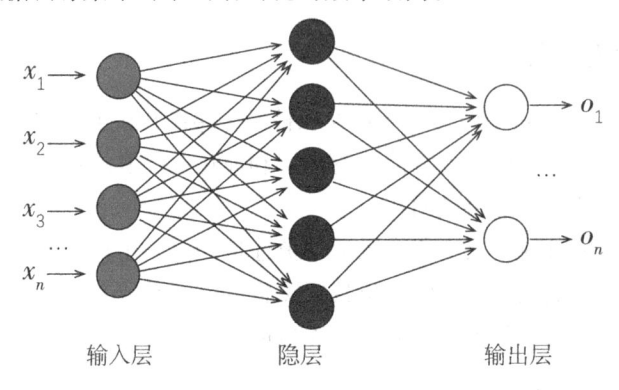

图6-2　全连接神经网络

近年来，随着深度学习的飞速发展，循环神经网络在许多领域都展示出强大的功能。深度学习研究的进步，特别是在参数初始化、优化器设计、正则化技术等方面的创新，极大地提高了循环神经网络的学习能力和稳定性，使其成为序列数据分析不可或缺的工具。

此外，循环神经网络的思想也催生了很多高级序列模型，如注意力机制（Attention）和变压器模型（Transformers），这些都是当前前沿的深度学习研究成果。通过学习和模拟人类的记忆与注意力机制，循环神经网络及其相关变种，正日益成为实现更自然的人机交互和智能信息处理的重要技术路径。

循环神经网络的基础知识主要涵盖以下几方面：

（1）循环体结构。循环神经网络包含一个循环体，该循环体能够在处理序列的每个元素的同时保持并更新一定的状态信息。循环体中包含的神经元不仅会接收当前输入数据的信息，还会接收前一时刻循环体自身的输出，从而形成一种内部的循环。因此，循环神经网络能够记忆之前的信息，并在当前处理步骤中利用这些信息。

（2）时间展开图。为了更好地理解循环神经网络如何处理数据，常常将其按时间点展开。在时间展开图中，每个时间点上的网络结构都是相同的，但每个时间点的网络状态会根据输入数据和前一个时间点的状态而改变。

（3）隐状态。在循环神经网络中，每个时间点的隐状态是网络的内部状态。隐状态是基于当前输入和前一个隐状态计算得到的。隐状态的更新公式可以用数学表达式描述，其中包含权重矩阵和激活函数。

（4）梯度消失和梯度爆炸。在训练循环神经网络时，通过时间回溯的梯度传播可能会引发梯度消失或爆炸的问题。梯度消失会使网络难以学习长期依赖关系，而梯度爆炸会导致训练不稳定。长短期记忆网络（Long Short-Term Memory，LSTM）和门控循环单元（Gated Recurrent Unit，GRU）是专门设计用来解决这个问题的循环神经网络变体。

（5）序列到序列的学习。循环神经网络能够进行序列到序列的学习，这意味着网络的输入和输出都是序列。这种模式在机器翻译、语音识别等应用中非常有效。

相较于传统神经网络，循环神经网络的主要特点在于它能够处理序列数据，并且能够捕捉到序列中的时序信息。循环神经网络的基本单元是一个循环单元，它会接收一个输入和一个来自上一个时间步的隐状态，并输出当前时间步的隐状态。在传统的循环神经网络中，循环单元通常使用 Tanh 函数或 ReLU 函数等。基本循环神经网络由一个输入层、一个隐藏层和一个输出层组成，如图 6-3 所示。

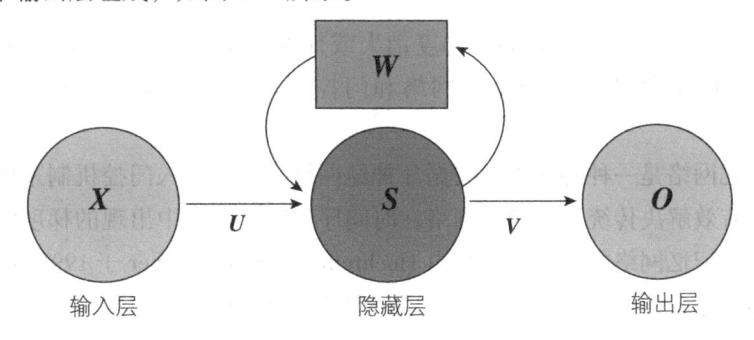

图 6-3 基本循环神经网络

在循环神经网络中，有输入向量 X、输出向量 O，以及隐藏层的状态 S。这些组件通过一系列权重矩阵和激活函数相互作用：U 是从输入层到隐藏层的权重矩阵，V 是从隐藏层到输出层的权重矩阵，W 是控制隐藏层自身循环的权重矩阵。

循环神经网络独特的特性在于，隐藏层的当前状态 s_t 依赖于当前的输入 x_t 及前一时刻的隐状态 s_{t-1}。这构成了循环神经网络的"记忆"，使其能够有效处理序列数据。

从时间维度展开这一结构，如图 6-4 所示，可以看到，循环神经网络在每个时间点 t 接收输入，更新隐藏状态，生成输出的迭代过程。

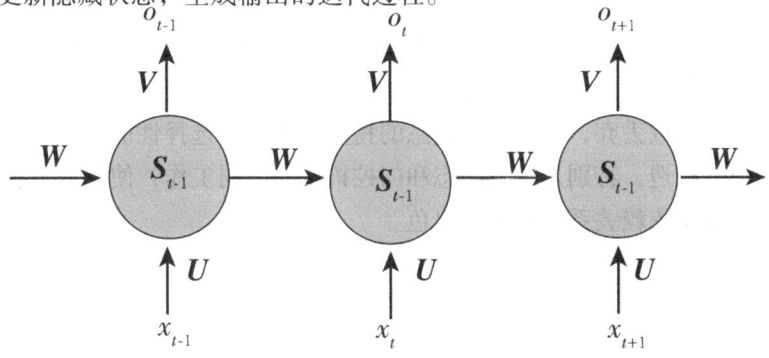

图 6-4 循环神经网络结构从时间维度展开

循环神经网络的计算流程可以通过以下公式描述：

$$S_t = f(U \cdot X + W \cdot S_{t-1} + B1) \quad ①$$
$$Q_t = g(V \cdot S_t + B2) \quad ②$$

其中，U、V 和 W 为权重矩阵；$B1$ 和 $B2$ 为偏置项；f 和 g 为激活函数，分别应用于隐藏层和输出层。

式①为隐藏层的计算公式，U 为当前输入 X 的权重矩阵，S_{t-1} 为上一时刻的隐状态值，W 为循环权重矩阵。

式②为输出层的计算公式，V 为输出层的权重矩阵，$B2$ 为偏置项（假设为 0）。

这些激活函数能为网络带来非线性特性，使循环神经网络能学习更复杂的模式。

6.1.6 长短期记忆网络：解决循环神经网络的应用限制

在早期，由于计算资源的限制、梯度消失或梯度爆炸等问题，循环神经网络的应用受到了严重限制。但随着长短期记忆网络和门控循环单元的引入，这些问题都得到了解决。

长短期记忆网络是一种特殊类型的循环神经网络，通过引入门控机制来优化长期依赖信息的学习，有效解决传统循环神经网络在时间序列数据处理中出现的梯度消失和梯度爆炸问题。长短期记忆网络的创新构架是由 Hochreiter 与 Schmidhuber 于 1997 年首次提出的，至今已在诸多实际应用场景中得到广泛应用，尤其在语音情感识别和自然语言处理领域展现出卓越的性能。

在长短期记忆网络中，细胞状态（Cell State）是核心概念之一，其作用是在整个神经网络中传递信息。细胞状态类似于信息的高速公路，允许信息在整个网络中流动，几乎不受任何阻碍。这种设计解决了传统循环神经网络中难以捕捉长距离依赖关系的问题，使长短期记忆网络能够保持和传递长期依赖的信息。

细胞状态的维护和更新受到两种关键门控机制的影响：遗忘门和输入门。遗忘门的作用是确定哪些过去的信息应该被保留或遗忘，而输入门则负责将新的信息添加到细胞状态中。这样，长短期记忆网络能够在每个时间步骤中保留有价值的信息，同时丢弃不再需要的信息。

如图 6-5 所示，长短期记忆网络的结构包括多个单元，每个单元都包含细胞状态和三种门控机制：遗忘门、输入门和输出门。这些门控机制共同作用，决定了信息如何在细胞状态中被更新、保留或丢弃，实现了对信息的精确处理和有选择性的记忆。长短期记忆网络这种独特的单元构造，特别是细胞状态和门控机制的协同工作，使其在处理和预测长时间序列数据中的复杂依赖关系方面表现出色。

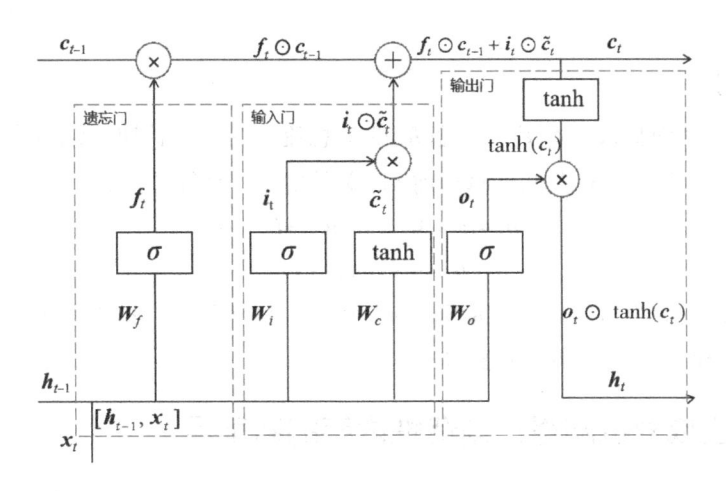

图 6-5 长短期记忆网络的结构

图 6-5 中长短期记忆网络的输入有三个，分别为当前时刻网络的输入向量 x_t，上一时刻隐藏层的输出向量 h_{t-1} 及上一时刻的细胞状态 c_{t-1}；输出有两个，分别为当前时刻网络的输出向量 h_t 和当前时刻的细胞状态 c_t。σ 是 Sigmoid 激活函数。f_t、i_t、o_t 分别表示遗忘门、输入门和输出门的激活向量。

1. 遗忘门

长短期记忆网络的第一步是通过遗忘门，这一步会决定从细胞状态中保留或舍弃哪些信息。其前向计算公式为

$$f_t = \sigma(W_f \cdot [h_{t-1}, x_t] + b_f)$$

其中，σ 为 Sigmoid 函数，W_f 为遗忘门的权重矩阵，b_f 为遗忘门的偏置项，h_{t-1} 为 $t-1$ 时刻隐藏层的输出向量，x_t 为当前时刻的输入。遗忘门的输出是一个介于 0 和 1 之间的值 f_t。具体来说，σ 函数将遗忘门的输入映射到 0 到 1 的范围内。这里的 0 表示完全遗忘，1 表示完全保留。遗忘门的输入是前一时间步的隐藏状态 h_{t-1} 和当前时间步的输入 x_t 的组合，通过权重矩阵 W_f 和偏置项 b_f 来进行调整，这两个参数在训练过程中都是可学习和优化的。通过这种计算方式，遗忘门产生的输出值 f_t 决定了细胞状态中哪些信息应该被保留，哪些应该被遗忘。

2. 输入门

输入门由两个关键部分组成：Sigmoid 函数和 Tanh 函数。输入门的 Sigmoid 层输出 i_t 决定了哪些信息应该被更新。Tanh 层创建了一个新的候选值向量 $\tilde{c}_t$，是将添加到细胞状态的新信息。二者相结合，并通过逐元素相乘，决定了细胞状态的最终更新。其计算公式为

$$i_t = \sigma(W_i \cdot [h_{t-1}, x_t] + b_i)$$
$$\tilde{c}_t = \tanh(W_c \cdot [h_{t-1}, x_t] + b_c)$$
$$c_t = f_t \odot c_{t-1} + i_t \odot \tilde{c}_t$$

其中，c_{t-1} 为 t 时刻之前的长期记忆细胞状态，σ 为 Sigmoid 函数，W_i、W_c、b_i、b_c 为可学

习的参数。

3. 输出门

输出门控制从细胞状态 c_t 到隐状态 h_t 的信息流。在控制长期记忆对当前输出的影响后，它会根据 c_t、h_{t-1} 和 x_t 共同计算当前 t 时刻的输出，计算公式为

$$o_t = \sigma(W_o \cdot [h_{t-1} + b_o])$$

$$h_t = o_t \odot \tanh(c_t)$$

其中，o_t 为输出门的激活向量，σ 为 Sigmoid 函数，W_o 为输出门的权重矩阵，b_o 为输出门的偏置项。W_o 和 b_o 都为可学习的参数。

6.1.7　生成对抗网络：创造性内容的新前沿

生成对抗网络是一种由两部分组成的深度学习模型，由 Ian Goodfellow 等于 2014 年首次提出。它由两个相互对抗的神经网络组成：生成器（Generator）和鉴别器（Discriminator）。生成器的目标是创建看起来与真实数据尽可能相似的新数据。它接收一个随机的噪声信号作为输入，并将之转换成与真实数据分布一致的数据。鉴别器的目标是区分输入数据是来自真实数据集还是生成器产生的假数据。它在训练过程中将不断提升识别假数据的能力。

生成对抗网络模型示意图如图 6-6 所示。

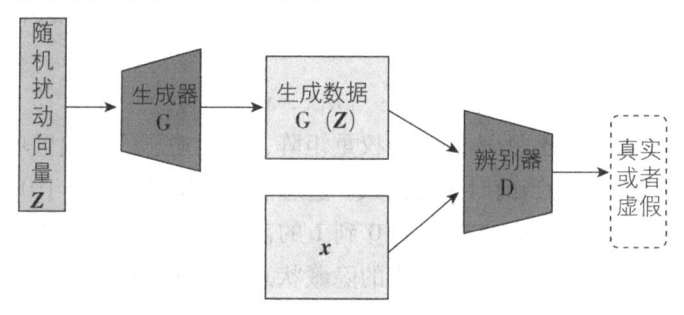

图 6-6　生成对抗网络模型示意图

6.1.7.1　生成对抗网络的核心思想

通过这种持续的对抗，生成器会产生越来越逼真的数据，而鉴别器则变得越来越擅长识别假数据。这个训练过程持续进行，直到鉴别器无法区分真假数据，即生成器产生的假数据足够好，以至于鉴别器将其误判为真数据。这两个模型通过对抗相互竞争，从而提高彼此的性能，可以将这个过程看作一场伪造者与鉴赏家之间的较量。关于生成对抗网络，模型提出者将生成器比作印假钞的犯罪分子，将鉴别器比作警察。犯罪分子努力让钞票看起来逼真，警察则不断提升对假钞的鉴别能力。二者互相博弈，随着时间的推进，都会越来越强。那么将生成对抗网络应用于图像生成任务，生成器不断生成尽可能逼真的假图像，鉴别器则判断图像是真实的还是生成的，二者不断博弈和优化，直至生成器生成的图

像使鉴别器完全无法判别真假。

生成对抗网络的创新性在于它具有无监督学习的特性，不需要标记数据就能学习数据的分布。这种能力使生成对抗网络在图像生成、风格迁移、数据增强和创造性内容的生成等领域表现出巨大的潜力。它能生成高质量、高分辨率的图片，这在早期的深度学习模型中是难以实现的。

6.1.7.2 生成对抗网络的训练过程

生成器和鉴别器会通过一个迭代的对抗过程进行优化，最终目的是使生成器能够产生尽可能接近真实数据分布的数据。以下是具体的训练过程：

1. 第一阶段——训练生成器

在这个阶段，鉴别器保持静态，训练生成器以生成更加逼真的假数据。在训练初期，生成器一般性能较弱，生成的假数据容易被鉴别器识别出来。为了提高生成器的性能，需要使用鉴别器提供的反馈来更新生成器的参数。这通常通过将假数据输入鉴别器，然后用鉴别器的判断结果来指导生成器的训练。如果鉴别器认为数据是真实的，那么生成器的参数更新将朝着使其生成的数据更难被识别为假的方向调整。经过多次迭代，生成器将变得足够强大，以至于鉴别器对真假数据的判断只能达到50%的准确率，这意味着鉴别器已不能可靠地区分真假数据。

2. 第二阶段——训练鉴别器

在完成对生成器的训练之后，将生成器固定下来，接着对鉴别器进行训练。鉴别器的任务是要尽可能准确地区分出真数据和由生成器生成的假数据。在这个阶段，鉴别器通过识别生成器产生的假数据中的缺陷来不断提高自己的鉴别能力。通过持续训练，鉴别器将变得更加敏锐，能够更有效地识别假数据。

3. 循环迭代

生成器和鉴别器的训练是交替进行的过程。在每一轮训练中，先训练生成器使其生成的数据更逼真，然后训练鉴别器以更好地区分假数据和真数据。通过这种交替训练的方式，生成器和鉴别器的能力都会逐步提高。使循环迭代的过程持续进行，直到满足训练的停止条件，如生成器产生的假数据质量达到了某个预设的标准，或者训练达到了设定的迭代次数。

4. 最终结果

生成对抗网络训练的最终目标是得到一个能够生成高质量数据的生成器。在理想状态下，经过足够训练的生成器生成的假数据应该足够好，以至于即使是性能优越的鉴别器也难以鉴别出来。这样的生成器可以被用于各种生成任务，如图像、文本或音乐的生成，并为研究和应用提供极大的可能性和灵活性。

6.1.7.3 生成对抗网络的发展

由于生成对抗网络在生成高质量图像方面的能力很强，因此在艺术、娱乐和设计行业中尤其有用。例如，生成对抗网络可以用于创建新的艺术作品，设计虚拟人物，或者在游戏中生成逼真的环境。在科学研究中，生成对抗网络常被用于生成化学药品的分子结构，模拟粒子物理事件，甚至在医学影像处理中提供辅助。

尽管生成对抗网络极具潜力，但它的模型训练也是具有挑战性的，可能会面临模式崩溃（Mode Collapse）和训练不稳定等问题。随着深度学习和人工智能研究的发展，专家和学者一直在探索应对这些挑战的新方法，并尝试在生成对抗网络架构上做出创新，以扩展其应用范围和提高生成内容的质量。

2014 年，Mirza 和 Osindero 提出了条件生成对抗网络（Conditional GAN，CGAN）。这个改进版本的生成对抗网络通过在生成器和鉴别器的输入端同时引入条件变量，来增强网络的控制力。这些条件变量可以是类别标签、文本描述等，因此生成的结果不再仅由隐变量控制，还受到附加信息的约束，从而产生具有特定特性的数据。

随着卷积神经网络在图像处理领域的成功应用，Radford 等在 2016 年提出了深度卷积生成对抗网络（Deep Convolutional GAN，DCGAN）。它的一个重要改进是使用卷积层完全代替传统全连接层，这项改变大幅提升了图像生成任务的质量和效率。

同年，Chen 等基于互信息原理提出了信息最大化生成对抗网络（Information Maximizing GAN，InfoGAN）。InfoGAN 使生成过程更加可控，生成结果的可解释性也得到显著提升。与传统的条件生成对抗网络不同，InfoGAN 中的条件潜在变量是未知的，并且可以在训练过程中自动学习得到。InfoGAN 的一个创新之处是在鉴别器中加入了一个附加网络 Q，以辅助潜在变量的学习过程。

2017 年，Odena 等进一步发展了条件生成对抗网络的理念，提出了辅助分类器生成对抗网络（Auxiliary Classifier GAN，ACGAN）。在这个模型中，鉴别器不再直接处理条件变量 c，而是通过在鉴别器后添加一个额外的分类器来提高性能。这个分类器的加入不仅提高了生成结果的多样性，还通过在训练过程中调整损失函数，显著提升了分类准确性。

这些创新不仅推动了生成对抗网络技术在理论和实践上的发展，而且为图像生成、风格转换等众多领域的研究提供了新的方向和工具。通过持续探索和创新，生成对抗网络及其变体已经成为深度学习和人工智能领域不可或缺的一部分。

6.1.8 Transformer 模型：自然语言处理的新篇章

Transformer 模型自 2017 年提出以来，已成为自然语言处理领域的一种革命性架构。它的设计突破了以往序列处理模型的限制，尤其是在处理长序列数据时的效率和效果上。通过引入自注意力机制，Transformer 模型能在序列的任意两个位置之间建立直接的依赖关系，从而有效捕获长距离的信息。此外，它的并行计算能力大幅缩短了模型训练的时间，使处理庞大的数据集成为现实。

Transformer 模型的这些创新点在自然语言处理任务（如文本翻译、文本生成、问答系统等）中取得了前所未有的成果，其核心思想也促进了后续一系列功能更强大的模型的开发，如 BERT（Bidirectional Encoder Representations from Transformer）、GPT（Generative Pre-trained Transformer）系列等。基于 Transformer 模型的模型在多项自然语言处理任务上重新定义了性能标准，这极大地推动了自然语言处理技术的发展和应用。

Transformer 模型的里程碑如图 6-7 所示。

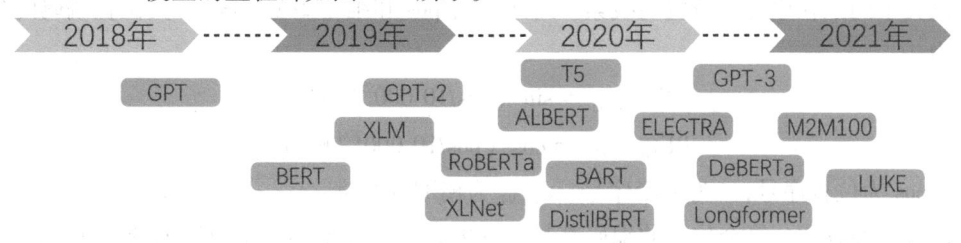

图 6-7　Transformer 模型的里程碑

注：T5（Text-To-Text Transfer Transformer）

6.1.8.1　Transformer 架构的核心组件

1. 自注意力机制

自注意力（Self-Attention）机制允许模型在处理一个序列的每个元素时，同时考虑序列中的所有其他元素。这种机制使 Transformer 模型能够捕捉长距离依赖关系，因为每个输出元素都是根据整个输入序列直接计算出来的。

自注意力机制的核心公式为

$$\text{Attention}(Q, K, V) = \text{softmax}\left(\frac{QK^T}{\sqrt{d_k}}\right)V$$

其中，Q、K、V 分别为查询（Query）、键（Key）、值（Value）矩阵，它们都来自输入数据；d_k 为键向量的维度，$\sqrt{d_k}$ 的作用是缩放点积的大小，防止点积过大导致 Softmax 函数进入梯度极小的区域。

通过这种机制，每个元素都能够根据与其他所有元素的关联度来加权得到自己的表示。

2. 多头注意力

通过并行地使用自注意力机制的多个"头"，模型可以在不同的表示子空间中捕获序列不同方面的信息。多头注意力（Multi-Head Attention）机制通过并行地应用自注意力机制来扩展模型的能力，其计算公式为

$$\text{MultiHead}(Q, K, V) = \text{Concat}(\text{head}_1, \text{head}_2, \ldots, \text{head}_h)W^o$$
$$\text{where head}_i = \text{Attention}(QW_i^Q, KW_i^K, VW_i^V)$$

每个头部 head_i 都是一个自注意力层，它们通过对 Q、K、V 应用不同的线性变换 W_i^Q、

W_i^K、W_i^V 来处理不同的表示子空间。最后，所有头部的输出被拼接并通过一个线性变换 W^O 来表示。

3. 位置编码

由于 Transformer 模型不使用循环结构或卷积结构，因此为了使模型能够利用序列中词汇的顺序信息，引入了位置编码（Positional Encoding）。位置编码与序列中的词嵌入相加，以提供关于词汇在序列中位置的线索。对于位置 pos 和维度 $2i$ 或 $2i+1$，其位置编码的公式分别为

$$PE_{(pos, 2i)} = \sin(pos/10\,000^{2i/d_{model}})$$
$$PE_{(pos, 2i+1)} = \cos(pos/10\,000^{2i/d_{model}})$$

其中，pos 为位置序号，i 为维度序号，d_{model} 为模型的维度。

通过这种方式，每个位置的编码都是唯一的，可被模型用于学习序列的顺序信息。

4. 编码器-解码器架构

Transformer 模型包含编码器和解码器两部分，每部分都是 N 个相同的层的堆叠。编码器层包含自注意力和前馈神经网络，解码器层除了这两个部分，还包含一个额外的注意力机制来关注编码器的输出。

编码器和解码器的设计是 Transformer 模型能够有效处理序列数据的关键所在，它们共同完成了从输入序列到输出序列的映射任务。

Transformer 模型相较于其他深度学习模型，特别是传统的循环神经网络和长短期记忆网络，在结构和训练步骤方面有一些关键的区别。

6.1.8.2　Transformer 模型与其他深度学习模型的区别

1. 去除循环结构

循环神经网络和长短期记忆网络都需要依赖序列化的循环结构来处理序列数据，因此它们在处理长序列时存在潜在的梯度消失或梯度爆炸问题，同时其模型的并行计算能力会受到限制。

Transformer 模型完全去除了循环结构，通过自注意力机制直接在序列的全局范围内建模各个位置之间的依赖关系，从而允许模型同时处理所有序列位置的信息，这会显著提高训练的并行性。

2. 自注意力机制和多头注意力机制的特点

传统的循环神经网络和长短期记忆网络通过隐藏状态来逐步传递信息，这限制了模型对远距离依赖的学习能力。此外，通常它们处理信息的方式较为单一，尽管长短期记忆网络引入了门控机制来改善信息流动。

但 Transformer 模型通过自注意力机制，允许模型在计算某个位置的表示时，直接访问序列中的任何位置，从而有效捕获长距离依赖关系。同时，Transformer 模型的多头注意力

机制允许模型同时从不同表示子空间中获取信息，这增强了模型的表示能力和捕捉序列内多样化依赖关系的能力。

3. 训练步骤的区别

（1）循环神经网络和长短期记忆网络在训练与推理时都需要按序列顺序逐步处理，这限制了它们的处理速度；Transformer 模型具有非循环的结构特性，能够在训练和推理时实现更高的并行性，显著缩短训练时间。

（2）循环神经网络和长短期记忆网络通过其循环结构隐藏式地处理序列中的位置信息；Transformer 模型由于缺少循环结构，无法自然地处理位置信息，因此引入了位置编码来注入位置信息，使模型能够利用序列的顺序。

（3）传统的深度学习模型通常通过增加层数来提升模型的复杂度和学习能力；Transformer 模型不仅会通过堆叠编码器和解码器层来加深学习深度，而且会在每一层内部通过自注意力和多头注意力机制来拓宽学习宽度，提供丰富的表示能力。

总之，Transformer 模型凭借其独特的结构和机制，特别是自注意力机制和多头注意力机制，提供了高效、灵活处理序列数据的新方法，这在处理长序列和复杂依赖关系方面展现出显著优势，同时大幅提高了训练的并行性和效率。

4. 典型的基于 Transformer 模型的模型

（1）BERT：由 Google 于 2018 年提出，是一种预训练的深度双向表示。通过在大规模文本语料库上进行预训练，BERT 能够捕获复杂的语言模式。在多项下游自然语言处理任务中，如问答、情感分析和命名实体识别等方面，BERT 都取得了显著的效果。

（2）GPT：OpenAI 提出的 GPT 系列模型采用 Transformer 模型的解码器架构进行预训练，并在大量文本数据上进行无监督学习。GPT 模型在文本生成、翻译、摘要等多项任务上展示了出色的性能。

（3）Transformer-XL：为了进一步提高 Transformer 模型处理长序列数据的能力，Transformer-XL 引入了循环机制和相对位置编码，以便在长文本上获得更好的表现。

（4）T5：由 Google 提出，将所有自然语言处理任务视为文本到文本的转换问题。通过大规模的预训练和端到端的训练，T5 在多个自然语言处理基准测试中达到了最先进的效果。

Transformer 模型及其衍生模型的成功表明，自注意力机制和大规模预训练在解决复杂的语言理解和生成任务中具有巨大的潜力。这些模型不仅推动了自然语言处理技术的发展，而且对整个人工智能领域的研究方向产生了深远的影响。

6.1.9 深度学习的应用与挑战

6.1.9.1 深度学习的应用

（1）图像识别。深度学习在图像识别领域的应用已经极大地推动了人工智能技术的发展,尤其是在提高计算机视觉系统的识别能力和精确度方面。通过深度学习模型,尤其是卷积神经网络,计算机能够自动学习和识别图像中的复杂模式与特征,而无须手动编码特征提取规则。这种能力使深度学习在许多图像识别任务中都表现出色,包括但不限于面部识别、物体检测、场景分类和医疗图像分析等。

例如,在面部识别领域,深度学习使设备能快速且精确地识别个人面部特征,广泛应用于安全验证和个性化服务等方面;物体检测技术,借助深度学习的能力,可以在复杂背景下准确定位和识别单个或多个物体,这在自动驾驶、监控系统等领域都有重要应用。此外,深度学习还在医疗图像分析领域发挥着关键作用,能帮助医生识别疾病标志,提高疾病的诊断准确率。

深度学习在图像识别领域的成功,得益于其具有处理和分析大规模数据集的能力,以及随着计算能力的提高和算法的优化,模型性能会不断提升。随着技术的不断进步,深度学习将继续在图像识别及更广泛的计算机视觉领域推动新的应用和创新。

(2)文本生成。深度学习在文本生成领域的应用开启了自然语言处理的新篇章。通过循环神经网络和长短期记忆网络等模型,机器能够理解和模仿人类的语言结构,从而生成具有一定逻辑和连贯性的文本内容。这些模型通过大量的文本数据学习语言的统计规律,掌握词语之间的依赖关系和句子的语法结构,从而在给定某些起始词汇或上下文情境后,自动生成文章、对话或故事。

文本生成技术已被应用于多个领域,如自动新闻报道生成、聊天机器人、创意写作辅助及编程代码自动生成等。例如,新闻机构可以利用这项技术自动生成财经报告或体育赛事报道,从而大幅提升内容生产的效率;在聊天机器人领域,文本生成技术使机器人能够提供更自然、更贴近人类对话风格的回复,增强用户体验。

此外,文本生成技术也在文学创作领域展现出巨大潜力,如作家可以将这项技术作为写作的辅助工具,生成具有创新性的文本内容。尽管目前的文本生成技术仍面临着不少挑战,如生成文本的多样性和可控性问题等,但随着深度学习技术的不断进步和优化,相信未来这项技术将在更多领域发挥重要作用。

(3)语音到文本的转换。深度学习在语音到文本的转换(自动语音识别)技术中的应用,极大地推进了机器理解和处理人类语音的能力。通过构建复杂的神经网络模型,如循环神经网络及长短期记忆网络、门控循环单元,深度学习算法能够有效地从音频数据中提取语音特征,并将这些特征映射到相应的文字表示中。

这项技术使机器能够识别和转录人类的语音输入,为语音助手、自动字幕生成、会议记录及语音控制系统等应用提供基础。通过深度学习,语音识别系统不仅能处理标准语音输入,还能适应各种口音、语言风格及噪声背景下的语音,这能大幅提高识别的准确率,扩大其适用范围。

例如,智能手机和智能家居设备中的语音助手,如 Siri、Google Assistant 和 Alexa 等,都是利用深度学习技术实现高效语音识别和处理的。这些系统能够理解用户的语音命令,并提供相应的信息查询、设备控制及其他服务。

深度学习技术还使得在嘈杂环境中的语音识别变成现实。例如，在街道上或咖啡厅内使用手机应用进行实时语音到文本的转换，可以为听力障碍人士提供便捷的交流工具。随着深度学习模型和算法的不断进步，语音到文本转换技术的性能将继续提高，从而扩大在日常生活和专业领域中的应用范围。

深度学习通过广泛的应用展示了其在处理高维数据、学习复杂模式及解决传统机器学习方法难以应对的问题上的强大能力。

6.1.9.2 深度学习的挑战与展望

1. 挑战

（1）数据和计算资源的需求：深度学习模型通常需要大量的标注数据来训练，这不仅会消耗大量时间和资源，而且在某些领域获取大规模标注数据非常困难。此外，训练复杂的深度学习模型还需要强大的计算资源，这对于资源有限的研究人员和小型企业来说是一个挑战。

（2）模型的解释性和透明度：深度学习模型通常被视为"黑箱"，其决策过程缺乏可解释性。这在需要高透明度和强解释性的领域，如医疗诊断和司法判决领域，成为一个重要的挑战。

（3）泛化能力和过拟合：深度学习模型容易在训练数据上过拟合，导致模型泛化能力下降。提高模型的泛化能力，防止过拟合仍是一个重要的研究方向。

（4）安全性和隐私问题：随着深度学习技术在安全敏感领域的应用逐渐增多，如何保护模型不被恶意攻击，以及如何处理训练数据的隐私问题，成为亟待解决的问题。

2. 展望

（1）少样本学习和迁移学习：通过改进算法，模型在少量或无标注数据上也能有效学习，以及利用迁移学习在不同任务间迁移知识，减少对大量标注数据的依赖。

（2）模型压缩和轻量化：开发更高效的深度学习模型和算法，减少模型的大小和计算需求，使其能够在计算资源有限的设备上运行，如智能手机和嵌入式设备。

（3）可解释的人工智能：增强深度学习模型的可解释性，发展新的技术和工具，帮助研究人员和用户理解模型的决策过程与逻辑。

（4）深度学习与其他学科的融合：将深度学习与其他领域，如认知科学、生物学和物理学等相结合，开拓新的研究方向和应用领域。

深度学习将持续受到学术界和工业界的关注，未来有望在解决现有挑战的同时，开拓全新的应用领域。

6.2 集成学习：提升模型的性能与可靠性

集成学习是机器学习领域的一个重要分支，其核心思想是结合多个学习模型的预测结果,以获得比单一学习模型更好的泛化能力。这个概念源于对解决单一模型局限性和提高预测准确性需求的不懈追求。

早期的机器学习研究集中在如何设计和优化单个学习模型,如决策树、神经网络或支持向量机等。然而,研究人员逐渐发现,即使是最优化的单一模型也难以覆盖所有类型的数据分布和复杂性,尤其是在高方差或高偏差的情况下。为了解决这个问题,研究人员开始探索通过组合多个模型来提高预测能力的方法,从而诞生了集成学习的概念。

集成学习的早期研究可追溯到 20 世纪 90 年代。1990 年,Michael Kearns 和 Leslie Valiant 首次提出了集成学习的概念,他们提出了一种利用多个弱学习模型来构建强学习模型的方法。随后,Yoav Freund 和 Robert Schapire 在 1995 年提出了 AdaBoost 算法,这是第一个实际成功的 Boosting 算法。该算法通过逐步增加难以分类样本的权重来强化学习模型的性能。

Bagging(Bootstrap Aggregating)和 Boosting 是集成学习中两个最基本且最成功的方法。其中,Bagging 算法的代表是随机森林算法,由 Leo Breiman 在 2001 年提出。它通过构建多个决策树并进行投票或平均来减小方差,从而提高模型的稳定性和准确性。Boosting 算法的关键进展包括 AdaBoost 及其后续的改进版本,如梯度提升机(Gradient Boosting Machine,GBM)。

随着计算能力的提高和数据量的增加,集成学习在多个领域得到了广泛发展和应用,尤其是在竞赛平台(如 Kaggle)上。集成学习模型常常成为获胜方案的关键。此外,集成学习的理论研究也在不断深入,包括如何选择和组合模型、如何平衡模型的多样性与准确性等关键问题。

学术界对集成学习进行了广泛的研究,而且其在工业界也有着极为广泛的应用。例如,在金融风险评估、医疗诊断、图像识别和自然语言处理等领域,集成学习都展现出了独特的价值和潜力。

集成学习基于这样一个简单而强大的概念:多个模型的组合通常会比任何单一模型表现得更好。其策略包括多种方法,如 Bagging 算法、Boosting 算法和 Stacking(堆叠泛化)算法,每种方法都有其独特的方式来构建和组合模型。

6.2.1 偏差和方差

在学习 Bagging 和 Boosting 方法之前,读者需要先了解偏差和方差。这两个概念在机器学习领域可谓举足轻重,描述了模型在不同数据集上的表现及其与真实值之间的关系,二者共同影响着模型的泛化能力。4.1.2 节已经介绍过方差的概念,下面重点介绍偏差的概念,以及偏差和方差之间的关系。

偏差是指模型的预测值与真实值之间的差异,用来衡量模型在训练数据上的准确性。高偏差意味着模型无法充分学习训练数据,从而导致欠拟合。简单的模型,如线性回归,往往具有高偏差、低方差的特点,因为它们假设数据满足某种简单的关系,这种假设可能与实际情况不符。

在机器学习模型的设计和训练过程中,偏差和方差是两个需要权衡的重要因素。由图 6-8 可以看出二者之间的区别和联系。简单来说,偏差关注模型的"准"(是否能准确预测),而方差关注模型的"稳"(是否在不同的数据集上表现一致)。偏差和方差的权衡是在提升模型准确性与稳定性之间的平衡选择。理想的模型是既有低偏差(即能准确捕捉数据的真实关系)又有低方差(即对训练数据的随机性不太敏感),但在实际应用中往往很难同时实现这两点。减小模型的偏差往往会增加方差,反之亦然,这就是偏差和方差的权衡。

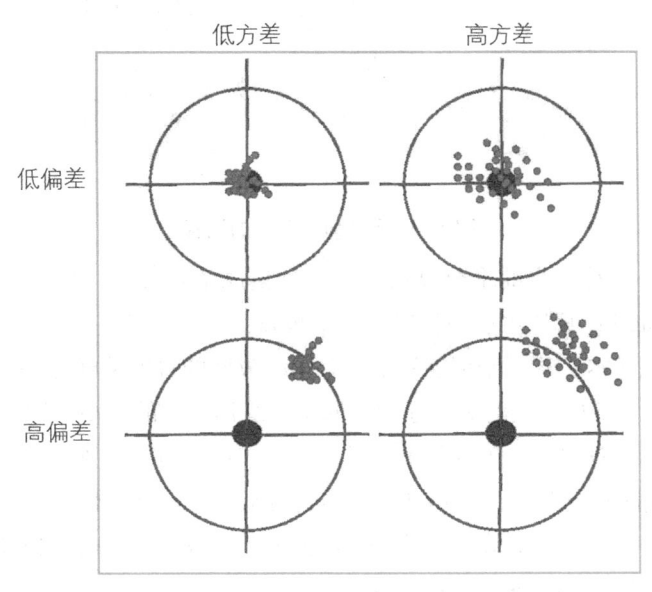

图 6-8 偏差和方差

6.2.2 Bagging 算法

Bagging 是一种操作简单且功能强大的集成学习算法,通过结合多个学习模型的预测结果来提高整体模型的稳定性和准确性。Bagging 算法的核心思想是先生成多个训练数据集的随机子样本,然后在每个子样本上训练一个模型。最终的预测结果是通过对所有模型的预测结果进行平均(回归任务)或投票(分类任务)得到的。

6.2.2.1 Bagging 算法的原理与实现

Bagging 算法的关键在于自助采样(Bootstrap Sampling),即有放回地从原始数据集中随机抽取多个子集。这种采样方法允许同一数据点在不同的子集中多次出现,从而增加模型间的多样性。

Bagging 算法的流程如图 6-9 所示。

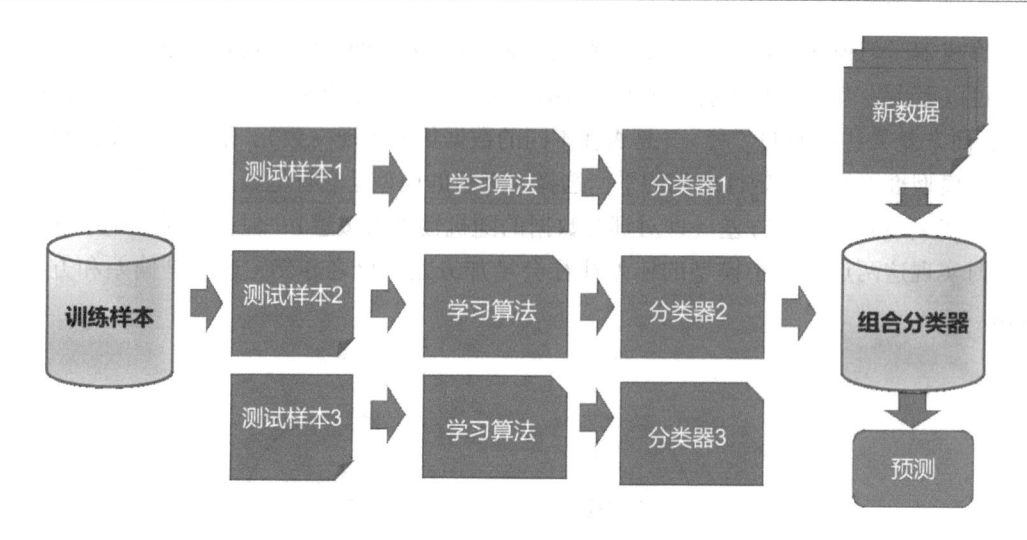

图 6-9 Bagging 算法的流程

Bagging 算法，也称为自助聚合算法，是一种集成学习方法，用于提高单一模型的稳定性和准确性。Bagging 算法主要包括以下几个步骤：

（1）抽取训练样本：从原始训练样本中采用有放回的自助采样方法，随机选择多个不同的子样本集。每个子样本集的大小通常与原始训练样本集的大小相同。

（2）训练模型：对抽取出来的每个子样本集，应用学习算法独立地训练出一个基学习模型，如分类器或回归模型。在图 6-9 中表示为分类器1、分类器2、分类器3 等。

（3）组合模型：将所有训练出来的基学习模型组合成一个综合的模型，这个综合模型称为"组合分类器"（Combined Classifiers）。

（4）预测新数据：当需要对新数据进行预测时，所有基学习模型分别对新数据给出预测结果。

（5）结果融合：对于分类问题，采用投票法（Majority Voting），即每个分类器给出自己的预测类别，最终选择票数最多的类别作为新数据的预测类别。对于回归问题，计算所有模型预测值的平均值，并将其作为最终的预测结果。

（6）输出预测：将根据上述组合规则得出的最终预测结果作为新数据的预测输出。

通过上述流程，Bagging 算法能有效地降低模型的方差，从而提高模型对未知数据的预测能力。这种方法在处理有高变异性的数据集时特别有用，尤其是当单一模型容易过拟合时。在训练过程中，每个模型都应尽可能地拟合其对应的子样本数据，而忽略其他样本数据。

6.2.2.2 Bagging 算法的优点

Bagging 算法的优势在于其简单而强大的策略，具体包括以下几个方面：

（1）减小方差（Variance Reduction）：Bagging 算法能通过平均多个模型的预测结果或使用多数投票法，显著降低预测结果的方差。这种集体智慧的方法能使最终的模型预测比单一模型更加稳定，尤其是在处理具有高变异性的数据集时表现出色。

（2）降低过拟合风险（Reducing Overfitting）：在传统的单一模型训练中，模型可能会过度适应训练数据中的随机噪声。而 Bagging 算法能通过有放回地抽样生成多个训练集，使每个基学习模型只看到数据集的一部分，这样每个模型都是在略有不同的数据集上进行训练的，从而避免过拟合。

（3）并行计算（Parallel Computation）：由于 Bagging 算法中的各个基学习模型是独立进行训练的，因此该算法非常适合并行计算。在现代计算环境中，这意味着可以显著缩短模型训练时间。

（4）模型多样性（Model Diversity）：由于采样的随机性，Bagging 算法极大地提升了基学习模型之间的多样性。不同的基学习模型会在不同的数据子集上捕捉到不同的数据特征和模式，这种多样性有助于提升整体模型的鲁棒性。

（5）应用灵活性（Flexibility in Application）：Bagging 不局限于特定类型的算法。无论是决策树、神经网络还是其他任何类型的模型，都可以应用 Bagging 算法的策略来增强其性能。

（6）提高模型的准确性（Increased Accuracy）：集成多个模型不仅能减小模型的方差，还能提高模型的准确度。在多个模型预测的基础上得到的综合预测结果往往比单一模型的预测更准确。

（7）对不平衡数据集的适应性（Handling Imbalanced Datasets）：Bagging 算法通过在每个基学习模型的训练过程中重采样，在一定程度上可以处理类别不平衡的数据集。

综上所述，Bagging 算法适用于各种机器学习任务（如预测任务），能显著提升模型性能。

6.2.3　Boosting 算法

Boosting 算法专注于从一系列弱学习模型中创建一个强学习模型。与 Bagging 并行训练模型不同，Boosting 是有顺序地构建模型，其中后续模型会根据前一个模型的性能调整其训练数据的权重。AdaBoost 和梯度提升机是两种流行的 Boosting 算法。它们通过聚焦在难以预测的数据点上，逐步提升模型的性能。Boosting 算法通过聚合多个弱学习模型的预测结果来形成一个强学习模型。

6.2.3.1　Boosting 算法的基本过程

初始化训练数据的权重分布非常重要。在一般情况下，初始阶段所有训练样本的权重都是相同的，即每个样本在分类器中的权重为 $1/N$，N 为样本总数。

进行多轮迭代，每轮迭代包含以下步骤：

（1）训练一个弱分类器。在每轮中，使用当前的权重分布来训练分类器，使其尽可能准确地对训练数据进行分类。

（2）计算分类器的错误率。错误率是被分类器错误分类的样本的权重和。

(3) 计算分类器的权重。分类器的权重在 Boosting 算法中是基于分类器的错误率计算的。通常，错误率越小，分类器的权重越大，这意味着它在最终投票中的作用也越大。

(4) 更新样本权重。增加被当前弱分类器错误分类的样本的权重，同时降低被正确分类的样本权重。这样做的目的是让下一个弱分类器"关注"那些难以分类的样本。

(5) 组合弱分类器。Boosting 算法通过加权多数投票（分类问题）或加权平均（回归问题）等方式来组合所有的弱分类器，形成最终的强分类器。权重是基于每个分类器的性能计算的，分类器的性能越好权重越大。

与 Bagging 算法相比，Boosting 算法的特点是它关注提高模型的准确性，特别是在训练数据集难以正确分类的样本上。同时，Boosting 算法中的分类器是顺序生成的，下一个分类器的学习需要依赖上一个分类器的错误。每个分类器的目标都是减小在当前模型上加权的训练误差。

6.2.3.2 Boosting 算法的两个核心问题

(1) 如何改变训练数据的权值或概率分布？

每个弱学习模型会依次对数据进行学习，而 Boosting 算法会根据上一个学习模型的表现来调整训练数据的权重或概率分布。

在 Boosting 算法的第一轮中，所有训练数据通常都被赋予相同的权重或概率。随后，Boosting 算法会遵循如下步骤：

步骤1：训练一个弱学习模型，如决策树，对当前加权的训练数据进行学习。

步骤2：评估这个学习模型的性能，通常通过计算其在训练数据集上的错误率来完成。

步骤3：增加错误分类的数据点的权重，同时减少正确分类的数据点的权重。具体来说，如果一个数据点被正确分类，其权重就会减小，使模型在后续的学习中"忽略"它；如果一个数据点被错误分类，其权重会增加，使模型在后续的学习中"关注"这些样本。

步骤4：基于更新后的权重训练下一个弱学习模型。

通过这个过程，Boosting 算法会逐渐聚焦于那些更难被正确分类的数据点。而这种改变权重的策略可以使新的学习模型更好地处理上一个学习模型分类错误的情况。

在迭代多轮后，最终的模型是所有弱学习模型的加权组合，其中表现较好的基学习模型会有更大的权重。

(2) 组合弱分类器的方式有哪些？

Boosting 算法组合弱分类器的方式主要有两种：加权平均和加权多数投票。组合的具体方式取决于所处理的问题是回归问题还是分类问题。

①加权平均。对于回归问题，Boosting 算法通常采用加权平均的方式来组合不同的弱回归模型。在每一轮中，基学习模型的预测结果会乘以一个系数（权重），这个系数通常与学习模型的性能相关，性能越好的学习模型获得的权重越高。然后将所有基学习模型预测结果的加权平均作为最终的预测结果。

②加权多数投票。对于分类问题，Boosting 算法一般使用加权多数投票的方式来组合

弱分类器。与回归问题类似,每个分类器的投票会根据其性能(通常是其在训练集上的准确率)来加权。每个分类器先根据其权重对预测结果进行加权,然后选出权重总和最高的类别作为最终的预测类别。

逐步学习:Boosting 算法不是同时训练所有弱学习模型,而是有顺序地进行训练。每个学习模型在训练时都会关注上一个学习模型分类错误的样本,并尝试纠正这些错误。

损失函数最小化:特别是在 Gradient Boosting 算法中,可以将组合弱分类器的过程看作在函数空间中探索损失函数的最小值。每轮添加的弱学习模型都相当于在损失函数的梯度方向上迈出一步。

通过以上方式,Boosting 算法能确保后续学习模型可以弥补前一个学习模型的不足,进而逐渐提高整体模型的性能。最终的模型是所有单一学习模型的组合,通过适当的方式融合它们的学习成果,来做出最后的预测。

6.2.3.3 Boosting 算法和 Bagging 算法的区别与联系

Bagging(自助聚集法)和 Boosting(提升法)是集成学习领域中非常流行的两种技术,它们都能通过组合多个模型来创建一个更强大的最终模型。

1. Boosting 算法和 Bagging 算法的区别

(1)样本选择。

Bagging 算法:有放回地从原始数据集中随机抽取多个子集来训练模型。每次抽取的子集都是相互独立的。

Boosting 算法:每轮的训练样本都是相同的,但每个样本在模型中的权重会根据上一轮的错误分类结果进行调整。

(2)样本权重。

Bagging 算法:每个样本的权重是均等的,即每个样本被选中的概率相同。

Boosting 算法:错误率较高的样本会在后续轮次中得到更大的权重,促使模型对这些样本进行正确分类。

(3)预测函数。

Bagging 算法:所有模型的预测结果有同等的权重,最终预测是基于简单平均或多数投票。

Boosting 算法:不同的模型会根据它们的性能(通常是错误率)获得不同的权重,最终的预测结果是基于加权平均或加权多数投票。

(4)并行计算。

Bagging 算法:因为各个模型之间是相互独立的,所以可以进行并行训练。

Boosting 算法:模型必须顺序生成,因为每个模型的训练需要依赖前一个模型的性能。

2. Boosting 算法和 Bagging 算法之间的联系

Bagging 算法和 Boosting 算法之间的联系在于它们都采用了集成学习的思想,即通过构建并组合多个学习模型来完成学习任务。二者都试图通过整合多个模型来提升预测性能，减小泛化误差。尽管它们在实现方式和重点关注的问题（偏差或方差）上有所不同，但最终目标相同，即提高模型对未知数据的预测准确率。

（1）目标相同：二者都旨在通过组合多个学习模型来提高模型的泛化能力和准确性。

（2）降低误差：无论是通过减小方差（Bagging 算法）还是减小偏差（Boosting 算法），二者都在试图降低总体的预测误差。

（3）产生新模型：将这两种算法与决策树相结合，都可以形成一些效果显著的新模型。例如，Bagging 算法与决策树相结合可以形成随机森林，即利用自助采样生成多个决策树，最终通过投票或平均来做出预测，能显著提升单个决策树模型的准确性和稳定性；Boosting 算法与决策树相结合可以形成提升树和梯度提升决策树（Gradient Boosting Decision Tree，GBDT），即通过依次修正前一个弱学习模型的错误（或残差），形成一系列弱学习模型的加权和，可以使模型逐渐逼近真实的数据分布，对偏差敏感的问题特别有效。

总的来说，Bagging 算法和 Boosting 算法是机器学习领域中的两种集成学习策略，可通过不同的方式来提高模型的鲁棒性和准确性。这些策略的成功应用，尤其是它们与决策树模型的结合，已经在各种机器学习任务中取得了显著成效。

6.2.4　Stacking 算法

Stacking 算法是通过组合多个不同的基模型来构建一个更强大的新模型。与 Bagging 算法和 Boosting 算法不同，Stacking 算法的关键在于引入了一个元模型（或称为二级学习模型），用于综合各个基模型的预测结果，从而做出最终的预测。这种方法允许模型学习如何最优地结合不同基模型的预测，以达到比任何单个基模型更好的性能。

在传统的机器学习方法中，通常只使用单一模型对数据进行预测。虽然可以通过调整模型参数和使用复杂模型来提高预测准确率，但这种方法往往容易受到模型偏差和方差的限制。通过组合多个模型来突破单一模型的局限性，Stacking 算法旨在减小总体预测的偏差和方差。

Stacking 算法的思想最早可追溯到 1992 年。David H. Wolpert 在其论文中介绍了这种方法在理论上能够获得比单一模型更好的预测性能。之后，Stacking 技术经过多年的发展和改进，终于成为集成学习领域一种重要的方法。

Stacking 算法的核心思想是将多个基模型（第一层模型）的预测结果作为输入（元特征），用来训练一个新的模型（第二层模型或元模型）。在这个过程中，第一层的基模型通常采用不同的算法或算法参数，以确保预测结果的多样性。第二层模型的任务是学习如何最有效地结合这些基模型的预测结果，以做出最终决策。

6.2.4.1　Stacking 算法的基本过程

Stacking 算法的基本过程涉及几个关键步骤，旨在通过集成多个基模型来提高最终预测的准确性。

1. 训练基模型

（1）模型选择：选择多种不同的机器学习算法作为基模型。这些模型应具有多样性，如决策树、支持向量机、神经网络等，甚至可以包括不同配置或参数的同种模型。

（2）模型训练：分别在完整的训练数据集上训练这些基模型。为了减少过拟合，可以采用交叉验证等技术来优化模型的性能。

2. 生成元特征

（1）跨验证预测：为了避免信息泄露，通常采用交叉验证的方式来生成训练集上的元特征。具体来说，可以先将训练集分为多个子集，然后用除当前子集之外的其他子集来训练基模型，并在当前子集上做预测，生成元特征。

（2）测试集预测：先使用所有训练数据训练基模型，然后对测试集进行预测，生成测试集上的元特征。这样做的目的是让元模型能够在与训练集相同的特征空间上学习如何优化预测。

3. 训练元模型

（1）模型构建：使用上一步生成的元特征作为新的训练集来训练一个元模型。这个元模型可以是任何有效的机器学习算法，但它的目标是学习如何从基模型的预测中挑选出最佳的组合，以做出最终决策。

（2）综合预测：元模型将基于所有基模型的预测结果做出最终预测。对于分类问题，可能涉及投票或概率平均；对于回归问题，可能涉及预测值的加权平均。

6.2.4.2 Stacking 算法的优点

（1）可以有效利用模型的多样性：Stacking 算法能够有效利用来自不同基模型的多样性，尤其是这些模型在处理不同类型数据或不同问题结构时的独特强项。通过将这些模型的预测结果作为输入，Stacking 算法可以综合各种模型的优点，实现更全面的数据分析和预测。

（2）可以提高泛化能力：Stacking 算法通过结合多个模型的预测，能平滑单个模型可能出现的极端预测值，这样可以提高整体模型对未知数据的泛化能力。元模型的引入作为第二层模型，可以更好地理解如何从各个基模型的预测中挑选出最可靠的结果，从而进一步优化预测性能。

（3）具有强大的自适应能力：Stacking 算法的一个重要优点是具有自适应性。根据不同任务的需求，研究人员可以自由选择不同的基模型和元模型，以及调整它们之间的组合方式。这种强大的自适应能力使 Stacking 算法在多种机器学习任务中都可以发挥重要作用。

（4）可以有效纠正模型错误：Stacking 算法具有纠正单个基模型错误预测的能力。通过在元模型层面分析基模型的预测，Stacking 算法能识别出哪些模型在特定情况下表现不佳，并相应地调整最终预测结果，以降低这些错误预测对整体性能的影响。

（5）可以有效解决复杂问题：对于一些特别复杂或高维度的问题，单一模型很难取得令人满意的预测效果。Stacking算法通过集成不同专长的模型，能够更有效地处理这些复杂问题，提供更加准确和稳健的预测。

6.2.4.3　Stacking算法的应用场景

Stacking算法在实际应用中不仅广泛覆盖了机器学习的主要任务类型，还在特定的领域内展示出独特的价值。

（1）金融行业的风险评估：在信用评分、欺诈检测和金融市场预测等任务中，Stacking算法通过综合不同模型的预测来提高风险评估的准确性和可靠性。例如，可以将基于不同特征集的多个模型集成起来，以获得更全面的风险视角。

（2）医疗领域的疾病诊断：在疾病诊断和患者预后评估中，Stacking算法能够将不同诊断测试的结果进行有效整合，提供更准确的疾病诊断信息。通过结合图像识别、基因数据分析和临床指标的模型，Stacking算法可以帮助医生做出更准确的治疗决策。

（3）推荐系统：在个性化推荐领域，Stacking算法可以整合用户行为分析、物品相似度计算及社交网络分析等不同维度的推荐算法，从而提高推荐的准确性和多样性。这样不仅能更好地满足用户的个性化需求，还能提升用户的整体满意度。

（4）自然语言处理任务：在情感分析、文本分类、机器翻译等自然语言处理任务中，Stacking算法通过结合基于不同语言模型的预测结果，能够提升文本处理的准确性和效率。这种方法特别适合处理复杂的语言现象和细粒度的文本分类问题。

（5）图像和视频分析：在图像识别、目标检测和视频内容分析等视觉任务中，Stacking算法能够集成不同卷积神经网络的提取特征和分类模型，以达到更高的识别精度和鲁棒性。这对于处理高维度的视觉数据尤其有效。

（6）时间序列预测：在股票市场分析、气象预报和销售预测等时间序列预测任务中，Stacking算法可以综合考虑来自多个时间序列模型的预测结果，有效提升预测的准确性和稳定性。

综上可知，Stacking算法在多种复杂问题解决方案中具有很高的有效性和灵活性，是提升机器学习模型性能的重要手段之一。

集成学习在提升模型性能和泛化能力方面展现出巨大的潜力。未来的研究可能会集中于探索更高效的模型组合方法及自动化集成策略，以进一步提升模型的准确性和应用的灵活性。随着计算资源的增加和算法的进步，集成学习有望在更多领域实现更广泛的应用。

6.3　进化算法与机器学习的结合

进化算法与机器学习的结合是一个跨学科的研究方向。进化算法利用生物进化的原理来优化机器学习算法。因此，这种结合不仅能提高算法的性能，还能发现新的算法和模型结构。进化算法可以追溯到自然选择和生物进化的概念。达尔文的自然选择理论为进化算法提供了理论基础。在自然环境中,生物个体因其适应环境的特征而被自然选择,更有可能繁衍后代。这些遗传特征随机变异,促使种群的多样性和复杂性不断增加。进化算法利用这项机制,通过模拟这些遗传操作(如选择、交叉和变异)在解空间中搜索最优解。

随着计算机科学的快速发展,特别是在20世纪50—60年代,科学家开始探索利用计算机技术模拟生物进化过程的可能性。早期的尝试包括使用计算机程序来模拟生物种群的遗传变异和自然选择过程,这些初步研究逐渐演变为现在的进化算法。

例如,20世纪60年代,约翰·霍兰德(John Holland)和他的学生在密歇根大学开发了遗传算法(Genetic Algorithm,GA),这是一种旨在模拟达尔文进化理论中自然选择和遗传机制的搜索算法。遗传算法通过在候选解集合中进行选择、交叉和变异操作,模拟生物进化过程中的遗传变异和自然选择,以此来搜索问题的最优解或近似最优解。

之后,进化策略(Evolution Strategy,ES)和遗传规划(Genetic Programming,GP)等其他形式的进化算法也相继被提出,它们在处理具体的优化问题时表现出了独特的优势。这些算法不仅被应用于科学研究,还成功解决了许多实际的工程和技术问题,如机器学习、调度与规划、自动设计和艺术创作等领域的问题。

通过计算机模拟生物进化过程,进化算法能够处理那些对传统优化方法来说过于复杂或不可解的问题。这种算法的成功应用,证明了生物进化原理在解决现实问题中的巨大潜力。

6.3.1 遗传算法

遗传算法是一种模仿生物进化过程中的自然选择和遗传机制的搜索算法,目的是解决优化和搜索问题。遗传算法以操作简单、功能强大且具有广泛的适用性而受到很多人的青睐。

6.3.1.1 遗传算法的基本过程

1. 初始化

在遗传算法的初始阶段,需要先随机生成一个初始种群。这个种群由若干个体组成,每个个体代表问题解空间中一个潜在的解决方案。个体有多种表示方式,如二进制字符串、整数或实数数组等,具体采用哪种方式主要取决于问题的特性。初始化过程旨在为算法提供一个具有一定多样性的搜索起点。

假设我们的任务是优化一个简单的二维函数 $f(x, y) = x^2+y^2$,目标是寻找函数的最小值点。在这个例子中,每个个体可以由一个包含两个实数的数组表示,对应 x 和 y 的值。如果初始化一个包含10个个体的种群,那么这10个数组中的每个数组都将随机给出一组 x 和 y 的值,如 [3.5, -2.1] 和 [-1.2, 0.9] 等。

2. 评估

初始化种群后,接下来需要评估种群中每个个体的适应度,即计算每个解决方案解决问题的能力。适应度函数（Fitness Function）是根据优化问题的具体需求设计的，用于量化个体的表现。适应度值越高，个体被选中参与后续遗传操作的概率就越大。

例如，继续上面的函数最小化问题。适应度函数可以定义为 $f(x, y)$，即 $1/[1+f(x, y)]$，以确保适应度值越大表示函数值越小，从而个体越优。对于个体 [3.5, -2.1] 来说，其适应度值为 $1/[1+3.5^2+(-2.1)^2]$。

3. 选择

在评估之后，根据个体的适应度进行选择（Selection）可以确定哪些个体能被保留用于生成下一代。选择过程模拟了自然选择的"适者生存"原则，即适应度较高的个体有更大的机会繁衍后代。常用的选择策略包括轮盘赌选择法（Roulette Wheel Selection）、锦标赛选择法（Tournament Selection）等。在轮盘赌选择法中，每个个体被选中的概率与其适应度值成正比，从而保证适应度值大的个体有更大的机会被选中。

假设在二维函数最小化问题中采用轮盘赌选择法。在这种方法中，每个个体被选中的概率与其适应度值成正比。因此，适应度值大的个体（即函数值较小的点）更有可能被选作"父母"。例如，如果个体 A 的适应度值是个体 B 的两倍，那么 A 被选作"父母"的概率就是 B 的两倍。

4. 交叉

交叉（Crossover）步骤通过组合两个"父母"个体的部分基因来产生新的"子代"个体，模拟了生物遗传中的性繁殖过程。这个步骤的目的是探索解空间，生成具有新特征的个体。交叉操作通常涉及选择一个或多个交叉点，然后交换"父母"在这些点上的基因片段。

例如，在二维函数最小化问题中，假设已经通过轮盘赌选择法选出一对"父母"个体 [3.5, -2.1] 和 [-1.2, 0.9]。然后进行单点交叉操作，选择 x 和 y 作为交叉点，那么两个"父母"个体的基因片段交换后，可能生成的两个"子代"个体分别为 [3.5, 0.9] 和 [-1.2, -2.1]。这样，"子代"个体在解空间中探索了新的区域，可能会发现更优的解决方案。

5. 变异

变异（Mutation）步骤是在新一代个体的基因中随机引入变化，以增加种群的遗传多样性。这模拟了生物进化中的随机突变现象。变异操作通常以较小的概率发生，以避免过度破坏已有的优良基因，但又要引入足够新的遗传特征，以帮助算法跳出局部最优解。

例如，在二维函数最小化问题中，以一个"子代"个体 [3.5, 0.9] 为例。如果在变异过程中，随机选择 y 值进行变异，使其发生很小的变化（如加上一个小的随机值-0.05），那么变异后的个体可能是 [3.5, 0.85]。这个微小的变化可能会使个体探索到之前未涉及的解空间区域，增加找到更优解的机会。

6. 新一代种群的生成

在完成选择、交叉和变异操作后，新一代的个体将组成新的种群，准备进入下一轮的进化过程。这个步骤涉及替换策略,即如何从"父母"和"子代"个体中选择个体组成新的种群。常见的替换策略包括全替换、精英保留等,旨在保留优秀个体的同时引入新的遗传特征,推动种群向更优解的方向进化。

例如,在二维函数最小化问题中,假设经过一轮选择、交叉和变异后,得到了一组新的"子代"个体,并评估了它们的适应度。在生成新一代种群时,可以采用精英保留策略,即直接将适应度最高的几个"父母"个体保留下来,其余位置由"子代"个体填补,确保种群中保留了当前已知的最佳解决方案,同时引入了新的个体以继续探索解空间。

7. 终止条件

终止条件是遗传算法停止运行的标准,可以确保算法在满足特定要求后停止迭代,避免无效的计算。常见的终止条件有以下几种:

(1)达到最大迭代次数:算法预设一个最大的迭代轮次,当遗传算法执行到这个轮次时停止。这是最简单且最常用的终止条件之一,可以保证算法不会无限运行。

(2)达到足够的适应度:设置一个适应度阈值,一旦种群中有个体适应度超过这个阈值,算法即刻终止。这意味着已经找到一个足够好的解决方案。

(3)适应度收敛:如果连续多次迭代后种群的最高适应度都没有显著提升,那么可以认为算法已经收敛到某个局部最优解,此时可以终止算法。

(4)资源限制:在一些实际应用中,可能会因为时间或计算资源的限制而不得不提前终止算法。

假设在上面的例子中,可以设置最大迭代次数为 1 000 轮作为终止条件。如果在达到 1 000 轮迭代前,种群中已经出现一个个体的适应度值非常接近预定的目标阈值,如函数的最小值误差范围在 0.000 01 以内,那么算法也会提前终止。此外,如果在连续 200 轮迭代中,种群的最大适应度值没有显著改善,也可以认为算法已经收敛,此时同样会终止算法,避免浪费计算资源。

遗传算法在实现过程中需要根据实际问题和资源条件灵活设置终止条件,以确保算法既能高效地找到满意的解决方案,又不会因过度计算而浪费资源。

6.3.1.2 遗传算法的组成部分

遗传算法是通过模拟自然选择和遗传机制来解决优化问题的算法,由几个核心组成部分构成。这些组成部分共同工作,从而使遗传算法能够有效地搜索问题的解空间,不断向更优解方向进化。以下是遗传算法的几个主要组成部分及其功能:

(1)染色体(Chromosome)。在遗传算法中,染色体是问题解决方案的编码表示。它可以是二进制字符串、整数数组、实数数组或其他数据结构,用于描述问题的潜在解。例如,在旅行推销员问题中,染色体可能是城市的一个访问序列,每个城市代表一个基因。

(2)适应度函数。适应度函数是评价个体(染色体)适应环境能力的量度,即解决问题的好坏。它是遗传算法中最关键的部分之一,因为它直接影响选择过程和算法的收敛方向。适应度函数的设计需要根据具体问题来定,目标是量化每个解的性能,以便能够区分不同解的优劣。

（3）选择方法。选择是遗传算法中模拟自然选择过程的机制，目的是从当前种群中选出优秀个体作为下一代的"父母"。常用的选择方法包括轮盘赌选择法、秩序选择法等。这个过程模拟了"适者生存"的自然法则，确保优秀的基因被保留下来，并有机会在下一代进化中被传递和重组。

（4）交叉和变异操作。交叉和变异是遗传算法中模拟生物遗传过程的两种主要操作。交叉操作模拟生物的繁殖过程，通过组合两个或多个"父母"个体的基因来产生"子代"。变异操作则模拟了自然界中基因的随机变异现象，通过随机改变个体染色体上的部分基因来引入新的遗传多样性。这两个操作是遗传算法探索新解和维持种群多样性的关键。

通过上述组成部分的协同工作，遗传算法能够在解空间中进行有效搜索，不断更新种群，以期找到最优解或满意解。这种基于群体的搜索策略使遗传算法在处理复杂和多模态的优化问题时表现出独特的优势。

6.3.1.3 遗传算法的应用

遗传算法在许多领域中都有应用，包括但不限于优化问题、调度问题、机器学习、控制系统设计及经济模型等。因为对解空间的全局搜索能力和在寻找全局最优解方面的高效性，遗传算法成为解决复杂搜索问题的强大工具。

例如，在石油领域中，遗传算法特别适用于井位优化和油藏管理等问题，因为它能够高效地在广阔且复杂的搜索空间中寻找到最优或近似最优的解决方案。遗传算法能通过模拟自然进化的机制在多个潜在解之间进行并行搜索，这使其不仅能发现局部最优解，还能探索出通往全局最优解的路径。此外，由于遗传算法不需要对问题的搜索空间有任何先验知识，因此特别适用于那些传统优化方法难以解决的高维、多峰、非线性问题。

利用遗传算法，石油公司可以在考虑钻探成本、预期产量、环境影响等多重因素的基础上，系统地评估和优化钻井方案。这种方法不仅能显著提高资源的发现率和开发效率，还有助于最大化经济回报，同时减少对环境的负面影响。在实际应用中，遗传算法已被一些石油勘探和生产企业用于辅助决策，以提高其石油勘探和开发效率。

6.3.2 进化策略

进化策略是一类基于自然选择和遗传变异原理的优化算法，主要用于解决连续参数优化问题，特别是那些解析导数信息缺乏或难以获得的复杂问题。与遗传算法类似，进化策略通过模拟生物进化过程中的选择、遗传和变异来迭代寻找问题的最优解或近似最优解。

6.3.2.1 进化策略的基本原理

作为一种启发式搜索算法，进化策略的设计灵感来源于自然进化的原则。它在求解复杂优化问题时，通过模拟生物进化过程中的变异、选择等机制来迭代改进解的质量。下面详细介绍进化策略的三个核心原理：

1. 个体表示

在进化策略中，个体的概念扩展了传统优化问题中解的概念。每个个体由两部分组成：一部分是参数向量，代表解决问题的具体方案；另一部分是策略参数，用这些参数来控制搜索过程的行为，如变异步长。变异步长决定了个体在搜索空间中探索的范围，是自适应调整的关键。

例如，设想一个探索机器人设计优化问题，其中个体代表不同的机器人设计方案。参数向量可能包含机器人的各种物理属性，如臂长、电机功率等。策略参数则可能是关于如何在设计空间中探索新设计的信息，如在变异过程中改变电机功率的范围。

2. 变异

变异是进化策略中引入新解的主要方式。通过对个体的参数向量进行随机扰动，可以产生新的个体。这种扰动可以是参数的微小变化，其程度由策略参数（如变异步长）控制。这意味着个体的搜索行为能够根据其在优化过程中的表现自我调整，从而实现在全局搜索和局部精细搜索之间的动态平衡。

假设上面的探索机器人其中的一个关键设计参数是机器人的电机功率。为了确保机器人能在复杂地形中有效行动，需要找到最佳的电机功率设置。在初始设计中，假设电机功率为 100 W。为了探索电机功率对机器人性能的影响，引入了变异操作。

在变异过程中，设定变异步长为 10%，这意味着电机功率的变异范围在原有功率的 ±10% 之间。这样，从 100 W 出发，电机功率在变异后可能会增加到 110 W，使机器人拥有更强的动力，以适应更陡峭的地形；或者功率可能会减小到 90W，减少能耗，在电力资源有限的情况下延长探索时间。这种通过随机扰动参数来探索新设计方案的方法，有助于在设计空间中进行广泛的搜索，找到平衡机器人性能和能耗的最佳设计。

3. 选择

选择过程决定了哪些个体能够存活到下一代，通常偏好适应度更高的个体。适应度函数可以评估个体解决问题的能力，适应度高的个体会被认为是更优的解，因此有更大的机会被选中生成后代。这个过程模拟了自然选择中"适者生存"的原则。

在上面的优化问题中，如何评价设计方案的优劣非常重要。这需要通过设计适应度函数来实现，适应度函数能够量化设计方案解决问题的能力。探索机器人设计问题的适应度函数需要考虑以下几个方面：

（1）任务完成效率：机器人完成既定探索任务所需的时间。时间越短，效率越高，适应度越高。

（2）耗电量：机器人完成任务期间的总耗电量。耗电量越低，说明能源使用越高效，适应度越高。

（3）成本：设计和制造机器人的总成本。成本越低，在预算限制下越有可能实现，适应度越高。

适应度函数可以用来评估不同设计方案的性能。例如，如果一个设计方案能使机器人以最小的耗电量快速完成探索任务，同时成本合理，那么这个设计方案将获得较高的适应度值，从而有更大的机会成为下一代种群中的一员，参与进一步的遗传操作。

综上所述，进化策略通过模拟自然进化中的机制，利用个体表示的多样性、变异带来的探索能力及适应度驱动的选择过程，在复杂的优化问题中寻求高效解决方案。

6.3.2.2 进化策略的算法流程

与遗传算法相比，进化策略更加强调策略参数的调整，如变异步长的自适应调整，从而优化算法的搜索过程。进化策略特别适合用于处理连续参数的优化问题，并且在调整搜索策略以适应特定问题环境方面显示出高效性和灵活性。

遗传算法主要侧重于通过交叉和变异操作在解空间中探索，并采用基于适应度的选择来逐代进化，寻找问题的最优解。进化策略则通过调整个体的策略参数（如变异步长），来改善搜索效率和适应性，从而在连续参数优化问题中表现出更强的性能。进化策略通常不需要依赖交叉操作，而是通过变异操作和策略参数的自适应调整来引导搜索过程。

这两种算法虽然在操作细节和重点关注方面存在差异，但它们共享进化算法的基本框架，包括初始化、评估、选择，以及基于种群的迭代优化过程。二者的不同之处在于，进化策略更加专注于如何通过策略参数的智能调整来提高算法的搜索效率和适应性，从而在连续参数的优化问题中更加有效。下面介绍进化策略的流程。

（1）初始化。在进化策略的初始阶段，目标是创建一个包含多个潜在解决方案的初始种群。每个解决方案，或者说"个体"，由一组参数向量表示，这组参数向量直接决定了问题的潜在解决方案。除了问题的参数向量，每个个体还包含一组策略参数，这些策略参数主要用于指导个体如何在后续的迭代中进行变异，其中最典型的策略参数是变异步长。

例如，在优化某个工程设计问题时，初始种群可能由随机生成的一系列设计参数组成，每个设计参数代表一个可能的设计方案。策略参数（如变异步长）则决定了在接下来的变异过程中这些设计参数如何改变。

（2）评估。同遗传算法一样，进化策略在初始化之后，需要对种群中的每个个体进行评估，以确定它们解决问题的能力，这通常通过计算每个个体的适应度来实现。适应度函数是一个量化个体优劣的度量，反映了每个个体参数向量作为解决方案的效果。

在工程设计的场景中，适应度函数可能会考虑设计方案的性能、成本和可行性等方面。例如，如果目标是设计一个更高效的燃烧室，适应度函数可能会考虑燃烧效率、生产成本和物料耐热度等因素。每个个体（即每个设计方案）的适应度值将指导后续的变异、选择和重组过程，确保算法能够向更优解方向进化。

（3）变异。在进化策略中，变异步骤是引入新遗传变异的关键环节。对每个个体而言，其参数向量将根据策略参数（如变异步长）进行随机扰动。这一步的目的是探索解空间，寻找新的潜在解决方案。变异步长的选择非常重要，因为它直接影响算法的探索范围和搜索效率。过大的变异步长可能会导致搜索过于随机，而过小的变异步长可能会使算法陷入局部最优解。

例如，考虑一个设计最佳桥梁结构的问题，其中个体的参数向量代表桥梁的各种设计参数，如长度、宽度、材料种类等。如果某个设计的桥梁宽度为20米，变异步长为5%，那么在变异过程中，桥梁宽度可能会变为21米或19米，从而产生新的设计方案。

（4）重组（可选）。重组步骤，也称作交叉，是进化策略中的一个可选环节，旨在通过组合来自两个或多个"父母"个体的参数来生成"子代"个体，从而增加种群的遗传多样性。在实际应用中，重组可以采用多种方式执行，如单点交叉、多点交叉或均匀交叉等。

下面继续以桥梁设计的例子进行说明。假设有两个桥梁设计方案，它们有不同的优点，一个方案的桥梁宽度较宽，而另一个方案的材料成本较低。可以通过重组这两个设计方案的参数，产生一个新的"子代"个体，该个体可能同时具有宽度较宽和成本较低的特点，从而探索到解空间中的新区域。

重组与变异的共同作用，促进了解空间的全面探索和遗传信息的有效传递，增强了算法在寻找全局最优解方面的能力。

（5）选择。同遗传算法一样，选择步骤也是进化策略中的重要环节。这个步骤可以保证具有较高适应度的个体被保留，而适应度较低的个体逐渐被淘汰，从而推动整个种群朝着更优解的方向进化。常见的选择方法同样包括轮盘赌选择法、锦标赛选择法、精英选择法等。

（6）终止。其与遗传算法的相同，此处不再赘述。

通过以上步骤的循环迭代，进化策略在种群中会逐步累积和增强有利的遗传特征，同时淘汰不利的遗传特征，从而有效地找到问题的优化解。

6.3.2.3 进化策略的应用

凭借独特的参数调整机制，特别是对变异步长的自适应调整特性，进化策略确立了它在进化算法领域的核心地位。这种自适应能力允许进化策略有效地在全局探索与局部开发之间达到平衡，增强其在复杂、多峰、非线性优化问题中的适应性和鲁棒性。它能智能地调整搜索策略，依据问题的特性自动调整搜索范围，从而提高求解效率，尤其是在面对动态变化的优化环境时。基于这些特点，进化策略的应用范围十分广泛，跨越了多个领域，展示了其在解决实际问题上的巨大潜力。

进化策略在自动驾驶控制系统设计中的应用就是一个极具代表性的例子。自动驾驶技术需要高度复杂的决策和控制系统来处理实时的道路条件、交通情况及突发事件，而进化策略提供了一个有效的框架来优化这些系统。

在一个具体的应用场景中，进化策略被用来优化自动驾驶车辆的路线规划和避障算法。在这个过程中，每个个体代表一套可能的控制参数，如车辆的加速度、转向角度，以及应对不同交通情况的策略参数。这些个体的适应度评估基于多个因素，包括路线的效率（如到达目的地的时间）、安全性（避免碰撞）及能耗等。

在初始化阶段，随机生成的种群覆盖了广泛的潜在解决方案，接着进化策略通过模拟不同的驾驶环境和情况来评估这些解决方案的性能。在选择阶段，进化策略更偏好那些在模拟环境中表现出高适应度的个体，通过变异操作生成新的个体。这些操作模拟了生物进化中的遗传变异，为种群引入了新的解决方案。

例如，如果某个控制策略在高密度的交通环境下表现出色，它可能会被选中并与其他高适应度的策略进行变异和重组，从而产生新的控制策略。这个过程持续进行，直到达到终止条件。通过这种方式，进化策略能够发现在广泛的驾驶环境和情况下表现最佳的控制系统参数。

6.3.3 遗传规划

遗传规划是一种自动化计算机程序的生成方法，通过模拟自然界的进化过程来解决问题。遗传规划是进化算法的一种，专注于生成程序或表达式的结构，以解决特定的任务或问题。与遗传算法主要优化固定长度的参数向量不同，遗传规划优化的是程序结构，这些程序可以是计算机程序、数学表达式或任何可执行的代码。

6.3.3.1 遗传规划的基本原理

遗传规划的核心在于使用遗传算法的思想来进化程序结构。在遗传规划中，每个个体代表一个潜在的问题解决方案，这些解决方案以树状结构（如表达式树或决策树）来表示，树的节点表示操作符，如加、减、乘、除等，叶节点表示操作数，如常数或变量。遗传规划的过程包括初始化、评估、选择、交叉（重组）、变异和终止条件等步骤。

6.3.3.2 遗传规划的算法流程

遗传规划主要遵循典型的进化算法结构，但特别强调程序或表达式的结构进化。下面对遗传规划的算法流程进行概述（对于与遗传算法和进化策略类似的步骤，此处进行简要说明）。

（1）初始化。与遗传算法类似，遗传规划的初始化步骤涉及随机生成初始种群。二者的不同之处在于：遗传算法中的个体通常被表示为简单的二进制字符串或实数向量，而遗传规划中的个体则被设计成一个程序或数学表达式，这些程序或表达式在实现时通常采用树状结构来表示。

例如，考虑一个遗传规划用于解决符号回归问题的场景，其中目标是发现一个数学表达式，该表达式能够良好地拟合给定的数据集。在这种情况下，一个个体可能被初始化为表示数学函数的树，如一个简单的加法表达式树，树的根节点是"+"操作符，两个子节点分别是数字"2"和变量"x"。这样的树形结构代表数学表达式 $2+x$。

为了保证种群的多样性，初始化过程中随机生成的表达式树的深度和形状会有所不同，节点可能是不同的数学操作符（如加、减、乘、除）、函数（如 sin、cos、log 等）或问题中的变量和常数。这样，初始化阶段形成的种群就覆盖了广泛的潜在解决方案空间，为遗传规划的搜索过程提供了一个丰富多样的起点。

通过这种方式，遗传规划在算法的一开始就引入了解决问题所需的结构和参数的复杂性，为接下来的演化过程奠定了基础。

（2）评估。此步骤与遗传算法的步骤相同，需要执行每个程序或表达式个体并利用适应度函数评价其性能，以量化每个程序或表达式解决问题的能力。

（3）选择。此步骤与遗传算法的步骤相似，通过轮盘赌选择法等，基于个体适应度进行选择，决定哪些个体将传递给下一代。

（4）交叉（重组）。遗传规划在交叉操作上与遗传算法有所不同，它通过交换两个程序或表达式个体的树形部分来进行重组，从而创建出包含"父母"双方特征的新个体。这个步骤强调了程序结构的变化和新的解决方案的生成。

交叉操作通常按照以下步骤进行：先从两个"父母"个体中各自随机选择一个节点（这些节点及其下方的子树将作为交换的目标），再交换这两个节点及其子树。

通过这种方式，两个"父母"个体的一部分被互换，从而产生两个包含"父母"特征的新个体。

假设有两个"父母"程序个体，将其表达为两个数学表达式的树：

"父母"1 为 $(x+2) \times y$。

"父母"2 为 $\sin(x) + \cos(y)$。

如果在"父母"1 中选择了"+"操作符节点，而在"父母"2 中选择了"$\cos(y)$"节点，那么在交叉操作后，可能会得到以下两个新个体：

"子代"1 为 $\sin(x) + (x+2)$。

"子代"2 为 $\cos(y) \times y$。

通过这种交叉方式，新个体继承了"父母"个体的特征，并且可能创造出全新的解决方案。这个过程不仅可以增加解空间的探索范围，还有助于算法避免过早收敛，提高解决复杂问题的能力。

（5）变异。在遗传规划的变异步骤中，算法通过对个体表示的程序树进行随机改动来引入新的遗传多样性，从而探索解决方案空间的新区域。这个步骤对于维持种群的多样性和避免过早收敛至局部最优解极其重要。

变异可以通过多种方式实现，包括但不限于以下几种：

（1）替换节点：选取程序树中的一个节点，用一个新的随机选取的操作符或操作数进行替换。例如，将"+"操作符替换为"×"操作符，或者将一个常数节点替换为一个新的随机常数。

（2）替换子树：先选取程序树的一个子树，再用一个新生成的随机子树将其替换。这种变异方式可以引入更大的结构变化，因此有可能产生截然不同的程序行为。

（3）插入/删除节点：在程序树中随机插入新的节点，或者删除现有的节点。插入操作可能需要添加新的子树，而删除操作可能会移除一整个子树，这两种操作都会影响程序的结构和功能。

通过这些变异操作，遗传规划能够在迭代过程中不断探索和利用解空间，从而有可能找到更完美的解决方案。例如，在符号回归问题中，一个变异操作可能会将表达式 $2+x$ 中的"+"操作符变异为"×"操作符，从而生成一个新的表达式 $2×x$，这个新表达式可能更接近目标函数，或者可以开辟通往更好解决方案的新路径。

变异步骤的设计需要平衡介入新遗传信息的需求和保持已有有价值遗传信息的需要，以确保算法既能有效探索新的可能性，又能利用现有的优秀特征。

（6）生成的新一代种群。此步骤同样遵循进化算法的通用模式，通过选择、交叉和变异操作形成新的种群，可能会包含来自上一代的优秀个体及新生成的个体。

（7）终止条件。此部分与遗传算法的相同。

遗传规划的特别之处在于其通过进化程序结构来解决问题，这使得它在自动编程、复杂数学表达式发现等领域具有独特的应用潜力。

6.3.3.3　遗传规划的应用

遗传规划作为一种强大的自动编程技术，被广泛应用于多种实践场景中，特别是那些需要创造性解决方案和自适应控制策略的领域。

在金融市场分析领域，遗传规划被用来发现和预测股票价格、外汇汇率及其他金融工具的复杂模式。利用遗传规划可生成预测模型，这些模型能根据历史数据来预测未来的市场走势。例如，投资公司可以利用遗传规划技术，构建一个能够分析过去的股票交易数据和市场指标的预测模型。该模型可以通过遗传规划迭代优化，不断改进其预测准确率，最终帮助公司在复杂多变的金融市场中做出更精确的投资决策。

在游戏开发领域，遗传规划也常被用来设计智能的游戏 AI（Artificial Intelligence，人工智能），使其能够提供更具挑战性的游戏体验。例如，开发一个能够自主学习和适应玩家行为的游戏 AI。游戏开发人员可以使用遗传规划来生成和优化游戏 AI 的决策树，这些决策树定义了 AI 在不同游戏情境中的行动策略。通过模拟与真实玩家的对战，遗传规划可以帮助 AI 学习如何针对玩家的不同策略做出反应，从而不断提升 AI 的竞争力和适应性。这种方法不仅能大大提高游戏 AI 的开发效率，而且能为玩家创造更加丰富多样和有趣的游戏体验。

这两个场景充分展示了遗传规划在解决实际问题中的强大能力和灵活性。通过模仿自然界的进化机制，遗传规划能够自动发现和构建解决复杂问题的有效解决方案，并为各个领域的研究和应用提供新的思路与方法。

6.4　机器学习在特定领域的应用案例

机器学习技术的应用案例很多，这展现了其强大的数据分析和预测能力。下面通过三个具体领域的应用案例来展示机器学习是如何在实践中产生影响的。

6.4.1 医疗健康领域：疾病预测与诊断

在医疗健康领域，机器学习被用来提高疾病的预测准确率和诊断效率。非常典型的应用是使用深度学习模型（如卷积神经网络）来分析医学影像，如 X 光、MRI（Magnetic Resonance Imaging，磁共振成像）和 CT（Computed Tomography，计算机断层扫描）的检查，以自动检测和诊断癌症等疾病。

例如，DeepMind 开发的一种 AI 系统能够诊断超过 50 种不同的眼疾，并且准确率高达 94.5%。这个深度学习系统被训练用来分析视网膜扫描图并做出正确的转诊决定，可能会彻底改变眼科学领域，解决因专家解读视网膜扫描图而造成的医疗资源短缺问题。这项技术不仅能加快诊断过程，还能确保病情最严重的患者得到及时治疗，从而避免对他们的视力造成不可逆的损伤。

该 AI 系统使用 14 884 张视网膜扫描图的数据集进行训练，能在 30 秒内处理一张眼睛图像，并将每个案例按紧急程度进行分类。这使得医疗专业人员能够有效地对患者进行优先排序，特别是在考虑到视网膜扫描图数量的增加及可解读这些扫描图的专家数量有限的情况下。

DeepMind 的 AI 医生目前正准备进行临床试验和进一步的监管审批，之后才能在实际医疗环境中广泛实施。这标志着 AI 在医疗健康领域的应用，特别是在诊断和治疗眼疾方面向前迈出了重要的一步，同时还凸显了 AI 在支持临床医生减轻工作负担和改善患者疗效方面的潜力。

6.4.2 金融服务：欺诈检测

在金融服务行业，机器学习被广泛应用于识别和防范欺诈活动。通过分析交易数据的历史模式和异常行为，机器学习模型能够实时识别潜在的欺诈交易，从而帮助银行和支付平台减少损失。例如，根据公开资料，PayPal 采用深度学习技术作为其安全系统的一部分，以识别和预防交易欺诈行为。这一做法充分体现了人工智能和深度学习在现代金融科技安全防护中的应用价值。

例如，当一名美国用户的 PayPal 账户被检测到短时间内在英国、中国及其他国家有过登录行为时，系统会基于用户的历史购买记录和行为模式识别出潜在的欺诈行为。PayPal 的系统不仅能审查数据库中存储的可疑欺诈信号模式，还能分辨出异常交易是否为用户的误操作，可有效地避免错误警报。

这背后的原理是，PayPal 的深度学习算法能够处理和分析消费者长达 16 年的购物历史数据。在处理 1.7 亿个消费者发起的 40 亿次交易、2 350 亿美元交易金额的情况下，PayPal 的安全系统必须实施密集且实时的分析来识别潜在风险。该系统采用了多种"参照特性"或规则，能够立即阻止任何符合已识别欺诈特征的交易。该策略在提升系统处理能力方面取得了显著进步。

通过这种深度学习和实时分析相结合的方法，PayPal 不仅能区分正常的集体购买行为和欺诈性的批量交易行为，还能在系统内部快速完成这些复杂的分析过程，确保用户体验不受延迟影响。由于有高效且准确的欺诈检测能力，PayPal 成功将其交易欺诈率维持在极低的水平，远低于行业平均水平，显著提升了交易安全性和用户信任度。

6.4.3 智能制造：生产优化和质量控制

智能制造领域利用机器学习对生产过程进行优化，以提高产品质量和生产效率。在汽车制造行业，机器学习模型往往被用来预测和检测生产线上的潜在故障，从而确保零部件的质量符合标准。

例如，宝马集团在其生产过程中广泛集成了 AI 技术。AI 应用程序通过使用相机配合自学习软件，将员工从重复性任务中解放出来。这种程序将实时摄像头画面与预先存在的图像数据库进行比对，无须人工干预即可识别出标准配置的偏差。在设置过程中，员工需要从不同角度拍摄组件的照片并标记可能的差异。这些图像随后会用于训练一个神经网络，该神经网络能够独立地评估图像。值得注意的是，员工无须编码，因为算法几乎可以自己生成代码。经过短暂的训练期后，系统的可靠性可以达到 100%，神经网络能自己判断组件是否符合规范。

此外，宝马集团还在开源平台上分享了一些它的 AI 算法，并向全球的软件开发人员开放访问。这项举措旨在推进自动运输系统和机器人神经网络的开发。通过公开这些算法，邀请全球软件开发人员共同参与优化进程，进一步增强软件的性能，宝马集团加速了其 AI 应用程序的发展。

宝马集团的这些举措展示了 AI 在制造业中的实际应用，显示了技术不仅能提升质量和效率，还能通过合作和知识共享促进创新。

进阶实践篇　实验设计与分析

本篇将深入探讨实验设计与分析的进阶实践，涵盖从实验的设计原则、实施方法到高级数据分析技巧的广泛领域。其中，第 7 章和第 8 章构成了理解与应用复杂实验及数据分析的核心知识基础。

第 7 章聚焦于实验的设计原则、实施方法与数据分析，强调了对数据的分析和实验结果的推广是如何相互联系和相互支持的。

第 8 章侧重于介绍数据分析的高级技巧，这些技巧对于处理在现代科学研究中遇到的复杂数据集非常重要。

第 9 章重点分析了两个具体案例，旨在深化读者对数据科学理论知识的理解。

通过学习这些内容，读者能够掌握从实验设计到数据分析的完整流程，了解如何构建科学严谨的实验、如何处理和分析复杂的数据集，以及如何将实验结果和数据分析用于解决实际问题。本篇旨在为读者提供一套完整的工具和方法论，以便其能更好地在科学研究或数据密集型领域中进行工作。

第 7 章 实验设计与数据初步分析

本章不仅介绍了实验的设计原则和实施方法,还阐述了实验数据分析面临的挑战,将数据分析转化为决策支持的具体步骤,以及当前应用非常广泛的实验设计与分析的工具。

通过学习本章内容,读者可以掌握实验设计与数据分析技巧,从而更自信地在科研或数据分析项目中进行应用。通过一些实际的案例,读者不仅能学习理论知识,还能获得解决实际问题的经验,从而更好地在科学研究和数据密集型领域中发挥作用。

7.1 实验的设计原则与实施方法

在数据科学领域,实验的设计与实施是获取可靠数据和洞察力的关键步骤。本节不仅介绍了实验的设计原则和实施方法,还阐述了实验的操作流程。科学的实验设计有助于提高研究的质量和效率,准确分析实验数据,最终帮助研究人员得出有价值的结论。

7.1.1 设计原则

在进行科学实验时,设计原则是确保实验结果可靠和有效的基石。这些原则不仅在学术研究中非常重要,而且在工业和其他领域的实证研究中起着重要作用。设计原则的核心目标是确保实验过程的严谨性和准确性,以便获得可重复、可验证的结果。

随机化、重复、对照和分组是设计原则中的关键概念,构成了科学实验的基本框架。下面深入探讨实验设计的几个关键原则,以及它们在实际研究中的应用。

7.1.1.1 随机化

随机化是提高实验设计公正性和结果可靠性的关键步骤。它是通过随机分配实验对象来尽量减少实验条件之外的因素对结果的影响。这是为了使每个实验组在实验开始前在已知和未知因素上尽可能相似,从而确保实验结果的差异仅由实验处理造成。

随机化的过程包括以下几个关键步骤:

(1) 生成随机序列:需要先创建一个随机序列,用于随机分配实验对象。这可以通过各种方式来实现,如使用随机数表、计算机生成的随机数或抽签等。

(2) 分配实验单位:根据生成的随机序列,将实验对象随机分配到不同的实验组中。这个步骤是随机化的核心,可以确保实验组之间的比较是基于相同的概率进行的。

(3) 实施控制和处理:一旦实验单位被随机分配,接下来就是对不同组别实施相应的处理。在这个阶段，除了预定的实验处理，其他条件都应保持一致，以免引入偏差。

随机化的好处包括以下几个方面：

（1）降低偏差：可以通过随机分配，有效减小由于实验单位的选择或分配上的偏差而引入的误差。

（2）平衡混杂变量：随机化有助于平衡各种已知或未知的混杂变量，使其在各个实验组中均匀分布，从而降低它们对实验结果的影响。

（3）提高实验结果的外部有效性：随机化的实验设计可以更好地推广到更广泛的情境中，因为它可以通过减小偏差和平衡混杂变量的方法提高实验结果的有效性。

随机化是科学研究中非常重要的一个环节，是确保研究结果可靠性和有效性的基础。正确实施随机化能显著提高研究的质量和可信度。

7.1.1.2 重复

重复是实验设计的基石，通过在实验中执行多次相同的操作或测量可以确保结果的稳定性和可靠性。这种方法的核心价值在于，通过增加实验的重复次数，研究人员能够更准确地评估结果的变异性，并据此准确地推断出总体的特征或行为。

1. 重复的重要性

（1）提高准确性：每次实验操作都可能受到随机误差的影响。重复实验可以减少随机误差对最终结果的影响，从而提高测量的准确性。

（2）评估变异性：在生物学、化学或物理实验中，即使在控制条件下，实验结果也会显示出一定的变异性。通过重复实验，研究人员能够评估这种内在的变异性，进而对实验结果的可靠性和泛化能力做出更准确的判断。

（3）提升可信度：重复实验结果的一致性能够提升研究结论的可信度。如果重复实验得到了相似的结果，就可以认为这些结果不是偶然得到的。

2. 实施重复的方法

（1）内部重复：在单一实验设置中增加测量次数。例如，在生物学实验中，可以对同一样本进行多次测量来评估技术误差。

（2）外部重复：在不同时间或不同环境下重复整个实验过程，以评估结果的一致性和外部有效性。

（3）统计处理：利用统计学方法分析重复实验数据，包括计算平均值、标准偏差和置信区间等，从而对结果进行定量分析。

总之，重复是确保实验结果可靠性和科学研究严谨性的重要方法。通过系统地重复实验并恰当地分析数据，研究人员能够深入理解现象背后的规律，为科学发展贡献可靠的知识基础。

7.1.1.3 对照和分组

对照和分组是实验设计中的关键原则，可以提升研究的有效性和可靠性。研究人员遵循这两条原则，能够更准确地评估处理效应，并解析变量之间的复杂关系。

对照组是实验的基础，未受到实验处理，仅为实验提供一个参考点。这使得研究人员能够区分处理效应和其他非处理因素（如环境变化）对实验结果的影响。例如，在药理研究中，对照组可能是接受了安慰剂而非实验药物的一组受试者。通过比较对照组和实验组的结果，研究人员可以更准确地评估药物的效果。

分组设计有助于研究人员在更复杂的实验设置中探究不同变量之间的交互作用。通过将受试者或实验单位基于一定的标准（如年龄、性别、基线条件等）划分为不同的组，研究人员可以更深入地分析特定变量是如何在不同条件下影响实验结果的。这不仅能增强实验设计的灵活性，还能拓宽科学研究的广度。

在环境科学领域，对照和分组原则被用来评估某种化学物质对生态系统的影响。研究人员可能会将一个未受到污染的区域作为对照组，而将受到化学物质污染的相似区域作为实验组。同时，根据受污染程度的不同，可以将实验区域进一步分组，以研究不同污染程度对生态系统的影响。

在心理学研究中，对照和分组原则被广泛应用于评估治疗方法的有效性。例如，可以将受试者随机分配为接受心理治疗、接受药物治疗及未接受任何治疗等组，通过比较这些组的治疗效果，研究人员可以更准确地判断特定治疗方法的有效性。

综上所述，对照和分组是实现科学实验目标的基本工具。它们通过为实验结果提供比较基准和深化变量之间相互作用的理解，来增强研究结果的准确性和解释力。恰当地设计分组策略，对于探究复杂科学问题非常重要。

7.1.2 实施方法

实验的实施方法多种多样，包括但不限于 A/B 测试、多变量测试（或称为多因素测试）、因子设计等。每种方法针对不同的研究需求，提供了不同的实验架构和数据分析手段。

1. A/B 测试

A/B 测试，作为一种基本的实验实施方法，先将目标受众随机分为两组，一组接受 A 版本的处理（如旧功能或旧策略），另一组接受 B 版本的处理（如新功能或新策略），再比较两组在特定评价指标上的表现差异。这种方法的优点在于其有直观性和便捷性，可以成为检验假设、优化产品和营销策略的强大工具。

在实施 A/B 测试时，重要的是确保测试的两个版本之间除了被测试的变量，其他条件均保持不变，以确保任何性能差异都可归因于测试变量的变化。此外，选择合适的评价指标也十分重要，这些指标应能准确地反映测试目标，并为决策提供有力的依据。

A/B 测试不仅可以应用于产品功能的迭代，还可以广泛应用于网页设计、广告创意、电子邮件营销等领域。通过持续的 A/B 测试，企业能够基于实际数据优化用户体验，提高用户满意度，进而取得不错的商业成效。

A/B 测试的灵活性和有效性，使其成为数据驱动决策的核心工具之一。

2. 多变量测试

多变量测试，又称为多因素测试，扩展了 A/B 测试的概念，通过同时测试多个变量来深入了解各个因素及其相互作用对结果的影响。这种方法可让研究人员不仅能看到每个单独变量的效果，还能观察到变量之间是否存在交互作用，从而在多个维度上优化产品或策略。

例如，如果想要测试网站的页面布局（如菜单位置、按钮颜色、图片大小）对用户行为的影响，可以采用多变量测试，同时改变这些元素，然后分析哪种组合对用户点击率或转化率的影响最大。这种方法能够提供更全面的数据支持，帮助决策者理解不同变量是如何共同作用于用户体验和业务目标的。

在实施多变量测试时，需要考虑的关键因素包括测试设计的复杂度，因为随着变量数量的增加，测试的可能组合会呈指数级增长。因此，选择合适的测试和分析工具，以及合理规划实验的规模和范围就变得尤为重要。多变量测试的成功往往依赖于精心的设计和高效的数据分析能力，以确保从测试中得到准确且有价值的结果。

多变量测试的应用十分广泛，从优化网站界面和用户操作流程，到测试营销邮件中不同的主题和内容设计，再到产品功能的多方面调整，都可以采取这种方法获得深刻的洞察能力。

3. 因子设计

因子设计，亦称因素实验设计，是一种高级的实验实施方法。它通过系统地改变和控制实验条件下的多个因素，来研究这些因素如何单独和共同影响实验结果。采用该方法，研究人员不仅能观察单一变量的效果，还能深入理解多个变量之间的交互作用，特别是在那些变量之间可能存在复杂依赖关系的场合。

因子设计主要应用于产品设计、工艺流程优化和市场研究等领域。例如，在制造业领域，研究人员可能会利用因子设计来评估不同的原材料组合、加工温度和生产速度是如何共同影响最终产品的质量的。通过事先定义好的实验计划，可以同时测试多个因素的不同水平，从而有效地识别出哪些是影响产品质量的关键因素，以及这些因素之间是否存在显著的交互效应。

实施因子设计需要仔细地选择和定义实验中的因素与水平，以及决定如何组合这些因素进行测试。常见的因子设计方法包括全因子设计（测试所有可能的因素组合）和分式因子设计（只测试因素组合的一部分，以缩小实验规模和降低实验成本）。通过应用统计分析技术，如方差分析，研究人员可以根据实验数据得出有意义的结论，指导进一步的产品开发或流程改进。

因子设计在应用时需要考虑的关键点之一是实验的复杂度。随着考虑的因素数量的增加，实验的组合也会呈指数级增长，这可能会导致实验设计和数据分析变得更加复杂。因此，在实施因子设计时需要充分地进行规划和准备，包括选择合适的实验设计软件工具，以确保实验能够有效地执行并生成可靠的结果。

选择哪种实施方法取决于具体的研究目标、条件及资源限制。合理地实施实验可以使偏差最小化，提高实验结果的可靠性和有效性。通过实施精心设计的实验，研究人员可以获得更准确、更全面的结果，为决策提供坚实的数据支持。

7.1.3 实验的操作流程

本节将深入探讨实验的实际操作流程，旨在为研究人员提供一套全面的实验设计与实施框架。实验设计与实施不仅是科学研究的基础，还在确保研究结果的准确性和可靠性方面发挥着重要作用。

1. 明确实验目标

明确实验目标是首要的步骤，意味着在开始设计实验之前，研究人员需要清楚地了解实验的主要目的是什么——是为了探索新产品在市场上的接受度，还是为了优化用户体验，亦或是为了改进生产流程？这个目标将决定实验设计的方向和采用哪种类型的实验方法。

例如，如果目标是测试新产品的市场反应，可能需要设计一个能够准确衡量用户反馈的实验，这意味着可能需要进行市场调研或 A/B 测试等；如果目标是优化用户体验，那么可能需要采用多变量测试，以便同时测试多个界面设计或功能的变化对用户行为的影响；如果目标是改进生产流程，那么因子设计或实验室控制实验可能更适用，因为这样可以帮助研究人员识别和评估不同生产变量对最终产品质量的影响。

2. 考虑实验资源和限制

在选择实验方法的过程中，考虑实验资源和限制是非常关键的一步。实验资源主要包括时间、预算和人力等。不同的实验方法对资源的需求不同，选择合适的方法需要根据实验可用的资源来决定。例如，A/B 测试因其实施的简易性，通常需要的时间和预算较少，更容易操作，因此在资源有限的情况下是一个较好的选择。相比之下，多变量测试和因子设计往往需要更多的时间与预算来准确实施，因为它们涉及更多的变量和更复杂的分析。

同时，考虑实验的限制条件也是非常重要的。这些限制条件可能包括样本大小、技术条件、实验环境等方面。例如，如果实验可用的样本量较小，那么进行大规模的多变量测试可能就不太现实。同样，如果实验室缺乏必要的技术设备，那么进行高度复杂的实验设计也会受到限制。

通过仔细考虑实验的资源和限制条件，研究人员可以确保所选择的实验设计既能满足实验的需求，又能在现有条件下顺利实施，从而提高实验的成功率。这个步骤有助于保证实验设计的可行性，确保能够有效地利用有限的资源。

3. 评估实验的可行性

评估实验的可行性是实验设计过程中的重要步骤。这个步骤要求研究人员仔细考量实验的各个方面，从而确保所设计的实验不仅在理论上是合理的，而且在实际操作中也是可行的。实验的可行性评估通常包括但不限于以下几个方面：

（1）数据收集的难易程度：研究人员需要评估所需数据的获取是否困难，是否存在获取数据的障碍，如隐私问题、数据访问权限等。数据的可获取性直接影响实验能否顺利进行。

（2）实验操作的复杂性：实验设计的复杂程度可能会对实验的顺利执行造成影响。需要评估实验的操作步骤是否过于复杂，实验所需的设备、材料是否易于准备，以及实验过程是否需要特殊技能或知识。

（3）实验条件的控制：实验通常需要在控制条件下进行，以确保结果的准确性和可重复性。研究人员需要评估是否能够有效地控制实验条件，如温度、湿度、光照等，以及是否能够准确地复制实验条件进行重复实验。

（4）参与者的情况：如果实验设计涉及参与者，那么研究人员需要考虑招募参与者的难易程度、参与者的合作程度及伦理审批的获取等问题。

通过综合评估这些方面，研究人员可以确定所选实验设计的可行性，从而确保实验能够在实际条件下有效执行。评估的结果可能会促使研究人员对实验设计进行调整，选择更适合的实验方法和原则，以确保实验的成功完成。这个步骤是确保实验能够顺利进行并获得有效结果的关键。

4. 选择适合的实验原则

在选择实验原则时，研究人员应综合考虑实验的各个因素。适当地应用实验原则（如随机化、重复、对照和分组），是确保实验设计质量和结果可靠性的关键。以下是选择实验原则需要遵循的几个规律：

（1）实验的内部有效性：选择那些能够帮助确认变量之间因果关系的原则。例如，随机化有助于确保实验组和对照组在开始实验时是相似的，从而增加实验的内部有效性。

（2）实验的外部有效性：选择那些能够将实验结果推广到更广泛情境的原则。例如，可以采用多样化的样本，以增强实验结果对其他群体或环境的适用性。

（3）实验的可重复性：实验设计应当容易被其他研究人员复制。选择那些能够确保实验操作清晰、数据收集和处理标准化的原则，如详细记录实验步骤和条件，有利于提高实验的可重复性。

（4）数据的质量和完整性：选择那些能够保证数据质量和完整性的原则。例如，对照组的设置可以帮助研究人员识别实验处理之外可能影响结果的因素，而重复可以增强数据的稳定性和准确性。

5. 选择合适的实验方法

为了指导研究人员做出恰当的决定，在选择实验方法时，需要考虑以下几个因素：

（1）实验的复杂性。实验的复杂性可以根据实验目的、预期结果及涉及变量的数量和类型来判断。简单的实验，如测试单一营销策略的有效性，通常适合使用 A/B 测试。这种测试直观、易于实施，可以快速提供两种不同条件下的性能比较。然而，对于更复杂的问题，如评估多个产品特性对用户满意度的综合影响，可能需要采用多变量测试或因子设计。这些方法允许同时考虑和分析多个变量，从而获得更全面的信息。

（2）目标变量的数量。目标变量的数量直接影响实验方法的选择。A/B 测试非常适合用于评估单一变量的影响，因为它会将实验简化为两个变体：A（控制组）和 B（实验组）。当研究目的是了解多个变量如何联合影响实验结果时，多变量测试或因子设计就显得更为合适。多变量测试允许同时测试多个变量的不同组合，而因子设计则通过系统地改变实验条件中的多个因素，来研究这些因素如何单独及联合地影响结果。

（3）数据可用性。不同的实验方法对数据的需求不同。例如，多变量测试要求同时评估多个变量对结果的影响，通常需要大量的数据来确保统计结果的可靠性和有效性。在数据量有限的情况下，可能无法准确地执行或解释多变量测试的结果。因此，在数据受限的研究中，选择对数据需求较低的方法，如 A/B 测试，可能会更合理。这样的方法允许研究人员在有限的数据集上进行有效的实验，虽然可能无法同时评估多个变量的影响。

（3）资源和时间限制。实验方法的选择还会受到资源和时间的限制。如果研究项目拥有充足的资源和时间，研究人员可能会倾向于选择更复杂的实验方法，如因子设计，这种方法可以提供更深入的见解和更精细的结果。然而，在资源或时间受限的情况下，简单且快速的方法，如 A/B 测试，会是更合适的选择。A/B 测试的简洁性不仅有利于有效利用有限的资源，还能在短时间内提供实验结果，使研究人员能够迅速做出决策。

（4）结果的可解释性。在实验设计中，结果的可解释性是一个重要的考虑因素。复杂的因子设计虽然可以探索多个变量之间的相互作用，并提供深入的洞察，但这些实验的结果解释往往较为复杂，可能要求研究人员具备高级的统计知识。因此，当实验的目的是得到易于理解和传达的结果时，选择简单直观的实验方法更合适。

简单的实验方法，如 A/B 测试，尽管可能只能测试单一变量的影响，但其结果易于理解和解释。因此，A/B 测试特别适合用于需要快速决策支持的情境，如在产品开发和市场营销策略中。易于解释的结果不仅可以加快决策过程，还可以提高跨部门协作或向非专业观众传达实验发现的效率。

例如，如果一家公司想测试新的网页设计对用户参与度的影响，那么采用 A/B 测试可以直接对比新旧设计的效果，结果清晰直观。相较之下，如果采用复杂的因子设计来同时测试多个网页元素的影响，虽然能得到更全面的信息，但结果的解释和传达可能会更加复杂。

因此，在设计实验时，考虑结果的可解释性和目标受众的需求十分重要。这不仅会影响实验方法的选择，也会决定实验结果如何被理解、使用和传达。选择合适的实验方法可以确保研究成果既有实用价值，又能被目标受众有效地理解和接受。

6. 实验评估与调整

在实验设计的实施与调整阶段，评估与调整是至关重要的部分，可以确保实验的质量和可靠性。以下是评估与调整过程中的几个关键步骤：

（1）中途评估。中途评估是实验过程中的关键环节，可以确保实验能够按计划顺利进行,并及时发现及纠正可能存在的偏差或问题。这个阶段的关键活动包括异常值的检查、实验条件一致性的验证、实验计划的适时调整。异常值的检查是对收集到的数据进行仔细审查,以识别是否存在异常值,这些异常值可能是数据录入错误、测量误差或实验操作失误造成的。实验条件一致性的验证是指确认所有的实验条件,如温度、湿度、时间等,是否与实验的预定设计保持一致,以确保实验结果的有效性和可比性。实验计划的适时调整是根据中途评估的结果,决定是否需要对实验计划进行调整。这可能包括调整实验参数、增加或减少实验次数、修改实验方法等。

通过中途评估,研究人员可以确保实验进程符合设计预期,及时发现并解决问题,从而提高实验的成功率和数据的可靠性。

(2)数据质量检查。一方面,实验中必须对数据进行严格的质量检查,包括识别和修正可能的错误数据,确认数据的完整性,以及确保数据处理的一致性。这些步骤有助于避免数据收集和处理中的偏差,保证实验结果的可靠性。例如,对于实验中收集的每份数据,都需要仔细审核来确保无录入错误或遗漏。对于任何异常值,都需要进行适当的处理,以确保最终分析结果的准确性。

另一方面,对收集到的数据进行初步分析,可以及时发现实验设计或实施中的潜在问题,如实验条件的不一致性或实验操作的误差,从而及时进行调整。例如,如果发现某个实验组的数据与预期结果相差甚远,那么可能需要重新评估该组的实验设置或数据收集方法。

(3)适应性调整。适应性调整是实验设计中的一个关键步骤,旨在根据实验过程中的中途评估结果对实验方案进行必要的调整,以确保实验目标的有效实现。这种调整可能包括对实验变量的调整、实验条件的修改,甚至是实验设计的重大变更。

例如,如果在实验的中途评估中发现某个关键变量对实验结果的影响并不如预期那样显著,那么研究人员可能需要重新考虑该变量在实验中的设置。这可能意味着调整变量的水平,如改变化学反应的温度设置,或者增加实验的重复次数,以增强结果的统计显著性。

适应性调整还可能涉及对实验的控制策略进行优化,如引入额外的对照组或采用不同的实验设计方法(如从 A/B 测试转向多变量测试),从而更全面地评估不同因素的影响。

在进行适应性调整时,重要的是保持实验的整体一致性和可比性,确保实验的任何修改都不会干扰到实验结果的解释,或者导致不公平的比较。这就要求研究人员仔细记录每项调整的理由和过程,并在最终分析和报告实验结果时考虑这些调整的影响。

(4)异常情况处理。处理实验中遇到的异常情况是确保实验结果准确性和可靠性的重要环节。在实验过程中,可能会遇到各种预料之外的情况或异常数据,如果对这些情况处理不当,可能会对实验结果产生不利影响。因此,研究人员需要采取灵活的策略来应对这些异常情况。

对于异常数据的出现,需要进行详细的分析,以确定这些数据的异常性是否由实验误差、操作失误或外部因素干扰等造成。通过识别异常数据背后的原因,研究人员可以决定是否需要对这些数据进行排除或校正。

在遇到意外情况时，如实验设备发生故障、实验材料不稳定等，研究人员可能需要重新设计实验的某个部分，调整实验流程或更换实验材料。这就要求研究人员对实验设计要有深入的理解，并且能够快速做出科学合理的调整方案。

此外，排除影响实验结果的外部因素也是处理异常情况过程中的一个重要方面。这可能涉及改善实验环境的稳定性、加强实验过程的控制等措施，以保证实验条件的一致性和实验操作的准确性。

（5）后续计划制订。在实验结束后，制订后续计划是实验过程中非常关键的一步。这不仅涉及对当前实验数据的深入分析，还包括总结实验中的成功要素和可能的失败原因，这些都对未来实验的设计和改进具有重要的指导意义。

研究人员需要对收集的实验数据进行全面的统计分析，这可能包括使用各种统计测试来探索变量之间的关系、评估实验结果的显著性等。这个分析过程有助于揭示实验结果背后的深层次原因和机制，为实验假设的验证提供科学依据。同时，基于数据分析的结果，研究人员需要总结实验的关键成功因素，这可能涉及实验设计的特定方面、实验操作的准确性、数据收集和处理的有效性等。同时，需要认真评估在实验过程中遇到的问题和可能失败的原因，无论是设计上的缺陷、操作过程的失误还是外部条件的影响，都需要详细记录和分析。

根据实验结果和总结的经验教训，研究人员应制订未来的研究计划。该计划可能包括对实验设计的改进、对新的研究问题的探索、对实验方法和技术的更新。在制订未来的研究计划时应考虑到实验结果的应用前景和科学研究的发展趋势，以确保研究工作的连续性和创新性。

后续计划的制订是在对当前实验全面深入分析的基础上进行的。它不仅需要总结实验的经验教训，还要为未来的研究方向和实验设计提供明确的指导，是实验研究过程中不可或缺的环节。

通过这一系列评估与调整的过程，研究人员能够确保实验设计得到最佳实施，并且能够有效地达到预定的研究目标。

7.2 解码实验数据

在进行科学研究或商业分析的实验设计过程中，理解和解释实验数据是实现项目目标的关键步骤。本节旨在深入探讨如何利用高级统计方法和数据可视化技术来分析与解读实验数据，从而确保实验结果能够准确、全面地被理解和应用。

7.2.1 实验设计的回顾与数据分析的桥接

在深入探讨实验数据的统计分析与可视化技巧之前，先介绍实验设计与数据分析之间的内在联系。

实验设计的核心在于通过控制和随机化来确保结果的可靠性与有效性。这个过程不仅包括明确的假设设定、选取合适的实验对象和分组，还涉及如何通过设计来最大限度地减小偏差。数据分析则是该思想的延伸，通过应用统计方法来评估实验变量之间的关系，揭示数据背后的模式。

从实验设计到数据分析包含以下几个逻辑流程：

（1）明确实验目的与假设：实验设计始于明确的研究目的和假设。数据分析的任务是通过实验数据来验证这些假设，因此分析的方向和焦点必须与实验目的紧密相连。

（2）实验变量的选择与测量：在实验设计阶段，研究人员需要定义独立变量（实验条件或处理）和因变量（观测结果）。在数据分析过程中，对这些变量的处理和分析方法的选择，应当能够反映出它们之间的关系和影响力。

（3）实验组与对照组：实验设计通过对照组来控制外部变量的影响，确保实验效果的真实性。在数据分析中，比较实验组与对照组的差异，是验证实验效果的关键步骤。

（4）数据收集方法的一致性：为了确保数据的可比性，实验中使用的数据收集方法需要一致，这一点在数据分析时同样重要。任何数据处理和清理的步骤都应当小心谨慎，以免引入新的偏差。

（5）统计方法的选取：选择合适的统计方法是实验数据分析的核心。这个选择应基于实验设计的特点，如数据的分布类型、实验组的设置方式等，以确保统计分析能够有效地评估实验假设。

（6）确保分析结果有效反映实验目的：要确保数据分析结果能够有效反映实验目的，研究人员需要在整个实验设计和数据分析过程中维持高度的一致性与逻辑性。这包括在实验设计初期就考虑到数据分析的需求，以及在分析过程中持续回顾实验的原始目的和假设。通过这样的桥接，实验设计与数据分析可形成一个紧密相连的逻辑链，从而确保研究结果的准确性和可靠性。

7.2.2 实验数据分析面临的挑战

实验数据分析是科学研究和数据驱动决策的基石，但在这个过程中，研究人员经常面临一系列特有的挑战。这些挑战可能影响分析的准确性和结果的可靠性，因此，了解如何识别和处理这些问题是非常重要的。以下是实验数据分析中可能会遇到的一些挑战，以及相关的应对策略。

7.2.2.1 处理实验中的缺失数据

在实验过程中，数据缺失是一个常见且棘手的问题。存在缺失数据的原因有很多，包括但不限于参与者退出实验、技术故障导致数据未被记录及数据录入过程中的错误等。数据缺失不仅可能会降低统计分析的功效，增加分析结果的不确定性，还可能会导致对实验结果的误解。尤其是当缺失数据不是随机发生时，它们可能会对实验结论产生偏差。

3.2.1节已经介绍了应对数据缺失的一些基本的处理方法和技术，这里为了应对实验数据特有的分析挑战，在考虑实验数据分析的特殊情境和对应策略的背景下，介绍实验数据分析中被广泛认可的有效处理缺失数据的两种高级方式：多重插补（Multiple Imputation，MI）和最大似然估计（Maximum Likelihood Estimation，MLE）。

1. 多重插补

多重插补是处理缺失数据的先进技术。它基于概率模型来估计缺失值，并在这个过程中引入随机变量，以反映数据插补的不确定性。与传统的单一插补方法相比，多重插补不仅能提供一种更加科学和全面的处理缺失数据的方法，而且通过生成多个可能的完整数据集，使研究人员能够评估缺失数据处理对研究结论可能产生的影响。

实施多重插补主要有以下几个步骤：

（1）缺失数据的模式识别：分析缺失数据的模式和机制，如数据是完全随机缺失（Missing Completely At Random，MCAR）、随机缺失（Missing At Random，MAR）还是非随机缺失（Missing Not At Random，NMAR）。多重插补特别适用于完全随机缺失和随机缺失的情况。

（2）选择适当的插补模型：根据数据类型（如连续、分类、有序）和缺失数据的模式，选择合适的统计模型进行插补。常用的模型包括线性回归、逻辑回归等。

（3）生成多个完整数据集：使用所选模型对每个缺失值进行估计，并在此过程中引入适当的随机误差，以生成多个（通常是三到五个）完整数据集。

（4）独立分析每个数据集：对生成的每个完整数据集独立进行所需的统计分析，就如同处理没有缺失数据的情况一样。

（5）结果汇总：将所有分析结果进行汇总，计算参数估计的平均值、标准误差及置信区间等，以获得最终的统计推断。

该方法通过合理的统计模型估计缺失值，能有效减小因数据缺失导致的分析偏差。同时，多重插补能通过生成多个数据集来反映插补过程的不确定性，为缺失数据处理提供一种量化评估。该方法还适用于各种类型的数据和缺失数据模式，提供了一种通用的缺失数据处理框架。但多重插补的效果在很大程度上取决于所选插补模型的准确性，模型设定不当可能会导致错误的插补结果。此外，生成并分析多个数据集会增加计算负担，尤其是在大型数据集中。

多重插补为处理缺失数据提供了一种强有力的工具，尤其是在实验数据分析中。它通过引入随机性和生成多个完整数据集的方法，不仅能减小缺失数据引入的偏差，还能提供对插补不确定性的量化评估。然而，正确实施多重插补需要对数据和统计模型有深入的理解，以及对插补过程进行仔细管理。

2. 最大似然估计

最大似然估计是基于概率理论的一种统计方法，用于在给定一组数据的情况下估计模型参数。最大似然估计的核心思想是选择那些使观察到的数据出现概率最大的参数值。在处理缺失数据的上下文中,最大似然估计通过考虑数据的已知分布和观测值来估计缺失数据,并尝试找到一组参数,使已观察到的数据在这组参数下的概率最大化。

实现最大似然估计处理缺失数据的过程可以分为以下几个关键步骤(涉及特定的函数和优化技术):

(1)模型假设与概率分布的选择:根据数据的性质和研究的需求选择一个合适的概率模型。这可能涉及假设数据遵循特定的分布,如正态分布(连续数据)、二项分布(二分类数据)或泊松分布(计数数据)。这个步骤是最大似然估计实施的基础,正确的模型假设对于后续步骤至关重要。

(2)构建似然函数:一旦选择了模型,下一步就是构建似然函数。似然函数 $L(\theta|x)$ 表示在给定参数 θ 下观测数据 x 出现的概率。例如,如果数据遵循正态分布,那么似然函数可以表示为

$$L(\mu, \sigma^2|x) = \prod_{i=1}^{n} \frac{1}{\sqrt{2\pi\sigma^2}} \exp\left\{-\frac{(x_i-\mu)^2}{2\sigma^2}\right\}$$

其中,μ 为平均值,σ^2 为方差。

(3)最优化似然函数:找到参数 θ 的值,这些值能最大化似然函数。这通常涉及求解以下最优化问题:

$$\hat{\theta} = \mathrm{argmax}_\theta L(\theta|x)$$

在实践中,通常将似然函数转化为对数似然函数进行求解,因为对数似然函数在数学处理上更方便,同时能避免乘积形式在数值计算中的下溢问题。对数似然函数可表示为

$$l(\theta) = \log L(\theta|x)$$

优化算法,如牛顿-拉夫森(Newton-Raphson)方法或梯度上升法,可以用来求解最优化问题。例如,牛顿-拉夫森方法通过迭代更新参数值来寻找对数似然函数的最大值:

$$\theta_{\mathrm{new}} = \theta_{\mathrm{old}} - H^{-1}(\theta_{\mathrm{old}}) \nabla l(\theta_{\mathrm{old}})$$

其中,$\nabla l(\theta)$ 为对数似然函数的梯度;$H(\theta)$ 为对数似然函数的海森矩阵(Hessian Matrix),即梯度的导数。

(4)参数估计与分析:找到最大化似然函数的参数估计 $\hat{\theta}$ 后,这些参数就可以用于进一步的分析,如进行预测、评估模型拟合度等。同时,通过评估似然函数在最优参数处的性质,可以对参数估计的准确性和不确定性进行评估。

在实践中,最大似然估计的实现通常需要依赖统计软件,如 R 语言或 Python 中的 SciPy 库,这些软件提供了现成的函数和优化工具来简化最大似然估计的实施过程。通过这些步骤,最大似然估计可以为处理实验中的缺失数据提供一种强有力的方法,尤其是在参数估计和不确定性评估方面。

处理缺失数据的关键在于细致地评估数据缺失的模式和原因,并选择适合特定情况的方法。在报告实验结果时,明确说明处理缺失数据的方法和假设至关重要,这有助于提高研究透明度和结果的可信度。同时,采用合适的统计技术可以最大限度地降低缺失数据对实验结果的负面影响,确保研究结论的准确性和可靠性。

7.2.2.2 应对多重比较问题

在进行实验数据分析时，经常会对同一个数据集进行多次统计测试，以探索不同变量之间的关系。这种做法虽然能揭示数据中的多个方面，但会带来一个显著的统计挑战——多重比较问题。当多次进行假设测试时，即使所有的零假设都是真的，出现至少一次类型 I 错误（假阳性）的概率会随着测试次数的增加而增加。这意味着，我们可能会错误地认为某些效应是显著的，但实际上这只是随机变异的结果。为了解决这个问题，可以采用以下几种应对策略：

1. Bonferroni 校正

在实验数据分析中，Bonferroni 校正作为一种处理多重比较问题的方法，提供了一种直接且易于理解的方式来控制假阳性的风险。这种方法的核心在于调整用于确定统计显著性的 P 值的阈值，以反映进行了多次比较的事实。通过降低单次测试的显著性水平（Significance Level）（具体概念请参考附录 A.8.3），Bonferroni 校正可以帮助研究人员将整体的错误率维持在可接受的范围内，从而保证研究的整体可靠性。

在实施 Bonferroni 校正时，显著性水平的调整相当直观：将总体希望维持的显著性水平除以进行的假设测试数目。假设在某项研究中共进行了 20 次独立的统计测试，并且希望在整体上保持家族错误率（Familywise Error Rate，FWER，即在这一系列测试中至少有一个假阳性的概率）不超过 5%（0.05）。在不进行任何校正的情况下，每次单独的测试都以 5% 的显著性水平进行，那么整体上至少出现一个假阳性的概率将远高于 5%。为了控制整体错误率，Bonferroni 校正可以通过将 0.05 除以测试的数量（假设为 20）来降低单次测试的显著性水平。这样，每次测试的显著性水平调整为 0.05÷20＝0.0025。这意味着，只有当一个测试的 P 值小于 0.0025 时，才认为其结果在统计上显著，从而在进行多次测试的情况下，控制整体的家族错误率不超过 5%。

这种方法虽然简单，但非常保守，特别是在进行大量测试时可能会显著降低统计检验的功效，即降低发现实际存在效应的能力。尽管 Bonferroni 校正的保守性可能会限制某些研究对于发现的追求，但它依然是控制多重比较风险的一种重要工具。特别是在探索性研究初期，或者当研究假设具有明确的预定义时，Bonferroni 校正可提供一种简单有效的方式来防止因随机误差而得出错误结论。在实际应用中，选择使用 Bonferroni 校正或其他更复杂但可能较不保守的方法，应根据研究的具体情况和研究人员对于错误发现率（False Discovery Rate，FDR）与研究功效之间平衡的偏好来决定。

2. FDR 控制

在实验数据分析中，多重比较问题经常导致假阳性的出现，即错误地认为某些效应是显著的。与 Bonferroni 校正相比，FDR 控制提供了一种灵活性和效率更高的解决方案。FDR 的定义为在所有被错误地声明为显著的发现中，假阳性所占的比例。Bonferroni 校正主要控制假阳性出现的概率，FDR 控制的目标是限制假阳性发现的比例。

FDR 控制特别适用于探索性数据分析和大规模假设测试，如基因组学和蛋白质组学研究。它允许研究人员在发现潜在的真实效应和控制假阳性之间找到合适的平衡。对于那些期望最大化发现真实生物学或医学差异的场合，而又不愿过度牺牲错误率的研究，FDR 控制提供了一种有吸引力的替代方案。

Benjamini-Hochberg（B-H）程序是一种常用的 FDR 控制方法，允许研究人员控制在所有被拒绝的假设中假阳性的比例，从而在发现真实效应和控制错误之间取得平衡。

Benjamini-Hochberg 程序通过以下步骤来调整 P 值，从而控制 FDR：

（1）对 P 值进行排序：将所有 P 值按升序排列，最小的为 P_1，最大的为 P_m，其中 m 为测试的总数。

（2）计算调整后的阈值：计算每个 P 值（即 P_i）在 FDR 控制水平 α 下的调整阈值，即 $\frac{i}{m} \times \alpha$，其中 i 为 P 值的排名，α 为预先设定的 FDR 水平。

（3）确定显著性：先从最大的 P 值开始，找到第一个满足 $P_i \leq \frac{i}{m} \times \alpha$ 的 P 值，然后将这个 P 值及所有更小的 P 值对应的假设声明为显著。

通过这种方法，Benjamini-Hochberg 程序能有效地控制假阳性的比例，即在所有拒绝的零假设中，错误拒绝的比例不超过预设的 FDR 水平 α。与 Bonferroni 校正相比，Benjamini-Hochberg 程序在控制假阳性的同时，保留了更高的统计检验功效，尤其是在进行大量比较时。

虽然 FDR 控制在许多情况下是优于 Bonferroni 校正的选择，但研究人员在应用时仍需要注意其假设和限制。特别是在假设独立或正相关时，Benjamini-Hochberg 程序的效率最高。对于具有复杂相关结构的数据集，可能需要进一步的方法来精确控制 FDR。

总之，FDR 控制通过 Benjamini-Hochberg 程序为实验数据分析提供了一种在多重比较中有效控制假阳性比例的方法。它适用于希望在控制统计错误的同时最大化真实发现的科学研究，特别是在高通量数据分析中。

3. 保守的统计方法

在面对实验数据分析时，尤其是当涉及多重比较的问题时，采用保守的统计方法是确保研究结论稳健性的关键手段。通常，研究人员可能依赖单一的 P 值来判断研究结果的统计显著性，但这种做法在多重比较的情境下容易让人产生误会。因此，向更全面的统计方法转变，如重视效应大小（Effect Size）和置信区间（Confidence Interval），不仅能提供更多关于研究结果的信息，还能帮助研究人员避免因偶然发现而过度解读数据。

效应大小是衡量变量间关系强度的量度，提供了研究结果实际意义的直接衡量，独立于样本大小。例如，在两组间比较的实验设计中，Cohen's d 是衡量两组平均数差异显著性的一种常用效应大小指标。与 P 值不同，效应大小显示了结果的重要性，而不仅仅是其统计显著性。较大的效应大小表明变量间存在较强的关系，即使在 P 值边缘显著或不显著的情况下也是如此。因此，报告效应大小可以帮助研究人员更准确地解释他们的发现。

置信区间为参数估计提供了一个可能的取值范围，这个范围反映了估计的不确定性。

与 P 值相比，置信区间提供了更多关于参数真实值可能位置的信息。例如，一个研究结果的95%置信区间若不包括零，通常意味着该结果在统计上显著。更重要的是，置信区间的宽度可以反映估计的精确度——区间越宽，不确定性越高。因此，评估置信区间可以帮助研究人员理解结果的可靠性和变异性，以及实验效应的可能大小。

在进行多重比较时，采用效应大小和置信区间而非单一的 P 值作为结果解读的基础，能帮助研究人员综合评估各个比较的重要性和可靠性。这种方法鼓励研究人员关注研究结果的实质内容，而非仅仅关注统计检验的结果，从而避免过度依赖 P 值可能带来的偶然发现被过度解读的风险。同时，这也能促进形成更加透明和全面的研究报告，提高研究的整体质量和可信度。

总之，通过结合效应大小和置信区间的评估，研究人员可以更全面、更深入地理解他们的研究结果，确保即使在多重比较的复杂背景下，研究结论也是稳健和可靠的。这种保守但全面的统计方法为现代科学研究提供了一种更加稳健的结果解释框架。

4. 限制测试的数量

在实验设计和数据分析的初期阶段，一个关键的策略是限制将要进行的统计测试的数量，这有助于减轻多重比较带来的问题。通过精心选择和限定假设测试的范围，研究人员可以更专注于那些理论上或实践上最为关键的问题，从而避免不必要的统计测试和潜在的假阳性发现。

实验设计阶段是限制测试数量的一个关键点。通过精心设计，如采用随机化控制实验或匹配对照研究，研究人员可以确保实验结果能够准确反映变量间的真实关系，从而减少对额外假设测试的需求。此外，确保实验设计的严密性和合理性可以增强研究结果的解释力，减少因设计缺陷导致的假阳性。

在实验开始之前，明确定义研究假设和分析计划是控制测试数量的有效策略。这包括确定将要测试的具体假设、计划使用的统计方法，以及如何解释结果。通过这种方式，研究人员可以避免数据挖掘或"钓鱼"式的假设测试，即在进行数据分析后根据结果决定哪些假设被提出和测试，这通常会增加发现假阳性的风险。

限制测试的数量不仅有助于减少多重比较的问题，还能提高研究的效率和专注度。专注于那些最有可能提高洞察力和理解力的假设，可以更有效地利用研究资源，同时增加发现真实、重要效应的可能性。此外，这种策略还鼓励一种更负责任和更透明的研究实践，通过预先规划和公开的分析计划来提高研究的可信度。

总之，通过在实验设计和数据分析计划的早期阶段限制需要进行的统计测试数量，研究人员可以有效应对多重比较问题，同时确保研究资源被用于探索最有意义的科学问题上。这不仅能提高研究的质量和可靠性，还能促进科学知识的累积和进步。

多重比较问题是实验设计和数据分析中一个重要的考虑因素，如果不加以控制，可能会导致研究结果的误解。通过采用上述策略，研究人员可以有效地降低错误发现的风险，提高研究结果的可靠性和有效性。在实施这些策略时，重要的是要平衡统计的严谨性和研究的探索性，确保研究结果既准确又有意义。

7.2.2.3 处理实验组间的不平衡

在实验设计中，尤其是观察性研究中，经常面临实验组与对照组之间存在不平衡的挑战，这种不平衡可能是由参与者的基线特征差异（如年龄、性别、病史等）造成的。这些组间的不平衡可能会影响实验结果的准确性和可解释性，因为观察到的效应可能不只是由于干预措施本身，而是受到了这些基线特征差异的影响。为了应对这项挑战，研究人员可以采用多种方法来减少组间不平衡对研究结论的影响。

1. 倾向得分匹配

倾向得分匹配（Propensity Score Matching，PSM）是一种常用的统计方法，用来减小观察性研究中实验组与对照组之间的选择偏差。倾向得分是指在给定协变量下，个体接受特定干预的条件概率。通过计算每个参与者的倾向得分，并基于这些得分将实验组的个体与对照组的个体进行匹配，研究人员可以创建一组在基线特征上更相似的组别，从而降低非随机分配带来的偏差。

2. 协变量平衡

协变量平衡（Covariate Balancing）通过直接调整分析中的协变量来减少组间不平衡的影响。这种方法通常涉及在统计模型中包含可能影响结果的所有已知协变量，以确保模型估计反映的是干预本身的效果，而非基线特征差异的影响。通过这种方式，协变量平衡有助于提高结果的准确性和可解释性。

3. 分层

分层（Stratification）是一种减少实验组间不平衡影响的方法，通过将研究参与者根据某些关键协变量（如年龄、性别等）分成不同的层或组来进行。在每层，干预效果的分析可以单独进行，从而减少这些协变量对结果解释的干扰。

4. 加权

加权（Weighting）技术，尤其是倾向得分加权，通过赋予每个参与者一个权重来调整分析，以反映在整体研究人群中接受干预的概率。权重的计算通常基于倾向得分，使分析结果更能代表实际的人群效应，从而减少组间不平衡导致的偏差。

通过采用上述方法，研究人员能够在不完全依赖随机化的情况下，减少实验组与对照组之间的不平衡，并提高研究结果的准确性和可靠性。这些技术提供了强大的工具，以确保即使在复杂多变的实际研究环境中，研究结果也能反映真实的干预效果。然而，值得注意的是，不仅需要根据具体研究设计和可用数据来选择适当的方法，还需要综合考虑不同方法的优势和局限。

7.3 从数据到决策

前面详细讨论了实验的设计原则和实施方法，以及如何收集和确保数据质量。本节将聚焦于实验结果的解释与应用,即将数据分析转化为决策支持的具体步骤和技巧。

7.3.1 数据初步分析

在实验结果的解释阶段,数据汇总与初步分析是基础且关键的一步。通过这些分析,我们能够快速识别数据中的趋势、异常值或潜在的分布模式,为后续的深入分析奠定基础。

例如,直方图可以揭示数据的分布形状,是否呈现正态分布,或者是否存在偏斜。箱形图则能帮助我们识别数据中的异常值,了解数据的分散情况。这些图表不仅能为我们提供数据的视觉概括,而且能辅助我们在进一步的统计检验之前,对数据有直观的认识。

此外,初步分析还包括识别不同变量之间的关系。例如,通过计算相关系数,可以初步评估变量之间是否存在相关性,这些信息对于构建后续的假设检验或模型构建非常重要。在进行科学研究或数据分析的初步阶段,了解不同变量之间的关系是一个关键步骤。这不仅有助于揭示数据集内部的潜在结构,还是构建有效假设和数据模型的基础。

识别变量之间的关系通常涉及相关性分析,其中,相关系数的计算是常用且直观的方法。相关系数是一种统计指标,用于量化两个变量之间的线性相关程度。最常用的相关系数是皮尔逊相关系数(Pearson Correlation Coefficient)。皮尔逊相关系数通常表示为 R,其取值范围为 $-1\sim1$。其中,1 表示完全正相关,-1 表示完全负相关,0 表示没有线性相关性。通过计算相关系数,研究人员可以初步评估变量间是否存在某种程度的线性关系。

例如,在医学研究中,研究人员可能对某种药物剂量与疗效之间的关系感兴趣。通过计算药物剂量和疗效指标(如症状缓解程度)之间的相关系数,可以初步判断二者是否存在相关性。如果发现高度正相关,可能意味着随着药物剂量的增加,疗效相应提高;如果相关系数接近 0,则表明剂量和疗效之间可能没有直接的线性关系。

在这个阶段,重要的不只是计算和绘图,更关键的是对这些统计量和图表所揭示的数据特性有深入的理解和正确的解读。这要求研究人员不仅要拥有扎实的统计知识,还要具备将数据分析结果与实验目的相结合的能力,以确保初步分析能够为实验结果的深入解释和应用提供有力的支撑。

7.3.2 假设检验与模型构建

在假设检验与模型构建阶段,我们的目标是深入探索和验证实验数据中的关系与模式。在实际应用回归分析、方差分析等方法时,重点在于如何基于实验目的和数据特性选择合适的统计测试或模型,并正确解释分析结果。

7.3.2.1 假设检验

在实验设计和数据分析中,正确选择并应用假设检验方法非常关键。这不仅有助于验证实验中的假设,而且能确保得到的结论是基于科学和统计学原理的。例如,t 检验(具体概念请参考附录 A.8.7）是一种常用的统计检验方法，适用于比较两个独立样本的平均值差异是否具有统计学意义，尤其适用于样本量较小且数据呈正态分布的情况。t 检验的结果通常包括一个 t 值和一个 P 值。t 值表示样本均值差异与样本内变异性的比率，而 P 值可用于判断该差异是否具有统计学意义。如果 P 值小于事先设定的显著性水平（通常为 0.05 或 0.01），则认为两组之间存在显著差异。

当实验设计涉及三组或三组以上的数据比较时，单一的 t 检验就不再适用，因为多次应用 t 检验会增加犯第一类错误（错误地拒绝正确的零假设）的风险。此时，ANOVA（具体内容请参考附录 A.8.8）就成了更合适的选择。方差分析能够测试多个样本组均值的差异是否具有统计学意义，而不增加错误率。这种方法通过比较组间方差和组内方差来判断不同处理条件下的效果是否存在显著差异。

重要的是，在进行假设检验前，需要明确实验的假设，包括零假设和备择假设（具体内容请参考附录 A.8.4）。零假设（H_0）通常表示没有差异或效果，而备择假设（H_1）则表示存在差异或特定的效果。选择合适的统计方法来检验这些假设，不仅取决于实验数据的特性（如样本大小、分布等），还取决于研究问题的性质。在做选择时，可能还需要考虑数据是否满足检验方法的前提假设，如正态性、方差齐性等。

通过细致的假设构建和合理的统计检验选择，可以有效地从实验数据中提取有意义的信息，为研究假设的验证提供科学依据。这不仅能加深我们对研究问题的理解，还能增强实验结果的可靠性和有效性。

7.3.2.2 构建统计模型

在实验数据分析中，构建合适的统计模型是理解变量间关系的关键步骤。回归分析，特别是线性回归和逻辑回归，是分析一个或多个自变量（解释变量）对因变量（响应变量）影响的常用方法。线性回归适用于因变量为连续性数据的情况，逻辑回归适用于因变量为分类数据的情况。

在应用回归分析之前，重要的是先验证数据是否满足模型的基本假设条件。这些条件包括以下几个：

（1）线性关系：自变量和因变量之间应存在线性关系，这可以通过散点图进行初步的视觉检查。

（2）多元正态性：数据应呈多元正态分布。虽然线性回归对正态性的要求不严格，但为了使假设检验更准确，通常希望数据近似正态分布。

（3）同方差性（方差齐性）：在不同的自变量水平下，因变量的方差应是相等的。

（4）数据独立性：观测数据应相互独立，即一个数据点的出现不需要依赖另一个数据点的存在。

在选择模型类型后，需要使用数据拟合模型并对模型的有效性进行评估。这通常涉及检查模型的拟合优度，如 R^2（模型变异系数）和调整后的 R^2（考虑自变量数量的 R^2 调整）。此外，还需要评估模型参数的显著性，以确定哪些自变量对因变量有显著影响。

在实际应用中，构建统计模型的过程可能还包括模型诊断，如检查残差的分布，以确保模型假设的适用性。如果模型不符合假设或拟合不佳，可能需要考虑其他类型的模型，或者对数据进行转换。

通过这种系统的方法，研究人员可以构建、评估并优化统计模型，深入理解数据中的关系，为科学研究和决策提供有力支持。

重要的是，无论是进行假设检验还是构建模型，都必须关注结果的统计显著性和实际意义。显著性水平可以显示观察到的数据模式是否可能在统计上显著，而效应大小、置信区间等则可以提供更多关于实际影响程度的信息。

此外，正确解释和呈现分析结果也至关重要。例如，当发现自变量对因变量有显著影响时，应当深入探讨这种影响的潜在机制和实际应用意义。同时，也需要注意分析结果的局限性和未来研究方向，如样本大小限制、潜在的混杂变量等。

总之，假设检验与模型构建是将初步分析进一步深化的关键步骤，有助于从统计角度验证实验假设，揭示变量之间的深层关系，为最终的实验结论提供坚实的数据支持。正确应用这些方法，并结合实验设计的目的和上下文进行深入的解释，对于提高研究质量和推动科学进步非常重要。

7.3.3 结果解释

在完成实验并通过统计分析获得结果后，深入地解释和讨论是研究过程中不可或缺的步骤。这个步骤涉及对实验变量和结果之间关系的理解，对结果是否达到预期的分析，以及对实验设计和实施过程中可能存在的局限性的批判性思考。

7.3.3.1 解释实验变量对结果的影响

基于统计分析结果，研究人员需要解释实验中的独立变量是如何影响因变量的。这包括对各个实验组之间显著性差异的解释，以及这些差异背后可能的机制和原因。这不仅涉及统计学上的显著性判断，还需要探讨变量之间的作用机制和逻辑关系。当实验结果表明各个实验组之间存在显著差异时，研究人员需要先验证这些差异是否与实验设计的独立变量直接相关。例如，在测试新药的有效性时，如果发现使用新药的实验组患者的康复速度明显快于对照组，这种差异可能直接指向新药的治疗效果。然而，在解释这些差异时，研究人员还需要进一步探讨新药的作用机制是否与预期相符，是否存在其他因素（如患者基线状态的差异、实验操作的差异等）可能影响结果的解释。

7.3.3.2 分析结果是否与预期一致

在实验结果分析过程中，研究人员需要评估结果是否与原始假设和预期一致。这种对比不仅是对数据的简单比较，更是对整个研究设计和实施质量的一种反思。

如果结果符合预期，则意味着实验假设得到了数据的支持，研究人员可以在此基础上进一步讨论其对现有理论框架或实际应用的影响。例如，如果实验验证了某种新型材料在特定条件下具有更优异的物理性质,那么这个发现可能会推动相关领域的理论发展或技术进步。

如果结果与预期不一致,则研究人员需要仔细分析可能的原因。这可能涉及对实验设计的重新审视,如是否所有的控制条件都得到了适当的管理,样本是否有足够的代表性等。此外,这也可能提示原有理论的某些局限性,或者实验中使用的方法和技术存在未被充分认识的偏差。在这种情况下,不一致的结果可能会成为推动知识发展的催化剂,促使研究人员提出新的理论假设或改进实验方法。

无论结果是符合预期还是与预期不一致,深入分析实验变量与结果之间的关系、探讨可能的解释,以及批判性地评估实验设计和实施的过程,都是科学研究中不可或缺的部分。这不仅有助于提升研究的可靠性和有效性,更是推动科学进步的重要力量。

7.3.3.3　探索可能的解释

在面对出乎意料或与现有理论不符的结果时,探索可能的解释是科学研究中极为重要的一步。这个过程要求研究人员不仅要有广博的知识背景,还要具备批判性思维和创造性思考的能力。对实验条件的重新评估可能揭示某些未被充分控制的变量对结果产生的影响,或者实验材料本身的某些特性在特定条件下发生的变化。同时,对测量方法的再次审视可能会发现数据收集和处理过程中的潜在偏差。此外,引入新的理论或观点来解释意外的发现,可以促进科学知识的更新和发展。例如,引入跨学科的视角可能会为某些生物学实验结果提供物理学或化学的解释。通过深入探索不同的解释,研究人员不仅能够为现有结果提供合理的解释框架,还可能发现新的科学问题和研究方向。

7.3.3.4　讨论实验的局限性

承认和讨论实验的局限性是保持科学诚信的表现,也是提高研究质量的重要步骤。实验设计的局限可能源于实验条件的选择、操作的可复制性及实验模型的适用范围。样本选择的偏差可能会影响结果的代表性和推广性。数据收集和分析方法的局限可能会导致结果解释不确定性的增加。对这些局限性进行讨论,不仅能提升研究报告的透明度,还能为后续研究提供宝贵的参考,指明需要进一步探讨和改进的方向。例如,如果研究发现样本量过小可能限制结果的普适性,未来的研究可以通过扩大样本量来验证当前研究的发现。同样,如果实验方法存在局限,那么未来的工作可以探索或开发更精确、更可靠的测量技术。通过这种自我批评的过程,科学研究能以更加稳健和透明的方式进行。

总之,基于统计分析结果的深入解释和讨论,不仅需要关注数据的表面现象,更要挖掘数据背后的深层逻辑和内在联系,同时要有批判性地审视实验设计和实施的全过程,以确保研究结论的准确性和可靠性。

7.3.4 实验结果应用

7.3.4.1 决策支持

决策支持的实质是将数据和洞见转换为行动力，为决策者在复杂的业务环境中导航。在实验数据分析的基础上，它不仅可以提供实验结果的直接解读，更重要的是可以为决策过程提供一种基于证据的方法论，确保决策的科学性和有效性。

在实验设计和执行过程中积累的数据，经过仔细分析后，可以揭示产品、服务或政策的实际效果，进而支持或反对特定的商业策略或政策决策。例如，市场营销策略的 A/B 测试可能揭示某种特定的广告宣传方式比另一种方式更能提高顾客的购买意愿。这种洞见直接影响营销策略的选择，决策支持在这里起到了枢纽作用，可以确保营销资源的分配能带来最大的回报。

决策支持在企业层面的应用还包括产品线的调整、价格策略的制定及客户服务流程的优化等。以产品线调整为例，通过对不同产品或服务反馈的实验分析，决策者可以确定哪些产品或服务最受市场欢迎，哪些需要改进或淘汰，从而优化产品组合，提高企业的市场竞争力。

此外，决策支持还在政策制定和社会项目评估中扮演着重要角色。在公共政策领域，通过对政策干预措施的实验评估，政策制定者可以了解哪些措施能有效解决社会问题，哪些措施效果不佳或有副作用，并据此调整政策方向，从而确保公共资源的有效利用。

总而言之，决策支持将实验结果与实际决策紧密结合，通过提供数据支撑的决策建议，帮助决策者在复杂多变的环境中做出更加合理、有效的选择。这个过程不仅要求决策者对数据有深刻的理解和准确的解读，还要求决策者能够将数据分析结果与业务目标和现实条件相结合，展现出数据的实际应用价值。

7.3.4.2 策略调整和优化

策略调整和优化聚焦于细化企业的战略执行，确保实验洞见能够有效应用于实际运营之中，从而提升企业的适应性和竞争力。它不单纯依赖于直接的数据驱动决策，而是将数据洞见融入企业的战略布局和日常运营之中，从而使企业能够更灵活地应对市场变化。

（1）细化营销策略：针对实验揭示的用户偏好和市场趋势，企业可以调整其营销策略和传播方式。这可能涉及更精准的目标客户定位、营销信息的个性化定制，以及营销渠道的优化选择。通过这种策略细化，企业能更有效地与目标用户建立连接，提高营销活动的转化率。

（2）优化用户体验：基于用户行为和反馈的实验数据，企业可以对产品界面、服务流程及用户互动方式进行优化。这种基于用户实际体验的优化不仅能提升用户满意度，还能促进用户的正面口碑传播，为企业带来更广泛的用户基础。

（3）调整产品特性：实验数据有时会揭示出某些产品特性或功能与用户需求不匹配的

情况。对此，企业需要根据实验反馈，对这些产品特性进行调整或优化，以确保产品更加符合市场需求，增强产品的市场竞争力。

（4）提升服务质量：对于服务型企业，策略调整可能意味着根据用户反馈改进服务质量，如缩短响应时间、提供更个性化的服务解决方案等。这样的策略调整有助于提升客户忠诚度，建立更稳固的客户关系。

在执行策略调整和优化时，企业需要持续监测调整效果，并根据市场反馈进行迭代优化，从而确保策略调整能够真正带来预期的改进效果。这个过程需要企业具备敏锐的市场洞察力、灵活的战略规划能力，以及高效的执行力，从而确保在快速变化的市场环境中，企业策略始终具备灵活性。

7.3.4.3 后续研究方向

后续研究方向的设定是基于当前实验成果，寻求对未解之谜的深入挖掘或挑战既有的理论界限。它旨在通过对实验发现的进一步探索，激发科学探究的新思路和创新的灵感，为研究领域带来新的成长动力。

（1）挖掘意外发现：实验过程中不时会出现一些预料之外的结果，这些结果往往是后续研究方向的宝贵线索。对这些意外发现进行深入分析和探索，可能会揭示新的科学问题或验证重要的理论假设，并推动相关领域知识的更新和进步。

（2）理论验证和修正：实验结果提供了理论假设检验的重要依据。后续研究方向可以围绕对现有理论模型的验证和修正进行，尤其是当实验数据与理论预测不一致时，需要对理论重新进行评估，或者探索更加精确的理论模型。

（3）方法论的创新：对实验方法和技术的持续改进是科学研究不可或缺的一部分。基于当前实验的经验和反思，后续研究可以探索更高效、更精确的实验方法，包括新的数据收集技术、分析工具或实验设计理念，以提高研究的质量和效率。

（4）跨领域的应用：实验结果有时会启示研究人员将研究成果应用于新的领域。例如，一项在心理学领域的实验发现可能会对教育学或社会科学具有重要启示。后续研究方向可以探索这些跨学科的连接点，开拓实验成果的新应用场景。

（5）长期影响的追踪：对于某些实验结果，特别是那些涉及长期行为变化或持续影响的研究，后续研究方向可以包括对这些长期效应的追踪和分析，以获得更全面、更深入的理解。

后续研究方向的设定不仅需要研究人员具备开阔的视野和创新的思维，勇于探索未知的领域，还需要其对现有知识体系有深刻的理解和批判性的思考。这个过程不仅有助于推动科学知识的边界向前延伸，还能为解决实际问题和促进社会进步提供新的思路与方案。

从数据到决策是一个系统性和动态调整的过程，要求研究人员不仅要关注数据的统计分析，更要深入理解数据背后的业务逻辑和决策需求。可以通过有效的实验设计、严格的数据分析和深入的结果解释与应用，最大化实验的价值，为组织或项目提供有力的决策支持。

7.4 实验设计与分析的工具

在数据科学的实验设计与分析领域，除了常用的数据处理和可视化工具，特定的工具和库在处理实验数据、进行统计测试和模型构建等方面发挥着重要作用。本节旨在介绍当前使用非常广泛的实验设计软件，从而帮助研究人员有效地实施实验设计，进行数据分析，并得出科学准确的结论。

7.4.1 R 语言中的实验设计与分析库

（1）CRAN Task View：专门汇总了 R 语言中用于实验设计的包，包括但不限于因子实验设计、混合模型、方差分析等。

（2）rstan 和 brms：用于贝叶斯分析，特别适用于处理复杂的实验设计和分析问题，能提供强大的后验分析能力。

7.4.2 Python 中的实验设计与分析库

（1）SciPy：提供了广泛的科学计算工具，包括统计测试、线性代数、优化和信号处理等，适用于实验数据分析。

（2）Statsmodels：提供了许多统计模型、测试和数据探索的功能，特别是线性模型、多变量分析、时间序列分析等，适用于实验数据分析。

（3）Scikit-learn：对于更传统的机器学习任务，Python 的 Scikit-learn 库提供了一系列简单有效的工具。它涵盖了预处理、模型选择、评估及多种监督和非监督学习算法。Scikit-learn 适用于快速实验和数据分析，特别是在探索数据模式、进行特征工程和测试不同算法等方面。

7.4.3 JMP

JMP 是由 SAS Institute 开发的一款统计分析软件，旨在为用户提供直观、易于操作的数据分析环境。它广泛应用于工业、科研等领域，特别适合进行实验设计和分析工作。JMP 的核心特点包括以下几点：

（1）具有交互式图形用户界面：JMP 的用户界面设计直观，因此用户能通过拖放等简单操作来进行复杂的数据分析，大大降低了统计分析的门槛。

（2）具有强大的实验设计功能：JMP 提供了全面的实验设计工具，包括经典的实验设计方法（如完全随机设计、随机区组设计等）和现代的实验设计方法（如 Taguchi 方法、响应面方法等）。用户可以根据实验需求选择合适的设计方式，有效控制实验误差，提高实验效率。

（3）包含丰富的统计分析方法：除了实验设计，JMP 还支持各种统计分析方法，包括回归分析、方差分析、多变量分析等，从而满足不同阶段的数据分析需求。

（4）具有深入的数据探索工具：JMP 提供了一系列数据探索工具，如图表、统计图等，可以帮助用户直观地理解数据结构和分布特征，发现数据背后的潜在模式和规律。

（5）具有强大的可视化功能：JMP 的数据可视化功能非常强大，可以帮助用户以图形化方式呈现分析结果，以便理解和沟通。

7.4.4　Design-Expert

Design-Expert 是由 Stat-Ease 公司开发的一款实验设计软件，专注于实验设计和响应面分析（Response Surface Methodology，RSM）。该软件被广泛应用于工程、制造、化工等领域，用于产品和过程的优化。以下是 Design-Expert 的几个主要特征：

（1）专注于实验设计和优化：Design-Expert 提供了强大的实验设计工具，包括因子实验设计、混合实验设计等，以及专门的响应面分析功能，可以帮助用户探索多个因素对一个或多个响应面的影响。

（2）操作界面直观：Design-Expert 拥有友好的用户界面，使实验设计和分析过程变得简单直观。用户可以轻松设置实验条件、选择实验设计类型，并进行数据分析和优化。

（3）可以优化过程和产品：通过响应面方法，Design-Expert 能帮助用户识别影响产品质量或过程效率的关键因素，进而找到最优的条件组合，优化产品性能或生产过程。

（4）具有强大的分析和可视化工具：Design-Expert 提供了包括方差分析、回归分析等在内的多种数据分析工具，并通过三维图形、等高线图等多种方式可视化分析结果，直观展现因素对响应的影响。

JMP 和 Design-Expert 各有侧重，前者提供了一个全面的数据分析平台，适合广泛的统计分析和数据探索任务；后者则专注于实验设计和过程优化，特别适合那些需要精细控制实验条件和优化产品性能的应用场景。使用这些工具，研究人员和工程师可以更高效地设计实验、分析数据。

7.4.5　TensorFlow

TensorFlow 是一个综合性、多功能的开源深度学习框架，由 Google 的 Brain Team 于 2015 年发布。作为深度学习和机器学习领域的重要工具，TensorFlow 设计之初就考虑到了灵活性和可扩展性，能够支撑从研究原型到生产系统的全过程。以下是 TensorFlow 的一些关键特点和功能：

（1）多层次 API：TensorFlow 提供了从低级到高级的多层次 API，因此用户可以从中选择满足其需求的抽象级别。其中，Keras 作为高级 API，被集成在 TensorFlow 之中，大大简化了深度学习模型的构建和训练过程。

（2）灵活的架构：TensorFlow 允许用户在多种平台上部署模型，包括桌面、服务器、移动设备，甚至边缘计算设备。这种灵活的架构设计使 TensorFlow 适合用于实验研究和产品开发。

（3）强大的计算能力：TensorFlow 支持 CPU、GPU 和 TPU（Tensor Processing Unit，张量处理器）的高效计算，能够加速复杂模型的训练过程。它的自动微分机制为模型优化和研究提供了便利。

（4）丰富的模型和组件：TensorFlow 社区提供了大量预训练模型和组件，覆盖了图像识别、语音处理、自然语言理解等多个领域，使用户能够快速开始项目并实现复杂功能。

（5）可视化工具 TensorBoard：TensorFlow 配套的 TensorBoard 工具使模型训练过程的监控和可视化变得十分简单。用户可以通过 TensorBoard 追踪和可视化模型训练的指标，分析模型结构，以及优化计算图的执行。

7.4.6　PyTorch

自 2016 年发布以来，PyTorch 凭借易用性和动态计算图特性，在科研领域和工业界迅速获得了广泛的应用与好评。PyTorch 提供了一种命令式编程范式，让研究人员可以更直观地构建深度学习模型。以下是 PyTorch 的一些主要特性：

（1）动态计算图：与 TensorFlow 的静态计算图相比，PyTorch 的动态计算图（也称为自动微分系统）为模型的构建和调试提供了很高的灵活性和便利性。这使 PyTorch 特别适用于研究原型开发和实验性任务。

（2）直观的 API 设计：PyTorch 的 API 设计简洁明了，使模型的构建、训练和测试过程更加直观。同时，PyTorch 也提供了与 NumPy 兼容的接口，方便数据处理和转换。

（3）强大的社区支持：PyTorch 背后具有活跃的社区和丰富的教程资源，为研究人员和开发人员提供了大量的学习与交流机会。社区贡献的模型和工具也丰富了 PyTorch 的生态系统。

（4）广泛的应用场景：从自然语言处理到计算机视觉，从强化学习到生成模型，PyTorch 在各个深度学习领域都有广泛的应用案例，支持最新的研究成果快速转化为实验代码。

（5）与其他框架的互操作性：PyTorch 提供了与其他深度学习框架（如开放神经网络交换格式）的互操作性，方便模型的导出和部署。

7.4.7　Transformers

Transformers 是 Hugging Face 公司开发的自然语言处理库，为先进的预训练模型（如 BERT、GPT-2、RoBERTa 等）提供了易于使用的接口。自 2018 年推出以来，Transformers 在自然语言处理领域取得了巨大的成功，并迅速成为进行深度学习自然语言处理研究和应用的标准工具之一。

Transformers 主要有以下几个特点：

（1）大量预训练模型：Transformers 提供了广泛的预训练模型库，支持多种语言和任务，包括文本分类、命名实体识别、情感分析、文本生成等。用户可以直接加载这些预训练模型，并根据自己的数据进行微调。

（2）简单的 API：Transformers 的 API 设计简单直观，使加载、微调和部署模型变得非常容易，即使是对于深度学习和自然语言处理的新手也是如此。

（3）多后端支持：Transformers 支持使用 PyTorch、TensorFlow 甚至 JAX 作为后端进行模型训练和推理，可以给予用户灵活的选择。

（4）高效的性能：Hugging Face 不断优化 Transformers 的性能，确保即使在资源有限的环境下也能高效运行大型模型。

（5）活跃的社区和文档：Transformers 背后有一个非常活跃的社区，可以提供详细的文档、教程和问题解答，有利于用户快速解决遇到的问题。

总的来说，Scikit-learn 和 Transformers 在机器学习与自然语言处理领域分别提供了强大的工具集。无论是进行传统的数据分析、数据模式探索，还是利用最新的深度学习技术处理复杂的自然语言处理任务，这两个库都能有效地支持研究人员和开发人员开展数据分析与研究工作。

7.4.8 Keras

Keras 是一个开源的神经网络库，由 François Chollet 于 2015 年开发。设计 Keras 的核心目标是实现快速的实验周期，让研究人员和开发人员能够快速地将想法转换为结果，这在深度学习领域是非常重要的。Keras 用 Python 编写，提供了一个简单、灵活且用户友好的接口，通过高层次的抽象化来简化深度学习模型的开发过程。

Python 主要有以下几个特点：

（1）用户友好：Keras 的 API 设计简洁直观，即便是新手用户也能轻松上手。它提供了一系列预定义的神经网络层、优化器和损失函数，使构建和训练深度学习模型变得简单快捷。

（2）模块化和可组合：Keras 中的模型被构建为独立的模块或层的序列或图。可以灵活组合这些模块，从而构建出几乎任意类型的神经网络模型。

（3）易于扩展：用户可以轻松地添加新的模块，使 Keras 可以适应新的研究。如果标准的层、损失函数、优化器不满足需求，用户可以通过创建自定义层或其他组件来扩展 Keras。

（4）支持多后端：Keras 在设计时就考虑到了与多个深度学习计算框架的兼容性。最初，它支持 TensorFlow、Theano 和 Microsoft Cognitive Toolkit（CNTK）作为后端。从 2017 年底开始，Keras 被纳入 TensorFlow 作为 tf.keras 模块，现在主要以 TensorFlow 的一部分存在。

（5）广泛的应用场景：Keras 适用于广泛的应用场景，包括图像和视频处理、序列处理、文本分析和自然语言处理等。它适合用于以下场景：

①快速原型设计：Keras 的高级抽象使其在构思阶段和初步实验阶段非常有用，开发

人员可以快速测试新的想法。

②深度学习教育和研究：Keras 简洁的 API 和丰富的文档使其成为深度学习教育与研究领域中的理想工具。

③生产部署：虽然 Keras 适用于实验和原型设计，但也可用于商业应用和大规模生产中。通过 tf.Keras 模块，Keras 模型可以轻松地转换为 TensorFlow 模型，进而利用 TensorFlow 的扩展能力和优化进行部署。

总之，Keras 以其强大的功能和简单的使用方法，在深度学习领域赢得了广泛的认可和使用。它不只是一个工具库，更是许多研究人员和开发人员进入深度学习领域的桥梁。

7.4.9 MATLAB

MATLAB 是 MathWorks 公司开发的一种高性能的数值计算和可视化软件环境，自 1984 年推出以来，已成为工程师和科学家在科研、工程设计及教学中使用非常广泛的工具之一。MATLAB 是专门为处理数学问题而设计的，其名源于 Matrix Laboratory（矩阵实验室），反映了其在矩阵计算上的强大能力。它主要有以下几个特点：

（1）丰富的数值计算功能：MATLAB 提供了广泛的数值计算方法，包括线性代数、统计、傅里叶分析、滤波、优化和数值积分等，特别适合处理科学计算问题。

（2）强大的可视化工具：MATLAB 内置了强大的数据可视化功能，包括 2D 和 3D 图形绘制、图像处理和动画制作等，可以帮助用户直观地展示数据和分析结果。

（3）易用的编程语言：MATLAB 语言简洁高效，具有独特的命令式交互模式，使算法开发、数据分析和数值实验更加便捷。

（4）专业的工具箱：MATLAB 提供了多个专业工具箱（Toolbox），涵盖信号处理、图像处理、控制系统、机器学习、深度学习等多个领域，大大扩展了 MATLAB 的应用范围。

（5）跨平台兼容性：MATLAB 支持 Windows、macOS 和 Linux 操作系统，适用于多种计算环境。

（6）多样化的模型和算法部署：MATLAB 支持将模型和算法转换为 C/C++、HDL 和 CUDA 代码，以便在不同平台和硬件上部署。

7.4.10 Minitab

Minitab 是一款专门用于统计分析的软件，自 1972 年由宾夕法尼亚州立大学的研究人员开发以来，已被全球众多企业和教育机构用于教学与质量改进项目。Minitab 适用于执行质量管理和六西格玛项目，提供了一套完整的统计工具来帮助企业分析数据、解决问题并提升产品质量。它主要有以下几个特点：

（1）用户界面友好：Minitab 拥有直观的用户界面和丰富的帮助资源，因此即使是统计学新手也能轻松上手，进行数据分析和结果解读。

（2）全面的统计分析功能：Minitab 提供了包括描述性统计、假设测试、回归分析、方差分析、质量控制图、设计实验等在内的全面统计分析工具。

(3) 质量改进工具：Minitab 内置了多种质量管理工具，如控制图、过程能力分析、测量系统分析和故障模式与影响分析。

(4) 数据导入和处理：Minitab 支持从多种数据源导入数据，并提供了数据清洗、处理和重塑的功能，以便用户准备和分析数据。

(5) 报告和可视化：Minitab 能够生成详细的分析报告和高质量的图表，从而帮助用户展示分析结果和洞见。

优秀的实验设计与分析工具不仅能简化实验设计的流程，还能提供强大的数据分析功能，包括但不限于随机化设计、多变量测试、因子分析等。通过这些软件，研究人员可以更便捷地进行实验安排、数据收集和结果分析，显著提高研究效率和结果的可靠性。

第8章 数据分析的高级技巧

在数据科学领域，随着数据类型的多样化和数据量的激增，对数据分析方法的要求也日益提高。数据科学家和数据分析师现在面临着如何处理复杂数据结构、解读时间序列数据、应用高级统计方法，以及进行精确的模型统计与诊断等挑战。

本章将探索如何应对数据科学中的高维度数据处理问题，介绍时间序列分析的关键技术和方法，讲解先进的统计分析技术，以及提供模型统计与诊断的实用指南。这些内容不仅有助于提高数据分析的精度、加深数据分析的深度，还能为数据科学家在面对新兴的数据挑战时提供强有力的支持。

通过结合理论与实践，读者能够掌握如何有效利用高级分析技巧来解析数据中的复杂现象，发现深层次的数据模式，并构建高效、可靠的预测模型。无论是在金融、医疗、电子商务领域，还是在社会科学等领域，数据分析的高级技巧都将成为推动数据驱动决策过程的关键力量。

8.1 处理复杂数据的统计模型

在现代数据科学领域，处理复杂数据是一项常见且充满挑战的任务。随着数据种类和量级的增加，传统的统计模型往往难以满足分析需求。因此，发展和应用能够有效处理复杂数据的统计模型变得非常重要。处理复杂数据的统计模型在提高数据分析精度和加深数据分析深度方面发挥着关键作用。

8.1.1 传统的统计模型

8.1.1.1 分层线性模型

分层线性模型（Hierarchical Linear Model，HLM）适用于数据存在明显层次结构的场景，特别是在教育、社会科学和生物统计学中。因为分层线性模型能够处理数据内在的层次结构，所以在需要考虑群体内部和群体间差异时特别有用。

1. **结构特点**

分层线性模型，也称为多层模型（Multilevel Model），是一种用于处理数据在不同层次上分布的统计模型。这类数据结构在实际研究中比较常见，如个体数据可以被分组到更高层次的单元中（如学生在班级中，班级在学校中）。分层线性模型的关键特点是能够考虑数据的层次结构，可以为每个层级的数据提供不同的回归方程。

2. 层次结构设计

分层线性模型的基础结构是按层级组织的。例如，可以将数据结构想象为从下到上的多层架构，第一层是学生级别的观测值，第二层是班级层次的，第三层是学校层次的。每一层都可以有其自身的预测变量。

3. 回归方程

分层线性模型为每个层次设置不同的回归方程。下面用一个两层模型为例进行说明。

第一层（学生层）的模型可以表示为

$$Y_{ij} = \beta_{0j} + \beta_{1j} X_{ij} + \gamma_{ij}$$

其中，Y_{ij} 为第 i 个学生在第 j 个班级的响应变量，X_{ij} 为第 i 个学生的预测变量，β_{0j} 和 β_{1j} 分别为第 j 个班级的截距和斜率参数，γ_{ij} 为随机误差项。

第二层（班级层）的模型可以进一步定义截距和斜率，可以表示为

$$\beta_{0j} = \gamma_{00} + \gamma_{01} W_j + u_{0j}$$
$$\beta_{1j} = \gamma_{10} + u_{1j}$$

其中，W_j 为第 j 个班级的预测变量；γ_{00}、γ_{01}、γ_{10} 为固定效应参数；u_{0j} 和 u_{1j} 为随机效应，表示班级间的变异。

4. 使用特点

（1）固定效应（Fixed Effects）：估计整个数据集中所有层级共享的参数。这些参数对所有个体或组都是常数。

（2）随机效应（Random Effects）：反映不同组（如不同班级）之间的变异。每个组的参数可以不同，允许模型捕捉更复杂的数据结构。

（3）模型估计：分层线性模型通常采用最大似然估计或限制性最大似然估计（Restricted Estimation Maximum Likelihood，REML）方法来估计参数。这些方法能有效处理模型中的随机效应，提供对固定效应和随机效应参数的无偏估计。

5. 模型的适用性和优势

分层线性模型不仅能够适应数据的自然层次结构，提供更准确的参数估计和推断，而且能够同时处理固定效应和随机效应。它适用于复杂的实验设计和自然观测研究，对于处理存在组内相关性和层次结构数据的问题尤为有效，如教育、心理、社会科学等领域的研究。

8.1.1.2 时间序列分析模型

时间序列分析模型专门用于分析时间序列数据，即按时间顺序排列的数据点集合。这类模型可以揭示数据的趋势、季节性和周期性等特征，常见的有自回归模型（Auto-Regressive Model，AR）、移动平均模型（Moving Average Model，MA）、自回归移动平均模型（Auto-Regressive Moving Average Model，ARMA）和自回归积分滑动平均模型（Auto-

Regressive Integrated Moving Average Model，ARIMA）。

时间序列分析模型适用于经济学、金融、气象学等领域，特别是在预测未来趋势、分析季节性和周期性等方面。这类模型能够有效处理按时间顺序排列的数据，揭示数据的时间依赖性等特征。

1. 结构特点

自回归模型假设当前值与其历史值之间存在线性关系。该模型可以表示为

$$Y_t = \phi_1 Y_{t-1} + \phi_2 Y_{t-2} + \cdots + \phi_p Y_{t-p} + \varepsilon_t$$

其中，Y_t 为时间点 t 的观测值；ϕ_1，ϕ_2，$\cdots$，ϕ_p 为参数；p 为模型的阶数；ε_t 为误差项。

假设当前值由过去的 p 个观测值的线性组合决定。自回归模型主要适用于呈现自回归特性的时间序列数据，即当前值与一定时间长度内的过去值相关。

移动平均模型认为当前值与历史误差项之间存在线性关系。该模型可以表示为

$$Y_t = \varepsilon_t + \theta_1 \varepsilon_{t-1} + \theta_2 \varepsilon_{t-2} + \cdots + \theta_q \varepsilon_{t-q}$$

其中，θ_1，θ_2，$\cdots$，θ_q 为参数；q 为模型的阶数。

移动平均模型的特点是假设当前值由过去的 q 个随机误差项的线性组合决定，适用于分析短期波动对当前值的影响，反映了随机冲击的移动平均效应。

自回归移动平均模型结合了自回归模型和移动平均模型，可以表示为

$$Y_t = \phi_1 Y_{t-1} + \cdots + \phi_p Y_{t-p} + \theta_1 \varepsilon_{t-1} + \cdots + \theta_q \varepsilon_{t-q} + \varepsilon_t$$

自回归移动平均模型能够同时捕捉时间序列的自回归特性和移动平均特性。其特点是既包含自回归部分，也包含移动平均部分。该模型适用于同时具有自回归特性和移动平均特性的平稳时间序列。

自回归积分滑动平均模型在自回归移动平均模型的基础上增加了差分处理，用于将非平稳时间序列转换为平稳时间序列，可以表示为

$$(1 - \phi_1 B - \cdots - \phi_p B^p)(1-B)^d Y_t = (1 + \theta_1 B + \cdots + \theta_q B^q) \varepsilon_t$$

其中，d 为差分阶数，B 为后退算子。

自回归积分滑动平均通过差分处理消除数据的非平稳趋势和季节性，适用于非平稳时间序列数据的分析和预测。

2. 使用特点

（1）应用广泛。时间序列分析模型广泛应用于经济学、金融、气象学、环境科学等多个领域，尤其在预测未来趋势、分析季节性和周期性方面具有重要作用。

（2）灵活性高。通过选择合适的模型类型和参数，时间序列分析模型可以灵活地适应不同类型和特点的时间序列数据。

（3）具有较强的可解释性。这些模型具有较强的可解释性，能够帮助研究人员和数据分析师理解数据背后的时间依赖性等特征。

3. 模型估计和诊断

时间序列分析模型的估计通常采用最大似然估计或条件最小二乘估计等方法。模型的

选择和诊断包括确定最佳的模型类型、阶数选择及残差分析，从而确保模型的适用性和准确性。在实际应用中，时间序列分析通常需要借助专门的统计软件，如 R 语言的 forecast 包，Python 的 statsmodels 库等。

4. 几类时间序列模型的区别

自回归模型专注于过去值对当前值的影响，移动平均模型则关注过去随机误差对当前值的影响。自回归移动平均模型是自回归模型和移动平均模型的综合，适合同时展现自回归和移动平均特性的平稳序列。相比自回归模型、移动平均模型和自回归移动平均模型，自回归积分滑动平均模型通过差分使非平稳序列平稳，进而进行建模和预测，更加通用，但模型结构和参数选择也更加复杂。

8.1.2 机器学习模型

8.1.2.1 线性模型

线性模型，包括线性回归和逻辑回归，是统计学中最基础且应用最广泛的模型之一。它们主要用于建模变量间的线性关系，简单、直观，计算效率高。

线性回归假设一个或多个自变量（解释变量）和因变量（响应变量）之间存在线性关系，一般表示为

$$Y = \beta_0 + \beta_1 X_1 + \beta_2 X_2 + \cdots + \beta_n X_n + \varepsilon$$

其中，Y 为因变量，X_i 为自变量，β_i 为系数，ε 为误差项。

逻辑回归用于处理因变量为二分类的情况，模型输出是事件发生的概率。其模型形式通过对线性回归模型的预测结果应用逻辑函数（Sigmoid 函数）进行转换，使输出限制在 0 和 1 之间。逻辑回归主要用于分类问题，特别是二分类问题，如疾病的有无、用户点击与否等。尽管名为"回归"，但逻辑回归实际上是一种分类方法。其模型的系数估计常用最大似然估计法。

线性模型因其简单性、解释性强和计算效率高而广泛应用于各个领域。线性回归适用于预测连续变量的值，而逻辑回归则适用于预测分类结果。在实践中，这些模型可以提供快速且有效的解决方案，尤其是在数据结构相对简单、变量间关系近似线性的情况下。不过，当遇到变量间存在复杂非线性关系时，可能需要考虑更为复杂的模型。

8.1.2.2 决策树

决策树是一种流行的机器学习模型，用于分类和回归任务。它通过从数据集中学习简单的决策规则来预测目标变量的值。决策树的结构与树类似，包括节点和分支。

1. 结构特点

决策树有三种类型的节点：一是根节点，包含整个样本，是树的起始点；二是内部节点，即对应属性的测试，基于测试的结果将样本分配到子节点；三是叶节点，代表决策结

果，在分类树中表示类别，在回归树中表示具体的数值。

决策树的分支代表决策规则的输出，将数据分为两个或多个子集。

2. 使用特点

（1）解释性强：决策树模型易于理解和解释，可以直观地展示如何进行决策，适合需要解释模型决策过程的应用场景。

（2）不需要标准化数据：不像某些算法那样对数据的格式和规模有严格要求，决策树不需要对数据进行标准化或归一化处理。

（3）能同时处理数值和类别数据：决策树能够同时处理数值型和类别型数据，不需要专门的预处理。

（4）自动学习特征的交互：决策树通过树的深度来学习特征之间的交互，不需要人为创建交互项。

（5）存在过拟合风险：决策树容易过拟合，尤其是当树的深度很大时。可以通过剪枝、设置最大深度值或最小样本分割量等方式来解决这个问题。

3. 应用场景

决策树广泛应用于各种分类和回归任务，包括信用评分、客户细分、销售预测等领域。由于其模型直观且易于解释，因此决策树在商业决策支持系统中广受欢迎。

决策树是一种强大而直观的机器学习模型，可以自动从数据中学习决策规则，并适用于各种类型的数据。尽管存在过拟合的风险，但可以通过适当的参数调整和剪枝策略，构建既准确又可解释的模型，来解决实际问题。

8.1.2.3 随机森林

随机森林是一种集成学习方法，通过构建多棵决策树并将它们的预测结果进行合并来提高模型的准确率和稳定性。随机森林通过引入随机性来降低模型的方差，从而降低过拟合风险，是目前最流行的机器学习算法之一。

1. 结构特点

（1）基于决策树：随机森林由多棵决策树构成，每棵树独立地对数据进行训练和预测。

（2）引入随机性：包括特征的随机选择和样本的随机选择。特征的随机选择是在每个分割节点，随机选择一部分特征作为候选特征，而非使用所有特征。样本的随机选择是通过自助采样从原始数据集中随机选择样本来训练每棵树的。

（3）预测结果的合并：对于分类问题，使用多数投票法；对于回归问题，使用平均预测值。

2. 使用特点

（1）准确率高：通过集成多棵决策树，随机森林通常能提供比单一决策树更高的准确率。

(2)抗过拟合能力强：随机森林通过引入样本和特征的随机性，有效减少模型过拟合。

(3)自动特征选择：随机森林能够评估各个特征的重要性，有助于特征选择。

(4)易于使用：随机森林对数据预处理的要求较低，且参数调整相对简单。

(5)可解释性：虽然单棵树易于理解，但整个森林的预测过程较为复杂，可解释性不如单一决策树。

3. 关键参数

随机森林依赖于构建多棵树和合并它们的预测。在实践中，需要设置以下几个关键参数：

(1) n_estimators：森林中树的数量。增加树的数量可以提高准确性，但也会增加计算成本。

(2) max_features：在分割节点考虑的最大特征数量。这个参数控制了模型的随机性和训练时间。

(3) max_depth：树的最大深度。限制深度有助于防止过拟合。

(4) min_samples_split：分割内部节点所需的最小样本数。这可以用来控制树的生长。

4. 应用场景

随机森林在各种领域都有广泛的应用，包括但不限于金融风险评估、医学诊断、股票市场分析、生态系统建模等。它的高准确率和易用性使其成为许多数据科学家和研究人员的首选算法。

8.1.2.4 支持向量机

支持向量机是一种功能强大的监督学习算法，用于分类和回归任务。它尤其适用于高维空间的数据，并且在样本数量较少的情况下也能表现出良好的泛化能力。支持向量机的目标是找到一个最优的决策边界（对于分类问题）或超平面，以最大化不同类别之间的边缘。

1. 结构特点

(1)最大边缘分类器：支持向量机尝试找到一个超平面，以最大化最近训练样本到超平面的最小距离，这些最近的训练样本称为支持向量。

(2)核技巧：支持向量机通过使用核函数来将原始特征空间映射到更高维的空间，使得在原始空间中线性不可分的数据在新空间中变得线性可分。

(3)正则化：支持向量机内置正则化参数，有助于防止模型过拟合。正则化的强度由参数 C 控制，参数 C 的值小意味着更强的正则化。

2. 使用特点

(1)效果好：对于许多复杂的非线性问题，支持向量机能提供精确的解决方案。

（2）泛化能力强：支持向量机在预防过拟合方面表现出色，尤其是在高维数据中。

（3）灵活性高：通过选择合适的核函数，支持向量机可以用于解决各种类型的数据关系（线性/非线性）。

（4）计算复杂度：虽然支持向量机在小到中等数据集上表现良好，但在大规模数据集上耗时可能相对较长。

3. 重要公式

对于线性可分的情况，支持向量机的目标函数和约束条件可以表示为

$$\text{minimize} \frac{1}{2}\|w\|^2$$

$$\text{subject to } y_i(wx_i+b) \geq 1, \forall i$$

其中，$\|w\|$ 为超平面的法向量，b 为偏置项，x_i 和 y_i 分别代表训练样本和其标签。

对于非线性可分的情况，核函数 $X(x_i, x_j) = \phi(x_i) \times \phi(x_j)$ 允许算法在更高维的特征空间中寻找最优超平面，其中 ϕ 为将原始数据映射到高维空间的函数。

4. 应用场景

支持向量机广泛应用于图像识别、文本分类、生物信息学、语音识别等领域。它的能力在处理复杂数据集中的分类问题时尤为突出，如在人脸识别、垃圾邮件检测和基因分类研究中。由于支持向量机模型具有高准确性和强泛化能力，因此在许多领域是首选的机器学习算法之一。

8.1.2.5 神经网络和深度学习模型

神经网络和深度学习模型适用于大规模数据集与复杂的模式识别任务，如图像和语音识别。关于神经网络和深度学习的相关内容请参考6.1节，此处不再赘述。

8.2 时间序列分析方法

8.2.1 时间序列的自相关与偏自相关分析

时间序列数据由一系列按时间顺序排列的数据点组成，其中每个数据点都与其前后的数据点相关联。在时间序列分析中，理解这种内在的时间依赖对于构建准确的预测模型至关重要。自相关函数和偏自相关函数是两种主要的工具，用于分析时间序列数据中的自相关性质，并帮助研究人员确定适合数据的模型参数。

1. ADF 测试

ADF 测试（Augmented Dickey-Fuller Test）是一种用来检测时间序列是否平稳的统计检验。它的零假设是一个序列具有单位根，即它是非平稳的。ADF 测试的公式基于以下回

归模型：

$$\Delta y_t = \alpha + \beta t + \gamma y_{t-1} + \delta_1 \Delta y_{t-1} + \cdots + \delta_{p-1} \Delta y_{t-p+1} + \varepsilon_t$$

其中，Δ 表示差分运算符，y_t 为时间序列。在零假设下，我们期望 $\gamma = 0$。

2. 自相关函数

自相关函数（Autocorrelation Function，ACF）描述了时间序列与其自身在不同时间滞后下的相关程度。简而言之，它度量了当前观测值与其过去值之间的相关性。对于任何序列 y_t，其自相关函数可以定义为

$$\text{ACF}(k) = \frac{\sum_{t=k+1}^{n}(y_t - \bar{y})(y_{t-k} - \bar{y})}{\sum_{t=1}^{n}(y_t - \bar{y})^2}$$

其中，k 为滞后数，n 为序列的长度，$\bar{y}$ 为序列的平均值。ACF 的值介于 -1 和 1 之间，值越接近 1 或 -1 表示相关性越强。

通过 ACF 图，我们可以观察到随时间滞后的自相关性是如何变化的。在 ACF 图中，垂直线表示不同滞后下的自相关系数，而水平线通常表示统计显著性的阈值。如果 ACF 图显示出在某个或某些特定滞后下自相关系数显著不为零，就表明时间序列可能具有自回归特性。

3. 偏自相关函数

偏自相关函数（Partial Autocorrelation Function，PACF）可以度量时间序列在给定中间值的条件下与其自身在不同时间滞后下的相关程度。PACF 可以视为在移除中间时间点影响后，当前观测值与其过去值之间的直接相关性。PACF 的计算比 ACF 更复杂，因为它依赖于所有较短滞后的自相关系数：

$$\text{PACF}(k) = \text{Corr}(y_t - \hat{y}_t, y_{t-k} - \hat{y}_{t-k})$$

其中，$\hat{y}_t$ 为通过回归 y_t 对所有比 k 小的滞后变量得到的预测值。

在 PACF 图中，每条垂直线代表不同滞后下的偏自相关系数，而水平线表示显著性阈值。PACF 图有助于识别适合时间序列的自回归模型的阶数，即自回归模型中的 P 值。

ACF 图和 PACF 图在确定自回归积分滑动平均模型参数中发挥着核心作用，具体来说包括以下几个方面：

（1）确定差分阶数（d）：如果时间序列非平稳，则通过一定阶数的差分可以达到平稳。差分阶数通常通过观察时间序列图及 ADF 测试来确定。

（2）确定 AR 阶数（p）：PACF 图有助于确定自回归部分的阶数。在 PACF 图中，如果偏自相关系数在 p 阶后首次截断（即接近零），则可以选择 p 作为自回归模型的阶数。

（3）确定 MA 阶数（q）：ACF 图有助于确定移动平均部分的阶数。在 ACF 图中，如果自相关系数在 q 阶后首次截断，则可以选择 q 作为移动平均模型的阶数。

如图 8-1 所示，通过 ADF 测试和观察时间序列图，可以对差分阶数（d）做出以下判断：

图 8-1 ADF 测试

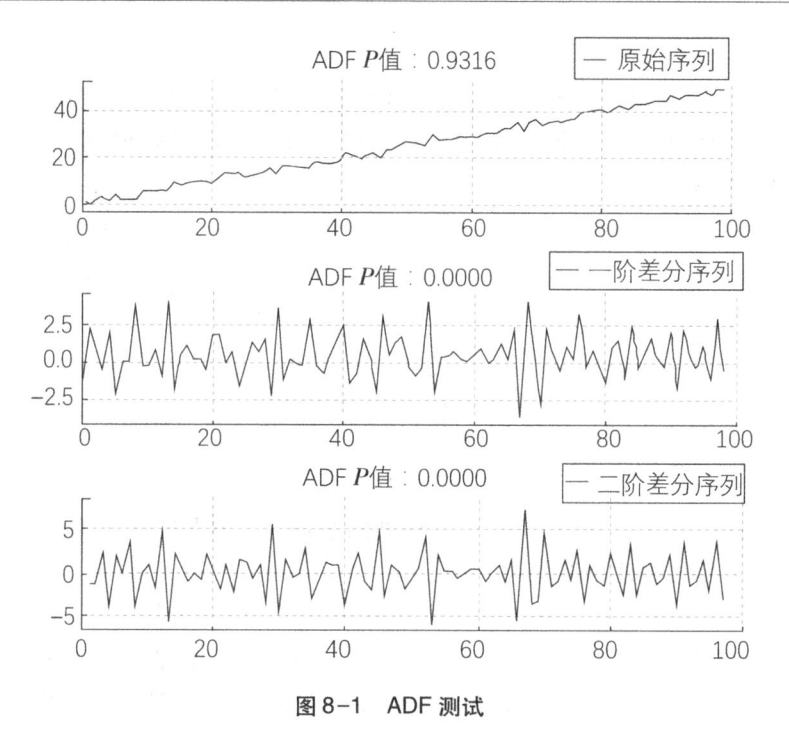

（1）原始时间序列的 ADF 测试的 P 值为 0.9316，远大于 0.05，这表明该序列非平稳，需要差分处理。

（2）一阶差分后，ADF 测试的 P 值为 0.000 025，明显小于 0.05，这意味着一阶差分后的序列是平稳的。

（3）二阶差分后，ADF 测试的 P 值为 6.035×10^{-8}，仍然非常小，这意味着序列仍然平稳。

从以上结果来看，一阶差分已足够使原始序列平稳，所以差分阶数 d 应为 1。进一步的二阶差分没有必要，因为一阶差分已满足平稳性要求。通常选择最小的差分阶数使序列平稳。所以，在这个例子中 $d=1$。

通过综合分析 ACF 图和 PACF 图，研究人员可以更准确地选择合适的模型参数，构建出反映时间序列特性的预测模型，从而提高模型预测的准确性和可靠性。

为了解释如何通过 ACF 图和 PACF 图来设置 ARIMA 模型的参数（p, d, q），下面根据一个明显的示例时间序列数据（该数据具有特定的自回归和移动平均特性）来绘制 ACF 图和 PACF 图，并基于这些图来解释如何确定模型的参数。

在 ACF 图和 PACF 图中，滞后数 Lag=0 总是完全自相关的，因为任何数据序列与其自身的相关度总是最大的，即为 1。如图 8-2 所示，ACF 图没有明显的截尾现象，这在自回归过程中是常见的。通常，ACF 图在自回归过程中会呈现缓慢的指数衰减或正弦波形状的衰减，而不是截尾，所以 $q=0$。从 PACF 图中可以看到，在第一个和第二个滞后处有显著的偏自相关性，随后的滞后值都在置信区间内，存在一个明显的截尾现象，可以考虑 $p=2$。为了简化，将不包括差分（$d=0$），直接指定自回归和移动平均的阶数。我们可以设 ARIMA（1，0，2）过程，即 p=2 和 q=0。

(a)时间序列的ACF　　　　(b)时间序列的PACF

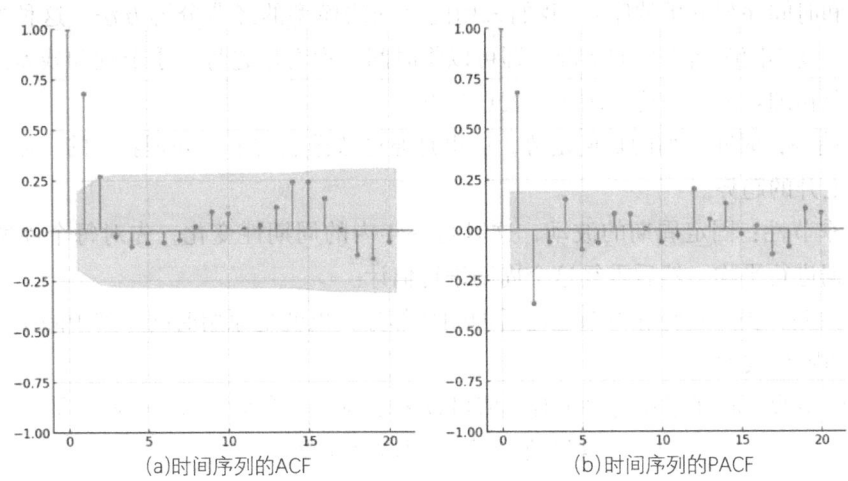

图 8-2　ACF 图和 PACF 图

8.2.2　时间序列的分解

在时间序列分析中，分解是一种关键的技术，能够揭示隐藏在数据背后的结构性模式。时间序列通常可以分解为三个主要组成部分：趋势（Trend）、季节性（Seasonal）和残差（Residual）（随机性）。这种分解可以帮助我们理解数据的长期走势、周期性波动及不规则的波动因素。下面详细探讨时间序列分解的原理、方法，以及如何利用分解结果来进行预测和分析。

时间序列分解的基本思想是将一个时间序列观测值分为三个不同的组成部分：

（1）趋势：表示数据的长期走势，反映时间序列在长期范围内的上升或下降趋势。趋势可以使用多种方法来估计，包括移动平均或更复杂的回归技术。

（2）季节性：描述时间序列在固定周期内的规律性变动，如一年有四个季度，一周有七天，一天有二十四个小时。季节性可以通过找出并度量这些周期性波动的模式来识别。

（3）残差：也称随机性误差。残差部分包括数据中无法通过趋势和季节性来解释的波动。这部分波动通常被认为是随机的，可能包含一些未被模型捕捉到的信息。

在实际操作中，有多种分解方法可以应用于时间序列，主要包括以下几种：

（1）经典分解法：将时间序列分为趋势、季节性和残差部分，这种方法假设季节性和趋势的模式随时间保持不变。

（2）STL 分解法：是一种更灵活的分解方法，可以处理季节性和趋势的变化。

分解不只是为了理解和描述数据，更重要的是通过识别和测量这些组成部分能够更准确地进行预测。例如，在了解数据的季节性模式之后，就可以预测未来某个时期内的季节性波动。同样，如果能够估计出趋势，就能对未来的长期趋势进行预测。

下面通过一个例子来演示时间序列的分解：假设要分析某家公司某年销售数据的趋

势、季节性和残差。为了进行演示，此处使用 Python 中的 statsmodels 库（这是一个常用于统计建模和时间序列分析的库）。我们采用的是加法模型的经典分解方法。这种方法适用于季节性幅度不随时间变化的情况，即可以将时间序列看作趋势、季节性和残差三个组成部分的简单相加。具体到这个例子，就意味着：

（1）趋势：时间序列的长期走势，这里是通过数据点的平滑处理获得的，显示了销售额随时间上升的趋势。

（2）季节性：固定周期的波动，这里是一年内的周期性变化，先对每个周期（如每月）的数据进行平均，然后重复这个周期进行估计。

（3）残差：去除趋势和季节性之后的剩余部分，也就是原始时间序列中除了趋势和季节性以外的随机波动。

加法模型假设时间序列的每个观测值可以表示为这三个组成部分的和，即

$$观测值 = 趋势 + 季节性 + 残差$$

加法模型的特点在于，如果将分解得到的趋势、季节性和残差相加，就会得到一个与原始观测值非常接近的序列。这正好符合加法模型的基本假设：时间序列的每个观测值都是趋势、季节性和残差三个组成部分的和。

通过这种方法，我们能直观地看到时间序列中的趋势、季节性及残差部分，这对于理解数据的行为模式，以及进行进一步的分析和预测都是非常有帮助的。

时间序列分解示例图（趋势、季节性、残差）如图 8-3 所示。

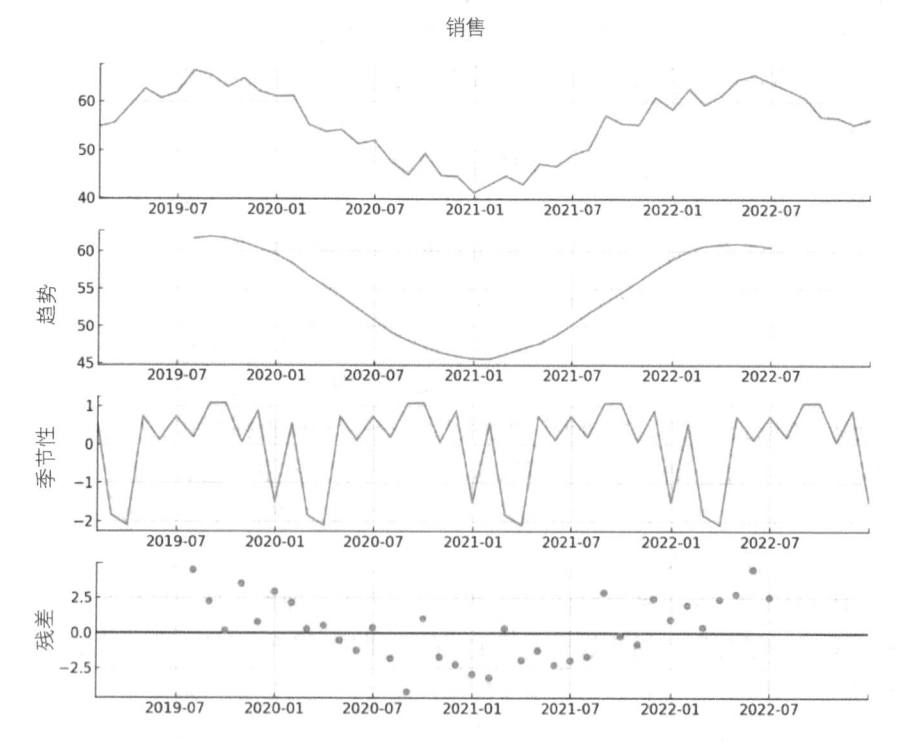

图 8-3 时间序列分解示例图（趋势、季节性、残差）

通过这种分解，我们能够清楚地看到时间序列中的各个组成部分，包括数据的长期走势、周期性波动及不规则的波动因素。这为进一步的分析和预测提供了重要的洞察。例如，通过了解季节性模式，可以预测未来某个时期的销售波动；通过分析趋势组成部分，可以对未来的长期走势进行预测。

总之，时间序列分解是一种功能非常强大的工具，提供了一个时间序列的多维视角，有助于分别分析和预测其趋势、季节性和随机性。通过这些分析，我们可以更好地理解过去的模式，并进行未来的规划。

8.2.3 指数平滑法

指数平滑法是时间序列预测中一种重要的方法，通过为历史数据赋予不同的权重来预测未来的值。这种方法假设最近的观测值比过去的观测值更能代表未来，因此为近期数据赋予更高的权重。指数平滑法主要分为三类：简单指数平滑、霍尔特线性趋势方法（Holt's Linear Trend Method）和霍尔特-温特斯季节性方法（Holt-Winters Seasonal Method）。这三种方法适用于不同类型的时间序列数据。

8.2.3.1 简单指数平滑

简单指数平滑适用于没有明显趋势和季节性的时间序列。这种方法仅有一个平滑参数 α，该参数用于控制对最近观测值的权重。简单指数平滑的计算公式为

$$S_t = \alpha Y_{t-1} + (1-\alpha) S_{t-1}$$

其中，S_t 为时间 t 的平滑值；Y_{t-1} 为时间 $t-1$ 的实际观测值；α 为平滑参数，取值范围为 0 到 1。通过调整 α 的值，可以控制模型对历史数据的敏感程度。

8.2.3.2 霍尔特线性趋势方法

霍尔特线性趋势方法扩展了简单指数平滑，能够处理具有趋势的时间序列。除了平滑参数 α，霍尔特线性趋势方法还引入了趋势平滑参数 β 来调整趋势的影响。霍尔特线性趋势方法的核心在于分别对级别（Level）和趋势进行平滑处理。该方法的计算公式为

$$L_t = \alpha Y_t + (1-\alpha)(L_{t-1} + T_{t-1})$$
$$T_t = \beta (L_t - L_{t-1}) + (1-\beta) T_{t-1}$$

其中，L_t 为时间 t 的级别估计，T_t 为时间 t 的趋势估计。

通过结合级别和趋势的估计，霍尔特线性趋势方法可以生成具有线性趋势的时间序列预测。

8.2.3.3 霍尔特-温特斯季节性方法

霍尔特-温特斯季节性方法进一步扩展了霍尔特线性趋势方法，以适应具有季节性的时间序列。这种方法引入了季节性平滑参数 γ，并对每个季节周期进行单独的平滑。霍尔特-温特斯季节性方法包括加法季节性和乘法季节性两种变体，它们分别适用于季节性变

化幅度恒定和季节性随趋势变化的时间序列。核心方程包括级别、趋势和季节性的调整，表达式分别为

$$L_t = \alpha(Y_t - S_{t-s}) + (1-\alpha)(L_{t-1} + T_{t-1})$$
$$T_t = \beta(L_t - L_{t-1}) + (1-\beta)T_{t-1}$$
$$S_t = \gamma(Y_t - L_{t-1} - T_{t-1}) + (1-\gamma)S_{t-s}$$

其中，S_{t-s} 为时间 $t-s$ 的季节性成分，s 为季节周期长度。

8.2.4 波动性建模：ARCH 模型和 GARCH 模型

在金融时间序列分析中，波动性建模是一个核心领域，因为它有助于预测资产价格、利率和汇率等的波动。自回归条件异方差（Autoregressive Conditional Heteroskedasticity，ARCH）模型及其扩展版本广义自回归条件异方差（GARCH）模型是两种使用非常广泛的波动性预测方法。这些模型特别适用于处理金融时间序列的波动聚集现象，即大的波动倾向于被大的波动跟随，小的波动倾向于被小的波动跟随。

1. ARCH 模型

ARCH 模型是由 Engle 于 1982 年提出的，用于模拟时间序列的条件异方差，即序列在不同时间点的波动性是变化的。ARCH 模型的基本假设是在给定过去信息的情况下，当前的波动率可以用过去时期的误差项的平方的线性组合来预测。如果用 γ_t 表示时间序列（如资产收益率）在时间 t 的值，那么 γ_t 的条件异方差模型可以表示为

$$\gamma_t = \mu + \varepsilon_t$$
$$\varepsilon_t = \sigma_t z_t$$
$$\sigma_t^2 = \alpha_0 + \alpha_1 \varepsilon_{t-1}^2 + \alpha_2 \varepsilon_{t-2}^2 + \cdots + \alpha_p \varepsilon_{t-p}^2$$

其中，μ 为均值项，ε_t 为时间 t 的误差项，σ_t^2 为条件方差，z_t 为白噪声序列，$\alpha_0 > 0$，$\alpha_i \geq 0$（$i=1, 2, \cdots p$）。

2. GARCH 模型

GARCH 模型是由 Bollerslev 于 1986 年提出的，是在 ARCH 模型的基础上进行了扩展，允许波动率的预测不仅依赖于过去的误差项，还依赖于过去的条件方差本身，从而提高模型的灵活性和适应性。一个 GARCH（p, q）模型可以表示为

$$\sigma_t^2 = \alpha_0 + \sum_{i=1}^{p} \alpha_i \varepsilon_{t-i}^2 + \sum_{j=1}^{q} \beta_j \sigma_{t-j}^2$$

其中，$\alpha_0 > 0$，$\alpha_i \geq 0$，$\beta_j \geq 0$（$i=1, 2, \cdots p, j=1, 2, \cdots q$）。GARCH 模型特别适用于金融时间序列数据，因为它可以很好地捕捉到金融市场波动的持久性等特征。

ARCH 模型和 GARCH 模型在金融时间序列分析中的应用十分广泛，包括以下几个方面：

（1）风险管理：通过估计资产收益率的波动性，帮助金融机构和投资者量化与管理风险。

（2）投资组合优化：通过预测不同资产的波动性和相关性，帮助投资者构建风险最小化的投资组合。

（3）衍生品定价：在对期权和其他金融衍生品定价时，波动性是一个关键参数。

（4）市场监管：监管机构可以使用这些模型来监控市场波动性，评估系统性风险。

通过使用 ARCH 模型和 GARCH 模型，数据分析师和投资者可以更深入地理解与预测金融时间序列的波动性，从而为决策提供重要的信息。

8.3 高级统计方法

在实验数据分析中，尤其是面对复杂实验设计和大数据环境，传统的统计方法可能无法充分利用数据中的所有信息或处理数据的复杂结构。此时，高级统计方法就显得尤为重要。这些方法能提供更深入的洞察力和更强大的分析灵活性，从而帮助研究人员更准确地解读实验结果。下面介绍几种适用于实验数据分析的高级统计方法，以及它们在解释复杂实验结果中的应用。

8.3.1 混合模型

混合模型（Mixed Model）提供了一种强大的统计框架，用于分析具有内在层次结构或相关性的数据。它们能够同时处理固定效应（即实验中有意施加的条件或干预，表示那些研究人员感兴趣的主要效应或干预项，其影响被假定为对所有个体或实验单位是恒定的）和随机效应（即数据中的随机变异，如个体之间的差异或测量时间点之间的变化，其影响被视为来自某个概率分布）。

混合模型基于线性模型的原理，但它通过引入随机效应来扩展标准线性模型，从而捕捉数据中的层次结构和组内相关性。在混合模型中，数据被假定为来自多个层次或群组，每个层次或群组内部的观测可能会相互关联。

混合模型可以表示为

$$Y = X\beta + Z\gamma + \varepsilon$$

其中，Y 为响应变量向量；X 和 Z 分别为固定效应和随机效应的设计矩阵；β 为固定效应参数向量；γ 为随机效应参数向量，通常假定为来自正态分布 $\gamma \sim N(0, G)$，其中 G 为随机效应的协方差矩阵；ε 为误差项，假定为正态分布 $\varepsilon \sim N(0, R)$，R 为误差的协方差矩阵。

混合模型的实施主要包括以下几个步骤：

（1）模型规范：根据研究设计和数据结构，确定哪些变量应作为固定效应，哪些应视为随机效应。

（2）参数估计：混合模型的参数估计通常采用最大似然估计或限制性最大似然估计。最大似然估计通过最大化观测数据的似然函数来估计参数；限制性最大似然估计则在估计随机效应的方差组分时，对固定效应进行了调整，通常可以得到更无偏的估计。最大似然估计和限制性最大似然估计的概念介绍请参考附录 A.8.5 和 A.8.6。

（3）模型拟合与选择：利用统计软件（如 R 的 lme4 包、SAS 的 PROC MIXED 等）进行模型拟合。可能需要拟合多个模型，并通过信息准则，如 AIC 或 BIC（具体概念介绍请参考附录 A.10.2）来比较模型的拟合优度，选择最合适的模型。

（4）模型诊断：检查模型残差，评估模型假设（如残差的正态性和方差齐性）是否得到满足。必要时，需要考虑对模型进行调整。

（5）结果解释：解释固定效应和随机效应的估计结果，考虑它们在实验设计和研究假设中的意义。

总之，混合模型以其强大的灵活性和准确性，在处理实验数据的复杂结构时提供了极大的便利。多种统计软件包（如 R、SAS 和 SPSS）都提供了混合模型的分析功能。选择合适的软件和算法是实施混合模型分析的关键步骤。通过妥善选择和应用混合模型，研究人员可以更深入地理解数据中的模式和关系，为科学发现奠定坚实的统计基础。

8.3.2 结构方程模型

结构方程模型（Structural Equation Model，SEM）是一种统计方法，允许同时分析多个变量之间的复杂关系。结构方程模型结合了因子分析和多变量回归分析，使研究人员能够测试变量间的因果关系和潜在路径模型。这对于理解变量之间如何相互作用，以及它们是如何影响实验结果的非常有帮助。结构方程模型在社会科学、市场研究、生物统计学及心理学研究等领域中有着十分广泛的应用，特别是在那些涉及多个预测变量和结果变量的情境中。

8.3.2.1 结构方程模型的关键组成

（1）潜变量（Latent Variable）：结构方程模型通过潜变量（不可直接观测的变量，通常通过多个指标变量进行推断）来解释变量间的关系，这些潜在的因子可以更好地捕捉复杂概念的本质。

（2）观测变量（Observed Variable）：可以直接测量和观察到的变量，与潜变量相对。

（3）测量模型（Measurement Model）：揭示潜变量和观测变量之间的关系，通常通过因子分析来估计。

（4）结构模型（Structural Model）：定义潜变量之间的因果关系，以多变量回归的形式来表示。

8.3.2.2 结构方程模型的应用流程

（1）模型规范（Model Specification）：明确指定模型的结构，包括变量之间的关系、哪些是潜变量、哪些是观测变量等。

（2）参数估计（Parameter Estimation）：使用统计软件（如 AMOS、LISREL、Mplus

等）根据收集的数据估计模型参数。

（3）模型评估（Model Evaluation）：通过各种拟合指标，如 CFI（Comparative Fit Index，比较拟合指数）、RMSEA（Root Mean Square Error of Approximation，均方根误差近似）、SRMR（Standardized Residual Root Mean Square，标准化均方残差）等评估模型与数据的匹配程度。

（4）模型修正（Model Modification）：根据模型评估的结果，对模型进行必要的修正以提高拟合度。

（5）结果解释和报告（Result Interpretation and Reporting）：解释模型参数的估计值，探讨变量间的关系，并报告研究结果。

8.3.2.3　结构方程模型的应用实例

下面通过一个具体的例子来详细说明结构方程模型的应用：研究工作满意度对员工离职意向的影响，同时考虑组织承诺作为中介变量。

1. 研究背景和目的

在人力资源管理领域，理解员工离职意向的决定因素是非常重要的。假设基于理论和先前研究，我们认为工作满意度不仅直接影响员工的离职意向，还通过提高或降低员工的组织承诺间接影响离职意向。因此，可以使用结构方程模型来探索这三个变量之间的复杂关系。

下面采用一个包含 500 个员工样本的数据集，每个员工的工作满意度（Work Satisfaction）、组织承诺（Organizational Commitment）和离职意向（Turnover Intention）都通过调查问卷获得。以下是变量格式：

（1）工作满意度：从 1（非常不满意）到 5（非常满意）的评分。

（2）组织承诺：从 1（非常低）到 5（非常高）的评分。

（3）离职意向：从 1（非常不可能）到 5（非常可能）的评分。

2. 模型构建

（1）潜变量：工作满意度、组织承诺、离职意向。

（2）观测变量：通过调查问卷测量，每个潜变量由多个问题（如 5 点量表）的得分构成。

（3）测量模型：每个潜变量由其对应的观测变量通过因子分析确定。

（4）结构模型：设定工作满意度直接影响组织承诺和员工离职意向，组织承诺进一步影响员工离职意向。

3. 参数估计和模型评估

使用专业的统计软件，如 AMOS 或 Mplus，输入收集的数据并估计模型参数。通过模型评估指标（如 CFI、RMSEA）检查模型与数据的拟合程度。如果拟合指标不理想，可能需要对模型进行调整，如增加或删除路径，或者考虑潜在的测量误差。

模型参数如下：

（1）工作满意度对组织承诺的影响（路径系数）：0.60，标准误：0.05，P 值<0.001。

（2）组织承诺对员工离职意向的影响（路径系数）：-0.50，标准误：0.05，P 值<0.001。

（3）工作满意度对员工离职意向的直接影响（路径系数）：-0.20，标准误：0.05，P 值=0.002。

拟合度指标如下：

（1）比较拟合指数：0.97，表明模型与数据拟合良好。

（2）均方根误差近似：0.04，表示模型与数据的误差近似很小，拟合度高。

（3）标准化均方残差：0.05，指出了良好的模型拟合。

4. 最终模型显示

路径系数表明工作满意度正向显著影响组织承诺，这符合我们的预期，意味着更高的工作满意度会导致更高的组织承诺。从图 8-4（a）中可以看出，随着工作满意度的提高，组织承诺也趋于增加。这表明在模拟数据中，工作满意度与组织承诺正相关，即更高的工作满意度可能会导致更高的组织承诺。

组织承诺负向显著影响离职意向，说明员工对组织的承诺越强，他们离职的可能性越小。从图 8-4（b）中也可以看出，随着组织承诺的增加，员工离职意向降低。这意味着员工对组织的承诺越强，他们离开组织的可能性越小。

工作满意度对员工离职意向有直接负向影响，如图 8-4（c）所示，这表明即使在控制了组织承诺的情况下，工作满意度的降低仍然直接降低员工离职意向。

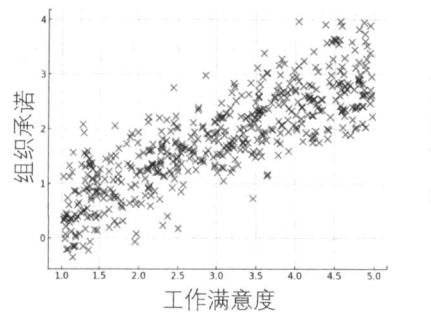

（a）工作满意度与组织承诺 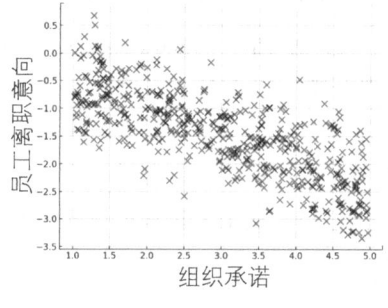　　（b）组织承诺与员工离职意向

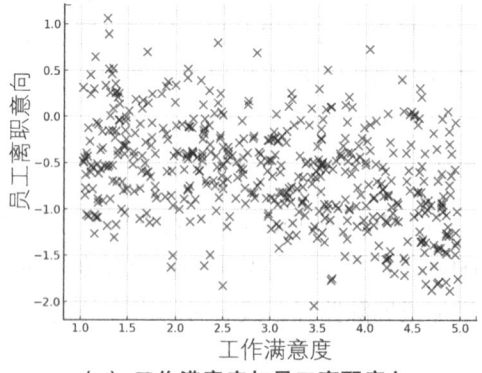

（c）工作满意度与员工离职意向

图 8-4　各个变量之间的关系

CFI 指标高于 0.95，RMSEA 和 SRMR 的值均比较低，这表明模型与收集到的数据非常吻合。这意味着模型结构良好，能够很好地解释观测到的数据变异。

这个例子展示了结构方程模型在探索和验证复杂理论模型中的应用。通过该模型，我们不仅证实了工作满意度的提高直接降低员工的离职意向，还发现了组织承诺作为重要的中介变量在其中的作用。这样的发现可以帮助人力资源管理者设计更有效的干预措施来提高员工满意度和组织承诺，从而降低员工离职率。

8.3.2.4 结构方程模型的优势

（1）复杂关系建模：结构方程模型能够处理变量间的复杂关系，包括多重中介效应、调节效应等。

（2）测量误差的考虑：结构方程模型考虑测量误差，可以提高估计的准确性。

（3）理论驱动：结构方程模型是一种理论驱动的分析方法，强调模型应基于理论构建，有助于科学理论的发展和验证。

结构方程模型为研究人员提供了一种强有力的工具，来探索和验证理论模型。通过对复杂数据结构进行深入分析，结构方程模型有助于揭示变量间的深层次关系，为科学研究和实践决策提供理论和实证基础。

8.3.3 因果推断方法

因果推断方法是高级统计方法中的一个重要部分，涉及的技术和理论都用于确定变量间的因果关系。这些方法在经济学、流行病学、社会科学，以及需要理解一个变量如何影响另一个变量的领域都极其重要。因果推断与相关性分析不同，后者仅仅指出变量之间的关联性，不能确定一个变量是否影响另一个变量。

在观察性数据中发现因果关系是统计学和数据科学的一个重大挑战。因果推断方法旨在超越传统的相关性分析，以确定变量之间的因果关系。这些方法在很大程度上依赖于严密的统计框架、实验设计及复杂的计算技术。

因果推断方法主要包括以下几种：

8.3.3.1 随机对照试验

随机对照试验（Randomized Controlled Trial，RCT）被认为是因果推断的"黄金标准"。通过随机分配实验对象到实验组或对照组，随机对照试验旨在消除选择偏差和混杂变量，从而准确估计处理效应。

1. 核心原理

随机对照试验的核心是随机性。这种设计将实验对象随机分配到实验组或对照组，以创建等效的群体。这样任何处理效应的差异都可归因于处理本身，而非其他外部因素。

2. 主要步骤

（1）定义研究问题和假设。

(2) 选择实验对象，确保样本的代表性。

(3) 将实验对象随机分配到实验组或对照组。

(4) 对实验组实施干预措施，而对照组不接受干预或接受现有的标准治疗。

(5) 收集和分析数据，评估处理效应。

(6) 推断结果，确保结果的可信度和有效性。

3. 优点

(1) 有助于控制实验偏差。

(2) 结果具有高度的内部有效性。

(3) 可以直接推断因果关系。

4. 局限性

(1) 成本高，耗时长。

(2) 不总是可行的，或者在伦理上有时是不可接受的。

(3) 可能存在合规性问题，影响外部有效性。

5. 应用场景

随机对照试验在医学和公共卫生研究中最常见，如测试新药的有效性和安全性。随机对照试验也广泛应用于教育、经济政策、心理学和社会科学研究等领域，以评估各种干预措施的影响。

8.3.3.2 断点回归设计

断点回归设计（Regression Discontinuity Design，RDD）在自然发生的或政策导致的"断点"附近分析数据，这些断点创建了一个近乎随机的处理分配，可用来估计局部的平均处理效应。

1. 核心原理

断点回归设计是一种非随机实验设计，适用于当实验条件由某个阈值或断点决定时。它利用断点两侧的个体近乎随机的分配特性来估计局部的平均处理效应。

2. 主要步骤

(1) 识别自然发生的或政策导致的断点。

(2) 收集断点附近的数据。

(3) 利用统计模型比较断点两侧的处理效应。

(4) 估计和解释局部的平均处理效应。

3. 优点

(1) 适用于观察性数据，尤其是当随机对照试验不可行时。

(2) 利用自然发生的变量阈值作为实验干预。

(3) 较好地逼近随机对照试验的因果效应估计。

4. 局限性

（1）对断点的确定性要求高，且必须是可信的。
（2）仅估计局部平均处理效应，可能无法推广到其他群体。
（3）对模型的选择和数据质量有较高的要求。

5. 应用场景

断点回归设计在经济学和政策分析中非常流行，特别是在评估政策变化对经济行为的影响时。例如，研究某项税收政策变化对个人消费行为的影响，或者学科成绩对学生升学机会的影响。

8.3.3.3 倾向得分匹配

倾向得分匹配用来控制非随机分配的试验中的选择偏差。通过模拟随机化过程，倾向得分匹配可以平衡实验组和对照组之间的特征。

1. 核心原理

倾向得分匹配的核心是构造一个倾向得分，即在观察到的协变量下，接受特定处理的条件概率。倾向得分用来匹配实验组和对照组的成员，从而创建一个在协变量上平衡的样本。

2. 主要步骤

（1）选择一组协变量，这些变量预期会影响个体接受处理的概率。
（2）使用逻辑回归或其他适当的概率模型估计每个个体的倾向得分。
（3）基于倾向得分将实验组和对照组的个体进行匹配。
（4）进行匹配后的样本分析，比较处理效应。
（5）评估匹配质量，包括平衡性检验和敏感性分析。

3. 优点

（1）减少观察性研究中的选择偏差。
（2）改善因果推断的可靠性。
（3）在随机对照试验不可行的场合提供了一种替代方法。

4. 局限性

（1）对选择的协变量高度敏感。
（2）无法平衡未观测到的混杂变量。
（3）匹配过程可能导致样本量的减少。

5. 应用场景

倾向得分匹配在观察性研究中非常有用，特别是当随机对照试验不可行时。倾向得分匹配被广泛用于医疗健康研究，如评估某种治疗方案对患者生存率的影响，以及在经济学和社会科学领域中评估政策效果。

8.3.3.4 工具变量方法

当处理不是随机分配时,工具变量(Instrumental Variable,IV)方法可以用来识别因果效应。它依赖一个与处理关联但不直接影响结果的变量来作为分析的"工具"。

1. 核心原理

工具变量方法在观察性研究中用来估计因果效应,特别是当处理的分配可能受到混杂变量影响时。工具变量是与结果无关,但与处理分配有关的变量。

2. 主要步骤

(1) 识别一个或多个工具变量,这些变量应该与处理紧密相关,但与结果没有直接关系。

(2) 使用两阶段最小二乘法(Two-Stage Least Squares,2SLS)或其他适当的统计方法来估计处理效应。

第一阶段:用工具变量预测处理的分配。

第二阶段:用第一阶段预测的处理分配来估计对结果的影响。

(3) 评估工具变量的有效性,包括相关性检验和排他性限制。

3. 优点

(1) 在随机化难以实施时提供了因果效应的估计。

(2) 适用于处理分配受到遗漏变量影响的情况。

4. 局限性

(1) 寻找合适的工具变量很有挑战性。

(2) 工具变量的选取需要满足严格的统计假设。

(3) 仅适用于局部平均处理效应的估计,不一定适用于整个样本。

5. 应用场景

工具变量方法在经济学研究中尤其流行,主要用于处理内生性问题,如评估教育对收入的影响时解决可能的反向因果问题。工具变量方法也适用于医学统计,如探讨治疗方法的因果效应。

8.3.3.5 差异中的差异方法

差异中的差异(Difference in Differences,DID)是一种准实验方法,通过比较处理前后及实验组和对照组的变化来估计处理效应。

1. 核心原理

差异中的差异方法通过比较两组对象在干预前后的变化来识别干预效果。具体来说,它先计算实验组在干预后与干预前的变化,然后减去对照组在相同时间内的变化。

2. 主要步骤

（1）确定实验组和对照组，并收集干预前后的数据。

（2）评估处理和对照组在干预前的趋势是否平行，这是差异中的差异方法有效的关键假设。

（3）使用回归分析来估计干预的效应，控制时间和群体固定效应。

（4）评估干预效应，即干预组与对照组的差异中的差异。

（5）进行敏感性分析和稳健性检验，以验证结果的可靠性。

3. 优点

（1）不需要随机分配干预。

（2）能够控制不随时间变化的不可观测异质性。

（3）适用于自然实验和政策评估研究。

4. 局限性

（1）需要强平行趋势假设。

（2）受时间变量影响和事件的异质性影响。

（3）不能控制所有可能的混杂变量。

5. 应用场景

差异中的差异方法在经济学和公共政策分析中用于评估政策变更、法律改革或经济干预措施的效果。差异中的差异方法还广泛应用于医疗研究、交通规划、金融市场等领域。

8.3.3.6 因果树和因果森林

因果树和因果森林是利用机器学习技术进行因果推断的新兴方法。因果树通过数据分割来估计不同子群体的处理效应。

1. 核心原理

因果树和因果森林是基于决策树和随机森林的机器学习方法，用于估计处理效应，尤其是估计异质性治疗效果。这些方法通过分析处理效应在不同子群体之间的差异，来探索和识别哪些个体最有可能从干预中受益。

2. 主要步骤

（1）收集实验组和对照组的数据，包括处理变量和一系列预测因子。

（2）构建一棵决策树，以处理效应为目标变量，并使用分割标准来发现处理效应的异质性。

（3）应用随机森林方法，通过建立多棵决策树来提高估计的准确性和稳定性。

（4）使用因果森林模型来估计个体水平的处理效应。

（5）评估预测因子与处理效应异质性的关系，并识别潜在的效应修饰因子。

3. 优点

（1）能够发现潜在的效应异质性。

（2）结合了机器学习的灵活性和统计因果推断的准确性。

（3）适用于大数据和复杂数据结构。

4. 局限性

（1）模型的解释性较传统统计模型差。

（2）需要依赖正确的模型设定和足够的数据量。

（3）需要复杂的算法和计算资源。

5. 应用场景

因果树和因果森林能够处理复杂的数据结构，发现数据中潜在的异质性因果效应。在医学研究中，可以用它们来识别哪些患者群体最有可能从特定治疗中受益。在市场营销中，利用这些方法可以确定哪些客户对特定广告或推广活动的反应最积极，从而实现更加个性化的营销策略。

8.4 深入模型评估与优化：数据可视化的进阶应用

本节将在前面所建立的数据分析与可视化的基础上，探索模型统计与诊断方法的高级应用，特别是数据可视化技术在深化模型评估、优化及实验设计中的关键作用。本节旨在超越数据可视化的基础应用，进入更加复杂和动态的可视化领域，以揭示模型性能的深层次细节，并指导模型的迭代改进。

随着数据科学和机器学习的快速发展，模型的构建与评估变得越来越复杂，涉及的数据维度和数量级也在不断增加。传统的数据可视化方法虽然在某种程度上能够帮助研究人员理解数据和模型性能，但在处理高维数据、动态变化的模型参数和复杂的模型行为时存在诸多局限性。因此，本节将重点讨论如何通过高级数据可视化技术，包括动态可视化和交互式探索工具，来深入分析和诊断统计模型，以及如何利用这些技术来优化模型和实验设计。

通过学习本节内容，读者能够掌握利用高级数据可视化技术进行模型评估与诊断的方法，以及将这些技术应用于模型优化和实验设计中，从而在实际工作中做出更加精准和有效的决策。

8.4.1 高级数据可视化在模型评估中的角色

在模型评估阶段，高级数据可视化的作用不只局限于呈现模型性能的直观图像，更关键的是能够揭示模型的内在机制、捕捉细微的模式变化，并为模型优化提供指导。本节将从新的角度探讨高级数据可视化在模型评估中的独特角色和应用价值。

1. 揭示模型的内在机制

高级数据可视化技术，尤其是那些能够展示模型内部结构和决策过程的工具，对于深入理解复杂模型非常重要。例如，可视化神经网络的激活图可以帮助研究人员理解网络是如何对不同的特征做出反应的，而决策树的可视化则能直观展示决策过程的分支结构。这些内在机制的可视化不仅可以提高模型的可解释性，还可以为识别潜在的偏差或过拟合问题提供线索。

2. 捕捉细微的模式变化

在模型优化过程中，理解模型性能随参数调整的变化十分重要。动态可视化工具，允许在参数空间内自由探索，捕捉到的即便是微小的模式变化，对于精细调优模型参数都是非常有帮助的。通过这种方式，研究人员可以直观地看到哪些参数对模型性能的提升有显著影响，哪些调整可能会导致性能下降或过拟合。

3. 优化模型结构

对于复杂模型，特别是那些层次多、参数多的模型，如何决定哪些部分需要简化或强化是一个挑战。利用高级数据可视化技术，可以辅助研究人员识别模型中的关键路径和冗余结构。例如，通过分析模型各个部分对最终预测结果的贡献大小，可以优化模型结构，去除不必要的部分，强化关键的特征处理路径，从而在不牺牲准确度的前提下提升模型的效率和泛化能力。

4. 引导实验设计

在实验设计阶段，高级数据可视化技术可以帮助研究人员模拟和预测不同设计选择对模型性能的可能影响。这种"前瞻性"的可视化分析，能够在实际调整模型之前提供宝贵的洞察，指导研究人员做出更合理的实验设计决策。通过预测实验结果的可视化，可以有效规避一些常见的设计陷阱，选择最有可能提升模型性能的实验路径。

总之，高级数据可视化在模型评估中的作用远超过简单的性能展示，如它可以深入模型的内部结构，揭示模型决策的微妙机制，指导模型的优化和实验设计。利用这些高级技术能够更深刻地理解模型的工作原理，有效提升模型的性能和可解释性。

8.4.2 动态可视化与交互式探索在模型诊断中的应用

在模型诊断过程中，动态可视化与交互式探索技术使数据科学家和数据分析师能够以前所未有的深度与灵活性探索数据及模型性能，从而有效地识别并解决问题。本节将探讨这些技术如何在模型诊断中发挥作用，包括数据集内在结构的探索、异常点的识别和模型参数的动态调整。

1. 探索数据集的内在结构

交互式可视化工具使用户能够通过直观的方式探索数据集的内在结构，理解数据的分布、关联性及潜在的群组划分。例如，通过动态调整可视化图表的参数，用户可以观察到不同维度下数据的聚类情况，进而发现数据中可能存在的模式或规律。这种深入的探索有助于在模型构建前对数据有更全面的理解，为后续的模型选择和特征工程提供指导。

2. 识别异常数据点

模型诊断的一个关键任务是识别和处理异常数据点，这些数据点可能会对模型的训练和性能产生不利影响。交互式可视化工具提供了一种有效的方式来标识这些异常点。用户可以通过动态图表观察数据的分布情况，快速定位偏离主体数据集的数据点。此外，通过对这些异常点进行进一步的交互式探索，可以更好地理解它们的特性和成因，为数据预处理和清洗提供依据。

3. 动态调整模型参数

交互式可视化技术的一个重要应用是使用户能够动态调整模型参数，并实时观察这些调整对模型性能的影响。这种实时反馈机制极大地提高了模型调优的效率和准确性。

交互式可视化技术通过提供直观的界面（如滑动条、输入框等），能够使用户在实时环境中调整模型的关键参数。例如，通过滑动条调整正则化系数或学习率，用户可以立即观察到这些变化如何影响模型的损失函数或准确率等关键指标。这种即时反馈循环能极大地加快参数调优过程，同时能增加用户对模型行为的理解。市面上一些用于数据科学、机器学习和深度学习领域的软件与工具库都支持交互式地动态调整模型参数，并即时观察模型性能的变化。以下是几个典型的例子：

（1）Dash by Plotly：Dash 是一个 Python 框架，用于构建数据分析应用。它支持创建交互式的 Web 应用，可以通过滑动条、下拉菜单等控件动态调整模型参数，并即时展示结果。Dash 能够集成机器学习和深度学习模型，是展示模型行为和参数调优过程的强大工具。

（2）Streamlit：是一个快速创建数据应用的 Python 库，有助于数据科学家轻松构建和分享他们的数据分析工作。它支持快速创建具有交互性的 Web 应用，包括动态调整模型参数的功能。用户可以通过界面上的控件（如滑动条）调整参数，Streamlit 会即时反映这些调整对模型输出的影响。

（3）Jupyter Widgets：在 Jupyter Notebooks 中，Widgets 提供了一种在 Notebook 环境中创建交互式 UI 元素的方式。利用这些小部件，用户可以在 Notebook 中嵌入滑动条、按钮等控件，实现动态调整模型参数并观察结果的目的。

这些工具和框架大大降低了创建交互式数据分析和机器学习模型应用的门槛，为模型的开发和调优提供了极大的便利。

动态调整模型参数的过程不仅是寻找最佳参数的技术活动，更是学习和理解模型行为的过程。通过实时观察参数变化对模型性能的影响，用户能够更深入地理解模型如何响应不同的参数设置，这有助于提升模型调优的性能，并指导未来的模型设计和数据分析决策。

4. 结合反馈循环进行模型优化

在现代机器学习和数据科学实践中，结合动态可视化和交互式探索技术形成的反馈循环为模型优化提供了一种前所未有的方法。这种方法允许用户通过直观的界面和实时参数调整功能，深入数据集进行探索，识别潜在问题，并基于观察到的问题快速调整模型参数。这不仅能极大地提高模型调优的效率，还能加深用户对模型行为和数据特性的理解。

在动态调整模型参数的过程中，用户可以实时观察这些调整如何影响模型的性能指标，如准确率或损失函数的变化。这种即时反馈使寻找最优模型参数配置变得更加高效，同时可以帮助用户直观地理解不同参数对模型性能的具体影响。通过不断地探索、识别问题、调整参数并观察结果，用户能够在较短的时间内逐步优化模型，提升其准确率和泛化能力。

此外，这个过程不仅能提高模型开发的效率，还能显著增强模型的可解释性和透明度。用户能够清晰地看到模型在各种参数设置下的表现，从而做出更明智的决策。这种基于可视化的模型诊断和优化方法，能使模型的开发和调优过程变得更加直观与互动，有助于促进数据科学领域的进步和创新。

动态可视化与交互式探索技术在模型诊断与优化中发挥着重要作用。它们为数据科学家和数据分析师提供了一种强大的手段，以直观、灵活且高效的方式探索数据、诊断模型，并指导模型的优化过程。通过充分利用这些技术，我们可以更好地理解数据和模型，从而构建出性能更优、更可靠的预测模型。

8.4.3 可视化在多模型比较与集成学习中的应用

在复杂的数据科学项目中，往往不能只依赖单一模型来进行预测或分类，所以多模型比较和集成学习成为提升模型性能的关键策略。高级数据可视化技术在这个过程中扮演着重要的角色，它不仅能帮助数据科学家比较不同模型的性能，还能直观展示集成学习策略是如何通过组合多个模型来优化预测准确率的。

1. 多模型比较

在多模型比较方面，高级数据可视化技术能够清晰地展示每个模型在不同评估指标（如准确率、召回率、F1 分数等）上的表现。通过对比图、雷达图或条形图等可视化形式，数据科学家可以清楚地看到哪些模型在特定任务上表现较好，哪些模型存在不足。这种直观的比较不仅可以加速模型选择过程，还有助于识别可能需要进一步优化的模型参数或特征工程步骤。

2. 集成学习的可视化展示

对于集成学习策略，高级数据可视化不仅能展示单个模型的性能，还能展示如何通过 Bagging、Boosting、Stacking 等技术组合多个模型来提升整体性能。例如，可以使用堆叠条形图来表示集成学习方法中每个单独模型的贡献度，或者使用线图来展示随着集成模型数量的增加，整体预测准确率的变化趋势。这能帮助用户直观地理解集成学习的工作原理和优势，以及不同集成策略对最终模型性能的影响。

此外，可视化技术还可以用来展示集成学习过程中模型的多样性和决策边界。通过将不同模型的决策边界可视化，用户可以直观地看到如何通过组合具有互补优势的模型来达到更好的泛化能力和鲁棒性。

总之，高级数据可视化在多模型比较和集成学习中的应用，不仅能提高模型评估和选择的效率，还能为数据科学家提供深入理解和解释模型行为的工具。通过这些技术，数据科学家可以更有效地利用数据科学的集体智慧，构建出性能更强、更可靠的预测模型。

第 9 章 实验案例分析

本章旨在通过实际的案例来展示理论知识和技术的应用。这些案例包括用户行为分析、个性化推荐系统评估等不同领域，既包括传统的统计分析方法，也涉及机器学习技术。

每个案例都细致地讲述了从数据准备、预处理，到模型选择、训练及评估的全过程。本章不仅关注技术和方法的选择与应用，更重视如何根据实际问题的需求来设计实验，如何解读数据分析结果，并将这些结果转化为实际的业务洞见或决策支持。这些案例展示了数据科学在现实世界中的强大能力，以及如何通过科学的方法来解答具体问题。

通过学习这些实验案例，读者能够深化对数据科学理论知识的理解，提升使用数据科学技术解决问题的能力，同时激发对未来探索和创新的兴趣。每个案例都是一个学习的机会，读者不仅可以了解数据科学在不同场景中的应用，还可以获得如何设计和实施自己的数据科学项目的灵感。

通过这些实验案例，读者可以深入探索数据科学的魅力，挖掘数据背后的故事，并了解如何将数据的潜力转化为现实世界的解决方案。

9.1 案例一：用户行为分析

本案例旨在评估新推荐算法对电商平台用户行为的影响，主要关注两个关键业绩指标：购买转化率和平均订单价值（Average Order Value，AOV）。本案例通过一个包含用户购买行为数据的模拟数据集，利用统计学方法和数据可视化技术深入分析新推荐算法的效果。

本案例旨在为电商平台提供关于新推荐算法效果的见解，支持业务决策和进一步的策略规划。

9.1.1 实验设计

下面采用多种数据分析技巧展开介绍，以便读者深入理解实验数据并得出可靠的结论。以下是几个关键的步骤：

（1）数据预处理。

目的：确保数据的质量，为后续分析奠定坚实的基础。

方法：检查并处理缺失值，识别并剔除异常值。

（2）描述性统计分析。

目的：进行描述性统计分析，以获得购买转化率和平均订单价值的基本概况

方法：分析订单价值分布、推荐用户分布等数据，结合可视化方法进行分析。

（3）假设检验。

目的：进行假设检验来确定新推荐算法是否显著提升了购买转化率和平均订单价值。

方法：对购买转化率采用 Z 检验，对平均订单价值采用 t 检验。

（4）效果评估。

目的：对假设检验的结果进行效果量评估，以量化改进的实际重要性。

方法：计算 Cohen's d 值。

（5）结果解释和可视化。

目的：直观展示实验结果，帮助研究人员和决策者理解数据分析的结论。

方法：使用可视化方法展示两组的数据分布情况。

9.1.2 数据集介绍

本案例采用一个包含 10 000 个用户相关信息的模拟数据集，以评估新推荐算法对电商平台用户购买转化率和平均订单价值的影响。

这个数据集包含以下字段：

（1）用户 ID（user_id）：唯一标识每个用户的字段，范围为 1~10 000。

（2）推荐状态（is_recommended）：表明用户是否被新推荐算法覆盖，其中 1 表示被推荐，0 表示未被推荐。大约 49% 的用户被标记为接收到推荐。

（3）购买状态（purchased）：记录用户是否在平台上完成了购买，其中 1 表示有购买行为，0 表示无购买行为。

（4）订单价值（order_value）：对于完成购买的用户，这个字段记录了他们订单的价值。数据中价值为零的订单，代表那些浏览但未进行购买的用户。

数据集以结构化表格的形式呈现，使用 CSV（Comma-Separated Values，逗号分隔值）文件存储，这样可以非常方便地在各种数据分析工具和环境中进行处理与分析。

数据集样例，如图 9-1 所示。

	用户ID	推荐状态	购买状态	订单价值
0	1	0	0	0.00
1	2	1	1	95.20
2	3	0	1	77.50
3	4	1	0	0.00
4	5	1	1	120.00
...				

图 9-1　数据集样例

9.1.3 实验具体步骤

1. 数据预处理

本实验先对模拟的电商平台用户数据集进行预处理，以确保数据的质量和可靠性。预处理步骤主要包括异常值的识别和处理，旨在反映现实世界数据中可能出现的情况，同时避免由极端值带来的分析偏误。

然后检查订单价值（order_value）数据，以识别和处理异常值。本实验使用四分位距来识别异常高或异常低的订单价值，并将这些值从数据集中移除。之后保留非异常的数据记录，为后续分析提供更加准确和可靠的数据基础。

本实验共识别并移除了 24 个异常高或异常低的订单价值，而这些值并不为 0。这样处理之后，数据集中剩余 9 976 条有效记录。这些记录将被用于进一步的描述性统计分析和假设检验。

2. 描述性统计分析

在完成数据预处理之后，需要对清理后的数据集进行描述性统计分析，旨在提供购买转化率和平均订单价值等关键指标的基本情况概览。描述性统计分析可视化结果如图 9-2 所示。

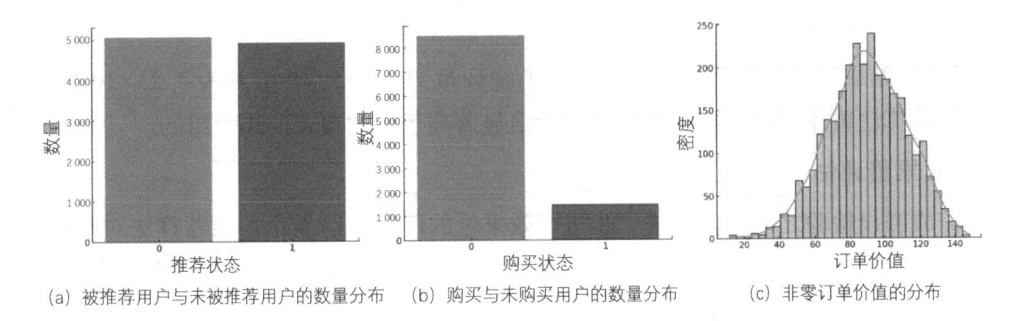

(a) 被推荐用户与未被推荐用户的数量分布　(b) 购买与未购买用户的数量分布　(c) 非零订单价值的分布

图 9-2　描述性统计分析可视化结果

（1）被推荐用户比例：图 9-2（a）显示了被推荐用户与未被推荐用户的数量分布，数据集中大约 49% 的用户被新推荐算法覆盖。

（2）购买转化率：图 9-2（b）展示了购买与未购买用户的数量分布，大约 15% 的用户进行了购买，反映了用户对于购买行为的响应。

（3）平均订单价值：图 9-2（c）展示了非零订单价值的分布，其中包含从低值到高值的订单，以及通过模拟引入的异常值。该分布图能直观地显示订单价值的集中趋势和离散情况。其中，订单的平均值为 14.14，最大值调整为 149.01。

数据预处理和描述性统计分析为验证新推荐算法对购买转化率与平均订单价值的影响奠定了坚实的基础，并为进一步的假设检验和效果量评估提供了准确且可靠的数据支持。

3. 假设检验

在完成数据预处理和描述性统计分析之后，就进入实验的核心部分——假设检验。此步骤旨在验证新推荐算法是否对两个关键业绩指标（购买转化率和平均订单价值）产生显著影响。以下是具体的假设检验方法和结果：

（1）对转化率采用 Z 检验

为了判断新推荐算法是否显著提升购买转化率，本实验采用 Z 检验，这是因为转化率是一个比例数据，适合用于比较两个比例是否存在显著差异。

先将数据集分为两组，即被推荐算法覆盖的用户组和未被覆盖的用户组，然后比较这两组用户的购买转化率。（Z 统计量为 14.50，P 值为 1.26×10^{-47}）

P 值远小于常用的显著性水平（如 0.05 或 0.01），这意味着有足够的证据拒绝零假设，即两组用户的购买转化率没有差异。具体而言，这表明新推荐算法覆盖的用户群体的购买转化率显著高于未被覆盖的用户群体的，从而证明了新推荐算法能显著提升电商平台的用户购买转化率。

（2）对平均订单价值采用 t 检验

对平均订单价值的比较，本实验使用 t 检验，因为比较的是两组数据的平均值。即便样本量较大，t 检验仍然适用，特别是当假设数据符合正态分布，且总体标准差未知时。

同样，数据集被分为两组进行比较，可以检验新推荐算法是否显著提升了平均订单价值。

t 检验的结果显示了显著的统计差异（T 统计量为 17.75，P 值约为 3.23×10^{-64}），表明被新推荐算法覆盖的用户组的平均订单价值显著高于未被覆盖的用户组的。

4. 效果量评估

在完成假设检验之后，需要进一步进行效果量的评估，以量化新推荐算法对购买转化率和平均订单价值的实际影响大小。效果量评估有助于我们理解统计显著性的实际意义，尤其是在决策制定和策略规划中。

本实验采用 Cohen's d 作为效果量的指标来评估平均订单价值的变化大小。Cohen's d 是一种常用的效果量指标，用于衡量两个平均值之间的差异大小相对于它们的标准差的情况。

在本实验中，计算得到的 Cohen's d 的值为 0.965，表明新推荐算法对平均订单价值的影响具有非常大的效果量。根据效果量的一般解释规则，Cohen's d 的值：0.2 为小效果，0.5 为中等效果，0.8 及以上为大效果。

通过严格执行上述步骤，可以得出结论，新推荐算法对电商平台的购买转化率和平均订单价值均产生了显著正面影响，而效果量评估进一步证实了这些影响的实际重要性。

5. 综合分析和解释

在完成假设检验和效果量评估之后，需要进行综合分析和解释，以全面评估新推荐算法对电商平台用户行为的影响。以下是我们的几个主要发现：

(1) 购买转化率的显著提升：新推荐算法通过 Z 检验证明显著提升了购买转化率。这意味着新推荐算法能更有效地促进用户完成购买，相比未使用推荐算法的用户群体，被推荐的用户群体展现出更高的购买意愿和行动。

(2) 平均订单值的显著增加：通过 t 检验可以发现，新推荐算法显著提升了平均订单价值。Cohen's d 的值为 0.965，表明这种提升不仅统计上显著，而且在实际效果上也非常显著。这表明新推荐算法既可以促进用户的购买行为，又可以提高用户对高价值商品的购买兴趣。

(3) 实际应用的重要性：效果量评估显示，新推荐算法在提高用户平均订单价值方面非常有效，这对电商平台来说具有重要的商业价值。高购买转化率和高平均订单价值是电商成功的关键指标，新推荐算法的成功实施可能意味着更高的总销售额和利润。

(4) 策略建议：鉴于新推荐算法对购买转化率和平均订单价值有显著的正面影响，电商平台应考虑将其广泛应用于个性化推荐和营销策略中。此外，应持续监测和优化算法性能，以进一步提高用户满意度和业绩指标。

6. 数据可视化

为了更直观地展示新推荐算法的影响，需要进行关键的数据可视化。

为此，下面通过绘制平均订单价值的分布图，直观比较被推荐与未被推荐用户的平均订单价值分布情况。

(1) 购买转化率可视化：用柱状图比较被推荐与未被推荐用户的购买转化率（图9-3），可以直观地展示出新推荐算法显著提升了转化率。这种可视化有助于清晰地展示新推荐算法在促进用户购买行为方面的效果。

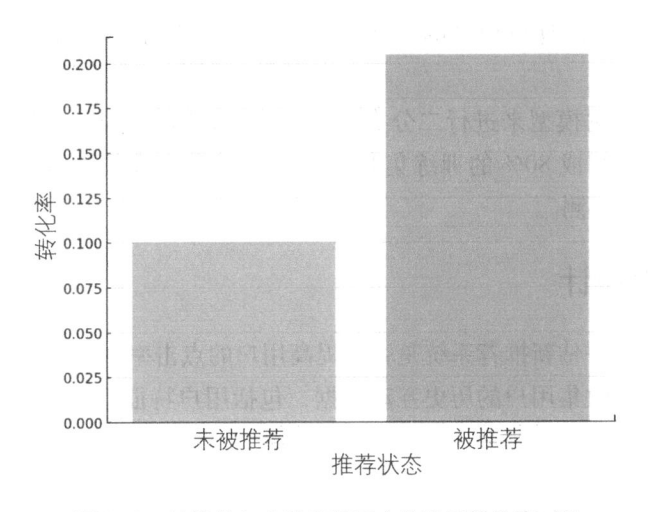

图 9-3 被推荐与未被推荐用户的购买转化率对比

(2) 平均订单价值分布可视化：可以使用密度图展示被推荐与未被推荐用户的平均订单价值分布情况（图9-4）。被推荐用户的平均订单价值分布向更高价值区域偏移，这直观地证明了新推荐算法可以显著提升用户的平均订单价值。

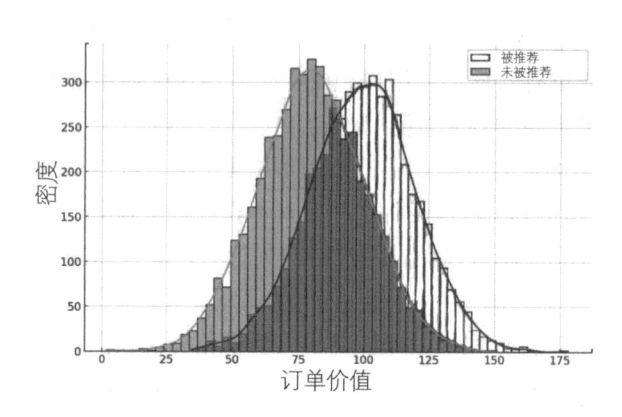

图 9-4　被推荐与未被推荐用户的平均订单价值分布图

如图 9-4 所示，被推荐的用户群体（白色）相比未被推荐的用户群体（灰色）具有更高的平均订单价值。这不仅直观展示了新推荐算法对平均订单价值的影响，而且进一步验证了之前的分析结果：新推荐算法显著提升了用户的平均订单价值。

通过上述数据可视化，我们能更直观地理解新推荐算法对电商平台重要业绩指标的积极影响。

9.2　案例二：个性化推荐系统评估

本节设计了一个基于机器学习的数据科学实验。此实验旨在评估一个新的用户个性化推荐系统对用户互动（如点击率）的影响。本节将利用决策树模型来预测用户是否会对推荐内容进行点击，并通过计算模型的精确度、召回率、F1 分数等指标来评估新推荐系统的效果。

本实验使用决策树模型来进行二分类任务，其中数据集包含 1 000 个样本和 20 个特征。通过将数据集分割成 80% 的训练集和 20% 的测试集，我们训练了一个决策树模型，并在测试集上进行了预测。

9.2.1　实验设计

（1）问题定义：评估新推荐系统是否能提高用户的点击率。

（2）数据收集：收集用户的历史互动数据，包括用户特征（如年龄、性别、兴趣等）和用户行为数据（如历史点击率）。

（3）实验分组。

对照组：用户接收基于旧推荐算法的内容推荐。

实验组：用户接收基于新推荐算法的内容推荐。

（4）特征工程：基于收集的数据，构建用于机器学习模型的特征集。

（5）模型训练与验证：使用决策树模型分别对对照组和实验组的数据进行训练，并利用交叉验证来评估模型的性能。

（6）性能评估指标：计算并比较两组模型的精确度、召回率、F1 分数等指标。

（7）结果分析：分析实验组和对照组模型的性能差异，以判断新推荐系统的有效性。

（8）结果可视化：利用 ROC 曲线和混淆矩阵等图表直观展示模型性能和新推荐系统的影响。

9.2.2 数据集介绍

数据集包含 1 000 个样本，每个样本包含每个用户对推荐内容的反应，如是否点击了推荐内容。特征包括用户的各种属性（如年龄、性别、地理位置、过往点击率等）和推荐内容的各种属性（如内容类别、发布时间、内容热度等）。目标变量是用户是否点击了推荐内容（1 表示点击，0 表示未点击）。数据集样例如表 9-1 所示。

表 9-1 数据集样例

ID	年龄	性别	地理位置	过往点击率	内容类别	发布时间	内容热度	是否点击
1	25	男	北京	0.3	电影	晚上	高	1
2	34	女	上海	0.2	音乐	下午	中	0
3	45	男	广州	0.5	体育	早上	低	0
……	……	……	……	……	……	……	……	……

9.2.3 实验具体步骤

1. 数据准备

（1）数据清洗：先检查数据集中是否有缺失值，再进行标准化字段格式和编码类别特征，如确保所有年龄数据都是数字格式。确保所有的特征都已正确编码，这里将性别文本"男"和"女"分别编码为数字 0 和 1。

（2）分割数据集：使用分割函数将数据集分割为训练集和测试集，按照 80% 训练集和 20% 测试集的比例进行分割。

2. 特征选择

（1）确定特征重要性：使用决策树模型初步训练，评估每个特征对模型的贡献度。利用模型提供的 feature_importances 属性获取每个特征的重要性评分。

（2）选择特征：根据特征的重要性评分，选择那些对模型影响最大的特征，如年龄和兴趣。从数据集中去除贡献度低的特征，如用户 ID 或其他与预测点击行为无关的特征。

（3）特征转换：如果特征之间的尺度差异很大，使用标准化或归一化方法对特征进行转换，确保模型不会因为特征尺度而产生偏差。

3. 模型训练

（1）决策树模型初始化：创建一个决策树分类器实例，设置适当的参数，如 max_depth

为树的深度，用于防止模型过拟合。

（2）训练模型：使用训练集数据（特征和目标变量）来训练决策树模型。调用分类器的 fit 方法传入训练集的特征和目标变量。

（3）超参数调优：使用网格搜索（Grid Search）或随机搜索（Random Search）等方法，基于交叉验证来寻找最优的模型参数。确定诸如 max_depth、min_samples_split 和 min_samples_leaf 等最优参数组合。

（4）最终模型选择：根据交叉验证结果选择表现最好的模型参数。用选定的最优参数重新训练决策树模型。

4. 性能评估

（1）预测测试集：使用训练好的决策树模型对测试集数据进行预测。调用模型的 predict 方法传入测试集的特征，得到预测结果。

（2）评估指标计算：使用真实标签和预测结果计算模型的精确度、召回率、F1 分数等指标。

（3）模型性能分析：分析各项评估指标，确定模型在预测用户点击行为上的表现。

如果模型的召回率远低于精确度，可能意味着模型在预测用户点击行为时过于保守，需要调整阈值或再次优化模型。

（4）误差分析：使用混淆矩阵来查看模型在各类预测上的性能，分析模型在哪些类型的预测上出现了误差，识别模型可能的弱点。

（5）结果可视化：利用 Matplotlib 或 Seaborn 库绘制 ROC 曲线，评估模型的预测性能。绘制混淆矩阵的热图，直观展示模型预测的真正类、假正类、真负类和假负类。

在完成上述步骤之后，就能评估出决策树模型关于新用户个性化推荐系统对用户点击率影响的预测性能，以及模型的准确性和可靠性。

9.2.4 实验结果分析

精确度（Precision）为 0.86，表明模型预测为正类的样本中有 86% 实际为正类。

召回率（Recall）为 0.86，表明在所有实际为正类的样本中，模型能够正确识别出 86%。

F1 分数为 0.86，这是精确度和召回率的调和平均数，用于综合考虑二者的性能。

ROC 曲线下面积（AUC）约为 0.86，表示模型的整体性能较好。混淆矩阵展示了模型在测试集上的实际预测情况，包括真正类（TP）、假正类（FP）、真负类（TN）和假负类（FN）的数量。

（1）ROC 曲线与 AUC 值：ROC 曲线展示了在不同阈值下模型的真正类率（TPR）和假正类率（FPR）之间的关系。在理想情况下，ROC 曲线会趋向于左上角，表示模型能以很小的假正类率实现很高的真正类率。

在本实验中，AUC 值为 0.93，这是一个接近 1 的高值，表明模型具有很好的分类性能。AUC 值越高，模型的性能越好，因为它反映了模型区分正类和负类的能力。

（2）混淆矩阵：混淆矩阵以直观的方式来显示模型在测试集上的表现，包括真正类、假负类、真负类和假正类。

在此实验中，混淆矩阵不仅可以帮助我们了解模型预测的准确性，还可以显示模型在预测正类和负类方面的性能。

ROC 曲线和混淆矩阵示例如图 9-5 所示。

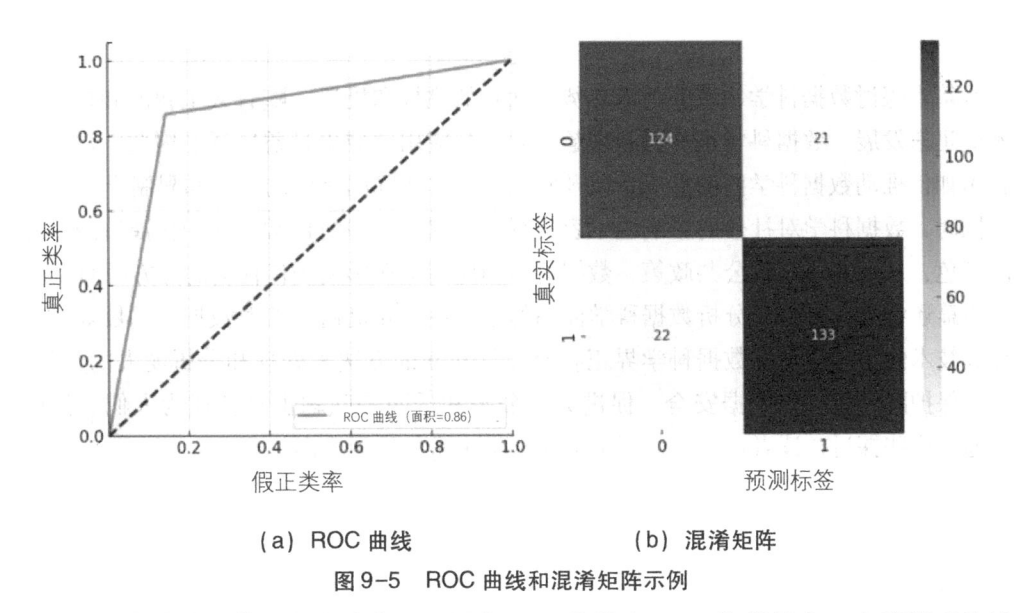

（a）ROC 曲线　　　　（b）混淆矩阵

图 9-5　ROC 曲线和混淆矩阵示例

在这个实验中，模型的准确率、召回率、F1 分数和 AUC 值都较高，表明模型能够较好地区分正类和负类（如推荐内容是否被用户点击）。如果将这个模型应用于评估一个新的用户个性化推荐系统对用户互动的影响，高准确率和高 AUC 值意味着该推荐系统能够有效地识别与推荐用户可能感兴趣的内容，从而提高用户互动率。高召回率意味着系统能够捕捉到大多数用户可能点击的推荐内容，而 F1 分数则表明模型在准确率和召回率之间达到了良好的平衡。总的来说，这样的结果表明，如果这个模型是基于推荐系统生成的数据训练的，那么该推荐系统对于提高用户互动（如点击率）是有效的。

这个实验展示了一个使用决策树模型解决二分类问题的典型数据科学项目的流程。实验结果表明，模型在此合成数据集上表现出色，取得了较高的精确度、召回率和 F1 分数。AUC 值和混淆矩阵的结果进一步证实了模型的有效性与可靠性。

这种分析方法聚焦于机器学习模型的建立和评估，体现了数据科学实验设计与分析中的关键步骤（包括数据准备、模型训练与调优、性能评估和结果解释），为理解模型在实际应用中的潜在表现提供了重要信息，并展现了数据科学在不同场景下的应用多样性和灵活性。

面向未来篇　数据科学的未来展望

本篇将探讨数据科学领域的前沿趋势及面临的挑战和机遇。随着人工智能和机器学习技术的迅速发展，数据科学正变得越来越重要，其应用领域也日益广泛。因此，深入讨论新技术如何推动数据科学向前发展，以及它们在解决实际问题中的潜力和限制十分重要。

同时，数据科学对社会的影响也不容忽视。数据在人们的日常生活中扮演着越来越重要的角色，从商业决策到公共政策，数据科学的应用正在影响现代社会的方方面面。

本篇还将展望未来，分析数据科学面临的主要挑战和机遇。随着数据量的爆炸式增长和计算技术的不断进步，数据科学界正在努力寻找新的方法来处理和分析庞大的数据集。同时，保护隐私、确保数据安全、促进数据公平和透明等问题也日益成为人们关注的焦点。通过这些探讨，读者可以全面了解数据科学未来的发展方向。

第10章 数据科学的前沿趋势与未来展望

本章既是对前面内容的扩展，也是对数据科学未来趋势的深入探讨。本章不仅将数据科学的理论知识与实践应用相结合，还将展示数据科学是如何与日新月异的技术进步紧密相连，影响并推动社会发展的。通过学习本章内容，读者能够洞察数据科学在现代社会中的重要角色，以及它是如何应对日益增长的数据处理需求和随之而来的挑战的。

本章先介绍机器学习的新进展，然后介绍数据科学对社会的多维影响，最后介绍数据科学面临的挑战与机遇。通过了解这些内容，读者可以更好地把握数据科学的未来方向，更准确地在这个快速变化的时代找到自己的位置。

本章旨在为读者提供一个全面的视角，帮助读者理解数据科学在未来发展中的挑战和机遇，以及它如何继续影响人们的日常生活。

10.1 机器学习的新进展

在数据科学领域，机器学习正推动着技术和应用的边界不断拓展。本节旨在深入探讨近年来机器学习领域的重大进展，以及这些进展如何为数据科学带来新的机遇与挑战。

10.1.1 深度学习的新进展

深度学习的快速发展，特别是在构建更深层和更复杂的神经网络方面，已经成为人工智能领域最显著的进展之一。这些进展不仅拓宽了技术的边界，还解决了一系列之前难以攻克的问题，为数据科学带来了新的可能性。

以图像识别为例，深度卷积神经网络已成为处理图像数据的黄金标准。例如，Google的图像识别系统，在识别照片中物体方面的准确率已经超过了人类。这种技术广泛应用于医疗成像分析（如自动诊断皮肤癌）、自动驾驶的视觉系统等领域，展现了深度学习处理和理解图像的强大能力。

在自然语言处理领域，相关学习模型（如 Transformer 及其衍生的 BERT、GPT 系列），已经大幅提升了机器对人类语言的理解能力。这些模型在语言翻译、文本摘要、情感分析等任务上取得了令人瞩目的成绩，使机器能够更加流畅和自然地与人类交流。例如，GPT-3 的问答系统在提供准确答案的同时，还能保持对话的连贯性和逻辑性，显著提升了用户体验。GPT 和 BERT 的 Transformer 结构分别如图 10-1 和图 10-2 所示。

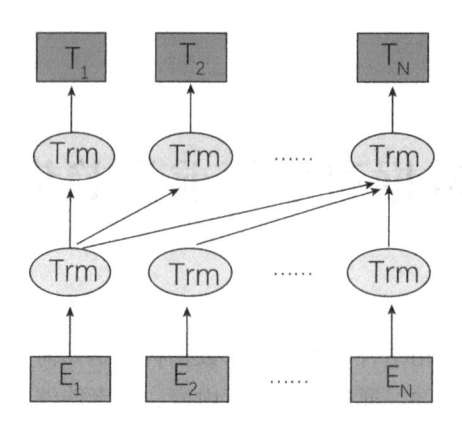

图 10-1　GPT 的 Transformer 结构

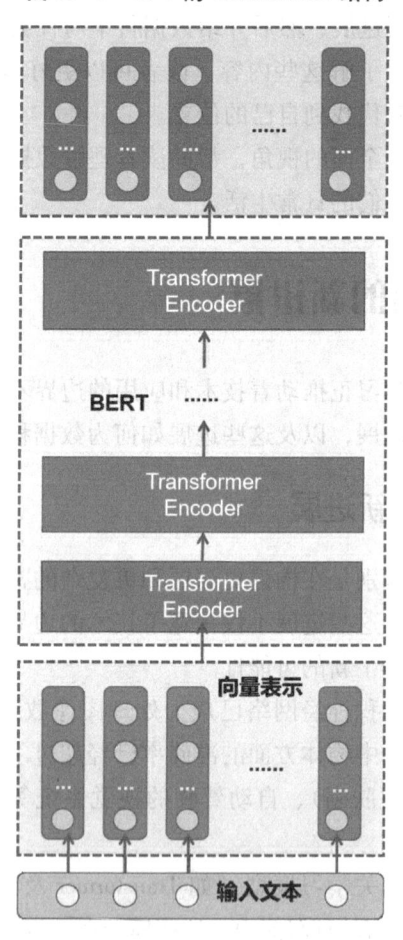

图 10-2　BERT 的 Transformer 结构

此外，深度学习在语音识别方面的应用也取得了巨大成功。语音助手如 Amazon 的 Alexa 和 Apple 的 Siri，能够理解并执行用户的语音指令，从简单地查询天气到进行家居设备控制，这一切都得益于深度神经网络在处理语音数据方面的进步。

目前，数据科学家能够利用深度学习模型从复杂数据中提取更深层次的信息，推动个性化推荐、智能搜索和其他数据驱动的服务达到新的高度。深度学习技术的这些应用实例，不仅展示了其在理论和实践中的巨大潜力，还预示了机器学习领域未来更加广阔的应用前景。

10.1.2 自动化机器学习

自动化机器学习（Auto Machine Learning，AutoML）的兴起标志着数据科学实践方式的一大转变。AutoML 的核心目标是自动化机器学习的各个环节，包括但不限于特征工程、模型选择、参数调优，乃至整个模型的评估和部署过程。这种自动化处理极大地简化了机器学习项目的复杂度，使机器学习技术的应用不再局限于有深厚技术背景的专家。

举例来说，如图 10-3 所示，Google 的 Cloud AutoML 服务允许用户仅通过上传数据集，就能自动生成高效的机器学习模型。这种服务的出现，显著降低了企业和个人应用机器学习技术的门槛，使非数据科学专业人士也能利用这些工具开发出复杂的人工智能应用。

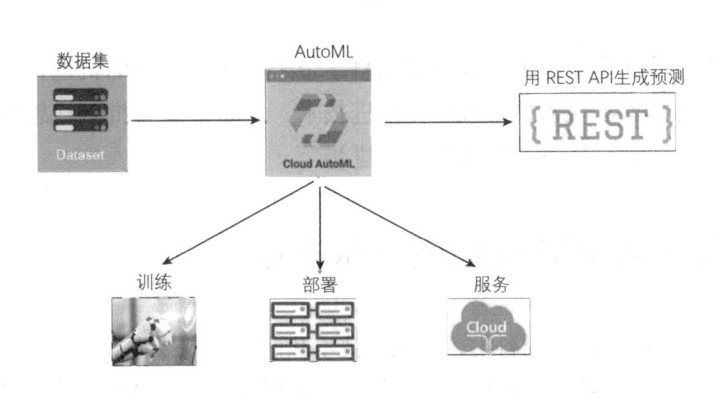

图 10-3　Google 的 Cloud AutoML

此外，AutoML 也为数据科学家带来了便利。它可以自动完成多种模型和参数的测试，从而帮助数据科学家快速识别出最优模型，节省大量的时间和资源。例如，Auto-sklearn 和 TPOT 等 AutoML 工具，通过自动化的流程来探索数以千计的数据预处理、特征选择和模型配置组合，从而帮助研究人员和工程师在更短的时间内取得更好的模型性能。

在提高效率的同时，AutoML 也推动了机器学习技术的民主化。它为更广泛的用户群体提供了创建复杂、高效模型的可能性，从而加速了机器学习技术的普及和应用。随着 AutoML 技术的不断进步和完善，无论是在提高生产效率、优化服务流程，还是在开发创新的产品和服务上，预计未来将有更多的行业和领域受益于机器学习的力量。

10.1.3 强化学习的进展与应用

强化学习已经成为机器学习领域内引人注目的一个分支，尤其是在处理需要连续决策和控制的复杂问题时，展现出了巨大的潜力和价值。

在多个领域中，强化学习的应用都取得了令人瞩目的成果。例如，在棋类游戏（如国际象棋和围棋）中，基于强化学习的算法（如 AlphaGo）已经能够击败世界级的人类选手，这显示出其超越人类的策略和决策能力。此外，强化学习也在机器人技术中发挥着重要作用，如机器人能够在复杂的环境中进行自主导航和任务执行。在自动化交易系统中利用强化学习，有助于制定更加精确和有效的交易策略，从而优化投资组合的表现。

强化学习应用成功的背后，是算法能够通过与环境的交互不断学习和适应。与环境的这种交互使强化学习能够识别和利用长期奖励，而非短期利益，这在许多需要预测和管理未来结果的应用中极为重要。例如，强化学习已被用于动态定价和库存管理中，通过预测市场变化和消费者行为，动态调整策略可以使长期收益最大化。

尽管强化学习已经取得了显著的进展，但其在实际应用中仍面临着一些挑战，如高维状态空间的处理、算法的样本效率及策略的泛化能力等。未来的研究将致力于解决这些问题，同时探索强化学习在现实世界中更多的应用场景，进一步拓展其影响力和应用范围。随着技术的不断进步，强化学习有望在更多领域实现突破，为机器学习领域带来更多创新和价值。

总之，机器学习的这些新进展不仅为数据科学带来了前所未有的机遇，也提出了新的挑战。未来的数据科学家不仅需要掌握这些先进技术，还需要具备批判性思维，以在新的技术浪潮中找到合适的应用场景，推动社会的进步。

10.2 数据科学对社会的多维影响

数据科学作为一门跨学科研究科学，不仅在技术和商业领域发挥着重要作用，还深刻地影响着社会的多个方面，包括社会伦理、社会发展、发展模式及个体的日常生活。随着数据科学技术的广泛应用，其对社会的影响正变得越来越显著，引发了广泛的讨论和反思。

10.2.1 数据科学对社会伦理的影响

数据科学和大数据技术的快速发展，在推动社会进步和经济增长的同时，也引发了一系列深刻的社会伦理问题，其中隐私保护问题尤为突出。在信息时代，数据成为一种极其宝贵的资源，不仅能帮助企业洞察市场趋势、优化产品和服务，还能在医疗、交通等多个领域发挥巨大作用。然而，随着技术的进步，个人信息的收集、存储和分析变得越来越容易，这不仅带来了数据安全的风险，也引发了人们对数据所有权、隐私保护和信息滥用的担忧。

在个性化服务成为常态的今天，从社交媒体到在线购物平台，用户的每一次点击、每一条搜索记录都可能被用于构建详细的个人画像。这些信息的汇集和分析使广告商能够实现精准营销，但在提高效率的同时可能会对用户的隐私造成侵犯。更严重的是，当这些敏感数据被未经授权的第三方获取时，可能会被用于进行诈骗、身份盗窃等违法犯罪活动。

因此，如何在挖掘数据潜力与保护个人隐私之间找到合理的平衡点，成为一个亟待解决的问题。这不仅需要技术层面的创新，如通过加密技术和匿名化处理保护数据安全，还需要法律和政策层面的支持，如制定明确的数据收集、使用和共享规则。同时，提升公众的数据保护意识，让每个人都了解自己的数据权利，也是保护隐私的重要环节。

在这个过程中，数据科学家扮演着关键角色。他们不仅需要掌握先进的技术，更应该具备强烈的伦理责任感，确保数据的使用既遵循法律法规，也符合社会伦理标准。随着技术的不断进步和社会各界的深入讨论，找到数据利用与隐私保护之间的最佳路径，将成为未来数据科学领域的一个重要挑战。

算法偏见也是一个重要的伦理问题。算法偏见在数据科学的应用中越来越受到重视。这种偏见通常源于数据集本身的不平衡或历史数据中固有的偏见，当这些数据被用于训练机器学习模型时，这些偏见就可能被模型学习并加以复制或放大。特别是在一些关键领域，如司法判决、招聘录用、信贷审批等，算法偏见不仅可能导致个别案例的不公，更有可能加剧社会的不平等和分裂。

例如，在使用历史招聘数据训练的人工智能筛选简历的场景中，如果历史数据显示某一性别或年龄段的候选人被录用的比例较低，那么算法可能会倾向于继续低评这些群体的候选人，从而形成一个恶性循环。同样，在信贷审批领域，如果历史数据中某些社区的违约率较高，基于这些数据训练出的模型可能会对来自这些社区的贷款申请者持有偏见，无论这些个体的实际信用状况如何。

识别和纠正算法偏见是一个复杂且有挑战性的任务。它要求数据科学家不仅要具备技术专长，还要对社会公正和伦理原则有深刻的理解。一方面，可以通过采用更加均衡和多样化的数据集、使用去偏技术和算法，以及提高模型的透明度和可解释性来减少偏见。另一方面，建立跨学科团队，引入社会科学家、伦理学家和法律专家的视角，对模型的设计、训练和应用进行全面审查，也是避免算法偏见的有效手段。

随着数据科学技术的广泛应用，算法偏见成为一个需要全社会共同面对和解决的问题。通过技术创新、政策制定、伦理教育和公众参与，共同努力减少算法偏见，是确保技术发展惠及所有人、维护社会公正和谐的重要途径。

10.2.2 数据科学对社会发展的影响

数据科学在推动社会发展方面的作用，不只局限于提升现有系统的效率和效果，还在于开辟新的可能性和机遇。例如，在医疗健康领域，通过分析大量的健康数据，数据科学不仅能帮助医生做出更准确的诊断，还能预测疾病发展趋势，甚至在疾病发生之前就提供预警。这不仅能显著提高治疗的成功率，还能在很大程度上降低医疗成本，使高质量的医疗服务能够惠及更广泛的人群。

在教育领域，数据科学的应用使个性化学习成为现实。通过分析学生的学习行为、成绩进展和偏好，教师可以为每个学生设计最适合其学习风格和需求的课程与教学方法。这不仅能提高学生的学习效率,还能激发其学习兴趣,促进公平教育的实现。

数据科学在农业领域的应用越来越普遍。利用卫星图像、气象数据和地理信息系统,农民可以更精准地进行农作物种植、灌溉和病虫害防治。这种"精准农业"不仅能提高农作物的产量和质量,还能有效减少资源的浪费,将对环境造成的不利影响降到最低。

数据科学对社会观念和文化的影响也不容忽视。大数据分析有利于揭示社会趋势和文化偏好,以及促进文化产业的发展。但需要注意的是,这种基于数据的文化内容推荐可能会加剧文化同质化现象,限制文化多样性的发展。

此外,数据科学还在环境保护、可持续发展等领域发挥着重要作用。通过监测和分析环境数据,可以更好地理解和预测自然现象,有效应对气候变化、水资源管理和生物多样性保护等全球性挑战。

总的来说,数据科学通过提供深入的洞察和预测能力,正在帮助社会在各个方面实现更加智能化和高效化的转型。未来,随着数据科学技术的不断进步和应用领域的不断拓展,它在推动社会发展和提升人类生活质量方面的作用将更加显著。

10.2.3　数据科学对个体生活的影响

数据科学对个体生活的影响主要体现在生活节奏和社交模式的转变上。数据科学技术的发展,特别是移动互联网和社交媒体的普及,极大地加快了信息的流通速度,改变了人们获取信息、沟通交流的方式。这种快速的信息交换为人们提供了极大的便利,但同时导致了信息过载问题,影响人们的注意力分配和深度思考能力。

数据科学技术在改善人们生活的同时,也加剧了工作与生活之间的界限模糊。远程工作和灵活工时制的普及,虽然为人们提供了更多的选择和更大的自由度,但也让工作时间更加零散和不可预测,给人们的生活习惯和心理健康带来了挑战。

在消费行为上,数据科学技术通过分析个人消费习惯和偏好,实现了更加精准的目标营销和个性化推荐。这种消费模式的转变既方便了消费者,也为商家带来了巨大的经济效益。然而,这也引发了关于消费者选择自由和消费操纵的讨论,提示了人们在追求个性化服务的同时,也需要关注消费者权利和公平交易的保护。

在这些变化中,数据科学技术既带来了前所未有的便捷和机遇,也带来了新的挑战和问题。如何在享受科技成果的同时,保护个体的精神独立和社会的文化多样性,是我们在数字时代需要共同面对和思考的问题。

综上所述,数据科学对社会的影响是多维度的,既包括促进社会发展和提升生活质量的积极方面,也涵盖伦理道德、隐私保护等引发广泛关注的问题。为了应对这些挑战,政府、企业、科研机构和公众需要共同努力,通过制定合理的政策和标准,促进数据科学健康、可持续发展,最大限度地发挥其对社会的积极影响,同时有效地控制和缓解潜在的负面影响。

10.3 未来展望：面临的挑战与机遇

在未来的发展中，数据科学将继续深刻影响经济、科技和社会等多个领域，但也将面临一系列的挑战和机遇。这些因素共同构成了数据科学未来发展的复杂景况。

10.3.1 面临的挑战

1. 技术和方法的创新

技术和方法的创新在数据科学领域尤为关键，因为数据的体积、复杂性和多样性在不断增加。这就要求研究人员开发出更高效的数据处理算法、更准确的预测模型和更先进的分析方法。例如，随着复杂网络和大数据时代的到来，传统的分析工具可能已无法有效处理如此庞大且复杂的数据集。因此，研究人员需要创新数据挖掘技术、深度学习框架和可视化方法，以解决实际问题。同时，随着新兴技术（如量子计算和边缘计算）的发展，数据科学也需要与其结合，以开发新的算法和应用场景。

2. 人才培养和教育

在人才培养和教育方面，随着数据科学领域的不断发展，对拥有数据分析、机器学习、统计学和计算机科学等跨学科技能的专业人才的需求急剧增加。高等教育机构和职业培训机构需要更新课程内容，融入最新的数据科学技术和应用内容，以培养学生的实际操作能力和创新思维。此外，教育体系还需要重视软技能的培养，如问题解决能力、团队合作能力和伦理意识，这些都是数据科学家在实际工作中不可或缺的技能。随着人工智能和自动化技术的发展，数据科学教育还应包括如何与人工智能合作、如何确保算法的公正性和透明性等内容，为学生步入未来的工作环境做好准备。

3. 跨界数据融合的复杂性

在将生物信息学、环境科学与数据科学结合时，带来了数据集成、处理和分析等方面的新挑战。这种融合需要高度复杂的方法来处理来自不同领域的异构数据。例如，整合医疗健康数据与环境数据，不仅需要克服不同数据格式和标准的问题，还需要发展新的算法来解析和利用这些数据。跨界数据融合要求数据科学家具备跨学科知识，以理解和处理不同领域的数据特性及其相关性，同时需要新的工具和平台来支持这些复杂的数据处理任务。

4. 可持续发展与数据科学的结合

全球气候变化、环境退化和资源有限性等可持续发展问题，要求数据科学在加强环境保护、提高能源效率及促进社会公平方面扮演更加重要的角色。数据科学在这个领域的应用，包括利用大数据和机器学习技术监测环境变化、预测能源需求和优化资源分配等。例如，通过分析气象数据和历史气候模式，数据科学可以帮助科学家更准确地预测气候变化的趋势，从而指导政策制定和资源规划。此外，数据科学也能帮助识别和减少工业活动中的能源浪费，推动清洁能源技术的发展。然而，如何有效地将数据科学的能力转化为促进可持续发展的实际行动，仍然是一个亟待解决的问题。

5. 动态数据环境下的适应性

当前，数据的来源与数量正以前所未有的速度增长，类型和格式也在不断变化。这种动态的数据环境对数据科学提出了新的要求：方法和工具必须具有高度的适应性与灵活性。数据科学家面临的挑战包括如何快速处理和分析新类型的数据，如何有效整合不断改变的数据源的信息，以及如何在数据质量和结构发生变化时确保分析的准确性和可靠性。

为了应对这些挑战，数据科学家需要开发新的算法和工具，这些算法和工具能够自动适应数据的变化，如通过机器学习自动调整模型参数，或者使用人工智能来识别和处理新的数据类型。此外，数据管道和处理流程也需要设计得更加灵活，以便快速适应新的数据来源和分析需求。这不仅要求技术的进步，更要求数据科学家持续更新他们的知识和技能，以跟上数据环境的快速发展。

10.3.2 面临的机遇

1. 推动科技创新和产业升级

数据科学的进步为科技创新提供了强大的动力。通过深入分析大数据，研究人员和企业能够发现新的知识和信息，从而推动人工智能、云计算、物联网等前沿技术的发展。例如，利用大数据分析优化算法，可以提升机器学习模型的性能，开发出更智能的人工智能应用。此外，数据科学也在促进产业的数字化转型，帮助传统行业通过技术创新实现产业升级，提高生产效率和产品质量，最终推动整体经济增长。

2. 解决社会问题

数据科学不仅可以用于商业和技术领域，还具有解决复杂社会问题的巨大潜力。在健康医疗领域，数据科学可以帮助研究人员分析大量的健康数据，从而发现疾病模式、提高诊断准确性和开发新的治疗方法。在环境保护方面，通过分析环境数据，数据科学能够监测和预测污染趋势，为制定环保政策提供科学依据。在城市管理方面，数据科学有助于优化交通流量、提升公共安全、实现资源的高效利用，最终提升居民的生活质量和社会福祉。通过这些应用，数据科学正在成为解决全球面临的健康、环境和社会问题的关键工具。

3. 智能化产品和服务

随着数据科学的进步，产品和服务正在向智能化方面飞速发展。数据科学使企业能够根据大数据分析，提供更加精准与个性化的产品和服务。例如，基于用户行为数据进行深入分析，推荐系统能向用户推荐他们可能感兴趣的商品或内容，从而提高用户满意度和增加商家的收益。在智能家居领域，数据科学使设备能根据用户的习惯和偏好自动调整设置，提升用户体验。此外，随着物联网技术的发展，数据科学也在推动新的商业模式的产生，如基于数据分析的预测性维护服务，可以显著降低企业的运营成本。这些智能化的产品和服务不仅可以为消费者带来便利，还可以为企业开拓新的市场和增长点。

4. 促进全球合作

数据科学在促进全球科研合作和知识共享方面也扮演着重要角色。通过共享数据集、研究方法和分析工具，科研人员能够跨越地理界限进行合作，加速科学发现和技术创新。在应对全球性挑战（如气候变化和疫情防控）方面，数据科学的作用尤为重要。例如，通过分析全球气候数据，科学家能更准确地预测气候变化趋势，为政策制定提供依据。在疫情防控方面，通过分析传染病数据，公共卫生部门可以优化资源分配，制定有效的防控策略。此外，数据科学还能促进国际科技教育合作，如在线开放课程使全球学习者能够访问世界一流的教育资源。通过这些合作，数据科学正在帮助全球社会更好地应对挑战，促进人类的共同进步。

5. 元宇宙与虚拟现实

数据科学的进步正在推动元宇宙、虚拟现实和增强现实技术向前发展，为人们提供沉浸式和互动性更强的体验。在元宇宙中，数据科学使虚拟世界能够以更加真实和动态的方式呈现，如通过用户行为数据来调整虚拟环境，或者使用数据分析来优化用户的交互体验。在虚拟现实和增强现实领域，数据科学的应用不只局限于提升视觉效果，还包括通过分析用户互动数据来创造更加自然和直观的交互方式。这些技术的结合将为教育、娱乐、医疗等多个领域带来变革，为人们提供全新的方式来探索、学习和沟通。

6. 全球数据共享与协作

全球数据共享平台和协作机制的建立是数据科学发展的一个重要趋势。这些平台和机制不仅能促进数据的开放访问，还能加强跨国界的科研合作，推动科学研究的民主化。例如，全球气候变化研究依赖于来自世界各地的气候数据，通过共享这些数据，科研人员能够进行更广泛、更深入的分析，共同寻找应对气候变化的方案。此外，全球疫情防控中，数据共享对于迅速理解病毒传播模式、优化资源分配非常重要。

此外，随着数据科学技术的不断成熟，新的数据处理和分析工具将会不断出现，从而使数据科学家能够更有效地处理日益增长的数据量，并从中提取出有价值的见解。在这个过程中，云计算和人工智能技术将发挥关键作用，提供必要的计算资源和智能算法。

综上所述，数据科学领域的未来既充满挑战，也蕴含着巨大的机遇。通过积极应对挑战、抓住机遇，并在伦理和可持续发展方面做出努力，数据科学有望在技术创新、社会进步和经济发展中发挥核心作用。

附录 A 相关技术、概念详解

A.1 权重初始化技术

A.1.1 He 初始化

He 初始化由何恺明（Kaiming He）等提出，特别适用于 ReLU 函数及其变种。

He 初始化方法考虑到 ReLU 函数的特性，旨在避免在网络深层中信号量逐渐减弱的问题。初始化公式为从 $\sqrt{\frac{2}{n_l}}$ 的正态分布中抽取权重，其中 n_l 表示前一层的节点数。通过这种方式，He 初始化有助于在模型训练开始时保持各层激活值的方差一致，从而避免梯度消失或梯度爆炸的问题。

A.1.2 Xavier 初始化

Xavier 初始化，也称为 Glorot 初始化，由 Xavier Glorot 等提出，适用于激活函数对称且区间在正负之间的情况，如 Tanh 函数。

Xavier 初始化的目的是保持输入和输出的方差一致，以避免在传播过程中方差的缩放。初始化公式为从 $\sqrt{\frac{2}{n_l+n_{l+1}}}$ 的均匀分布或正态分布中抽取权重，其中 n_l 和 n_{l+1} 分别为当前层输入和输出的节点数。Xavier 初始化通过适应不同层的权重初始化范围，来保持激活值和梯度的稳定，促进模型的有效学习。

A.2 深度学习中常用的优化算法

A.2.1 梯度下降

梯度下降是优化算法中的一种基本方法，主要用于最小化模型的损失函数。梯度下降通过逐步调整模型参数来寻找损失函数的最小值或局部最小值。这个过程涉及以下几个关键概念：

（1）梯度：损失函数在当前参数值处的导数（或偏导数），指向损失函数增长最快的方向。在多维空间中，梯度是一个向量，包含所有参数的偏导数。

（2）学习率：是一个控制参数更新步长大小的超参数。学习率太大可能会导致参数更新过度而越过最低点，学习率太小则会使收敛速度过慢。

（3）更新规则：参数的更新方向与梯度的方向相反，因为我们希望找到损失函数的最小值。参数更新的数学表达式为

$$\theta_{new} = \theta_{old} - \alpha \cdot \nabla_\theta L(\theta)$$

其中，θ_{old} 为参数的当前值；α 为学习率，用来控制步长的大小；$\nabla_\theta L(\theta)$ 为损失函数 L 关于参数的梯度，表示在当前参数值下损失函数增加最快的方向。

通过这种方式，模型参数在每次迭代中向着使损失函数最小化的方向更新，最终达到最小化损失函数的目的。

梯度下降包括以下几种变体：

（1）批量梯度下降：在每次迭代中使用全部数据计算梯度。这种方法收敛稳定，但当数据集很大时，计算开销很大。

（2）随机梯度下降：每次迭代只选取一个样本来计算梯度。这样做可以大大加快计算速度，但收敛过程可能会比较嘈杂。

（3）小批量梯度下降：每次迭代选取一小批样本来计算梯度，平衡了计算效率和收敛稳定性。

梯度下降的选择取决于具体问题的需求、数据集的大小和计算资源。在实际应用中，通常会使用它的一些改进版本，如带有动量的梯度下降、RMSProp 或 Adam 优化器等，这些变种能在一定程度上解决梯度下降的一些局限性，如选择合适的学习率或避免陷入局部最小值。

A.2.2　牛顿法

牛顿法，也称为牛顿-拉弗森方法（Newton-Raphson Method），是一种在实数域和复数域上求解方程的近似方法。在机器学习中，牛顿法被用于优化问题，特别是在求解损失函数的最小值时。牛顿法利用函数的一阶导数（即梯度）和二阶导数（即 Hessian 矩阵）来寻找损失函数的零点，即其最小值点。

牛顿法的核心思想是使用泰勒级数的前几项来近似描述目标函数，并通过这种近似式来寻找函数的零点。对于机器学习中的优化问题，相关公式可以表示为

$$\theta_{new} = \theta_{old} - \frac{f'(\theta_{old})}{f''(\theta_{old})}$$

其中，θ_{new} 和 θ_{old} 分别表示参数的新值和旧值，$f'(\theta)$ 和 $f''(\theta)$ 分别表示损失函数关于参数 θ 的一阶导数和二阶导数。

在多维情况下，一阶导数和二阶导数分别对应梯度向量和 Hessian 矩阵，所以上述公式可以改为

$$\theta_{new} = \theta_{old} - \boldsymbol{H}^{-1} \nabla_\theta L(\theta)$$

其中，$\boldsymbol{H}$ 为损失函数的 Hessian 矩阵，$\nabla_\theta L(\theta)$ 为损失函数的梯度。

牛顿法的优点是收敛速度快，尤其是当参数接近最优值时。但是，牛顿法也有一些局限性：

（1）计算 Hessian 矩阵及其逆矩阵可能非常耗时，特别是当参数量很大时。

（2）Hessian 矩阵需要是非奇异的（即可逆的），在某些情况下可能需要额外的技巧来

保证这一点。

（3）牛顿法假设损失函数是二次的，对于非二次函数，其表现可能不如梯度下降稳定。

因此，虽然牛顿法在理论上是非常强大的优化工具，但在实际应用中，人们往往会采用一些其他优化方法，或者专门为大规模问题设计基于梯度的优化算法，如随机梯度下降和 Adam 优化器等。

A.2.3　Adam 优化器

Adam 优化器是一种用于深度学习的优化算法，结合了动量（Momentum）和 RMSProp 的概念来调整每个参数的学习率。它被设计用来处理非凸优化问题，如在训练深度神经网络时遇到的问题。Adam 优化器计算每个参数的一阶矩估计（即平均值）和二阶矩估计（即未中心化的方差），并据此调整学习率，这使其对梯度的大小非常自适应。

Adam 优化器的关键优点在于其有自适应性，能够为不同的参数分配不同的学习率。这种特性特别适合处理包含大量数据和参数的深度学习模型。此外，Adam 优化器通常被认为在实践中比其他优化算法更稳定，尤其是在处理大规模数据集和复杂模型时。

Adam 优化器的更新规则可以表示为

$$\theta_{new} = \theta_{old} - \frac{\alpha}{\sqrt{\hat{v}} + \varepsilon} \times \hat{m}$$

其中，α 为学习率；$\hat{m}$ 和 $\hat{v}$ 分别为梯度的一阶矩估计和二阶矩估计的偏差校正值；ε 为一个非常小的数，防止除数为 0。

Adam 优化器通过这种方式来调整每个参数的更新步长，以便更快速、更稳定地收敛到最优解。

A.3　正则化技术

为了防止过拟合，一种常用的技术是正则化（Regularization）。正则化通过在损失函数中添加一个惩罚项来降低模型的复杂度，从而提高模型的泛化能力。正则化的主要目的是防止模型对训练数据的小波动过度敏感，这通常是过拟合的表现。

1. 正则化的基本原理

在没有正则化的情况下，模型的损失函数可以表示为 $L(\theta)$，其中 θ 为模型参数。加入正则化后，损失函数的公式变为

$$L_{reg}(\theta) = L(\theta) + \lambda R(\theta)$$

其中，$L_{reg}(\theta)$ 为正则化后的损失函数；$R(\theta)$ 为正则化项；λ 为正则化系数，用来控制正则化项对损失函数的影响程度。

2. L1 正则化

L1 正则化，也称为 Lasso 正则化，将模型参数的绝对值之和作为惩罚项添加到损失函

数中。其公式为

$$R(\theta) = \sum_{i=1}^{n} |\theta_i|$$

L1 正则化倾向于产生稀疏的参数向量，即很多参数的值会变为 0。这对于特征选择非常有用，因为它可以自动去除不重要的特征。

3. L2 正则化

L2 正则化，也称为 Ridge 正则化，将模型参数的平方和作为惩罚项添加到损失函数中。其公式为

$$R(\theta) = \sum_{i=1}^{n} \theta_i^2$$

L2 正则化倾向于均匀地减小参数值的大小，而不是将它们设置为 0。这有助于处理参数间的共线性问题，并且可以使模型更加平滑，从而提高泛化能力。

4. 正则化系数 λ

正则化系数 λ 是一个超参数，需要通过交叉验证等方法进行选择。如果 λ 过大，可能会导致模型过于简单，从而出现欠拟合现象；如果 λ 过小，则可能无法有效防止过拟合。

A.4 常用的激活函数

1. ReLU 函数

ReLU 是目前最流行的激活函数之一，定义为 $f(x) = \max(0, x)$。它的优点在于计算简单且能在正区间内保持梯度不衰减，这有助于解决深层神经网络训练过程中的梯度消失问题。ReLU 函数通常用于隐藏层。

2. Sigmoid 函数

Sigmoid 函数定义为 $f(x) = \dfrac{1}{1+e^{-x}}$，输出值的范围为 0～1。它常用于二分类问题的输出层，因为它的输出可以解释为概率。然而，Sigmoid 函数在输入值的绝对值较大时梯度接近于 0，可能会导致梯度消失问题。

3. Tanh 函数

Tanh（双曲正切）函数定义为 $f(x) = \dfrac{e^x - e^{-x}}{e^x + e^{-x}}$，输出值的范围为 -1～1。它是 Sigmoid 函数的变体，中心化了输出，当输入值的绝对值较大时同样存在梯度消失问题。

A.5 损失函数的选择和应用

1. 交叉熵公式

对于二分类问题，交叉熵损失函数的公式为

$$L(y, \hat{y}) = -[y\log(\hat{y}) + (1-y)\log(1-\hat{y})]$$

其中，y 为真实标签（0 或 1），$\hat{y}$ 为模型预测为正类的概率。

对于多分类问题，公式稍有不同，需要对所有类别的预测概率和对应的真实标签应用交叉熵公式。

2. 合页损失

合页损失旨在增加正确分类的样本和决策边界之间的距离，主要用于支持向量机等最大间隔分类器。其公式为

$$L(y, \hat{y}) = -[y\log(\hat{y}) + (1-y)\log(1-\hat{y})]$$

其中，y 为实际类别标签（取值为+1 或-1）；$\hat{y}$ 为模型的原始输出值，而非概率。

A.6 强化学习相关算法

固定 Q 目标（Fixed-Q-Target）算法主要解决算法训练不稳定问题。深度 Q 网络（Deep Q-Network，DQN）中有两个结构相同但参数不同的网络，当前值（predictQ）网络用于预测估计的 Q 值，目标值（targetQ）网络用于预测现实的 Q 值。其中，targetQ 的计算公式为

$$\text{targetQ} = r + \gamma \times \max Q(s', a^*; \theta)$$

predictQ 的计算公式为

$$\text{predictQ} = Q(s, a; \theta)$$

使用均方差损失函数 $\frac{1}{m}\sum_{j=1}^{m}(\text{targetQ}-\text{predictQ})^2$，可以通过神经网络的梯度反向传播来更新 predictQ 网络的所有参数 θ，并且每隔 N 时间步长，将 predictQ 网络的所有参数复制到 targetQ 网络中。这个过程如图 A-1 所示。

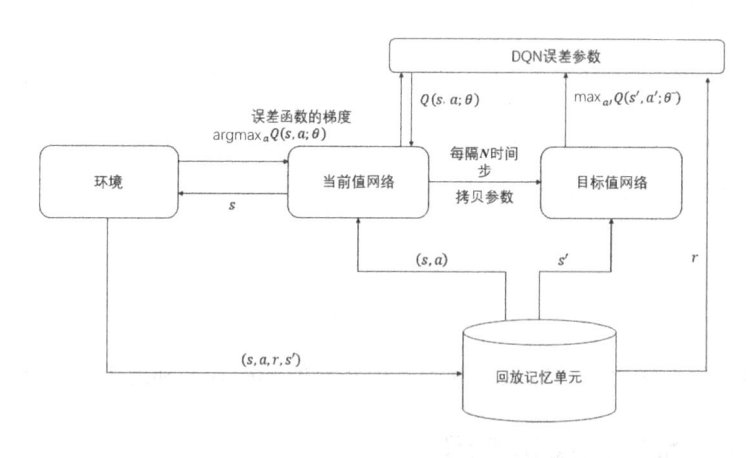

图 A-1 深度 Q 网络的运行机制

深度 Q 网络使用 ε-贪婪策略来选择动作并执行，采用经验回收机制，使用经验池存

储（状态、动作、价值、下一个状态）信息，在存储完成之后，以批量的形式获取数据，使用均方差损失函数，采用梯度随机下降更新当前值（predictQ）网络的参数，进行当前值网络的训练，并每隔 N 时间步长，将参数同步到目标值（targetQ）网络。

A.7 实验相关概念

1. 多变量测试

多变量测试（有时也称为多变量数据分析）是一种统计分析方法，用于同时分析和解释多个变量之间的关系。在实验设计中，特别是在营销或产品开发领域，多变量测试通常是指同时测试多个因素（如不同的产品特性或营销策略）对一个或多个结果变量（如用户满意度或销售额）的影响。与传统的 A/B 测试（只比较两组）相比，这种方法能提供更全面的信息，因为它考虑了多个变量的交互作用。

2. 因子设计

因子设计（也称为因子实验设计或实验设计的因子分析）是一种系统的实验方法，旨在确定几个因素（自变量）和它们不同水平的组合对一个或多个响应变量（因变量）的影响。它是实施多变量测试的一种方法，特别适用于探索不同因素之间的交互作用及它们如何共同影响结果。常见的因子设计方法包括完全因子设计和分数因子设计。

A.8 数据分析与统计的相关概念和公式

A.8.1 皮尔逊相关系数

皮尔逊相关系数通常表示为 r。其计算公式为

$$r = \frac{\sum_{i=1}^{n}(X_i - \bar{X})(Y_i - \bar{Y})}{\sqrt{\sum_{i=1}^{n}(X_i - \bar{X})^2}\sqrt{\sum_{i=1}^{n}(Y_i - \bar{Y})^2}}$$

其中，X_i 和 Y_i 分别为两个变量的观察值，$\bar{X}$ 和 $\bar{Y}$ 分别为这两个变量的样本均值，n 为观察值的数量。

1. 系数值

皮尔逊相关系数的值介于-1 和 1 之间。
1 表示完全正相关，即一个变量增加时，另一个变量也以固定比例增加。
-1 表示完全负相关，即一个变量增加时，另一个变量以固定比例减小。
0 表示两个变量之间没有线性相关性。

2. 方向

皮尔逊相关系数的正负号指示了相关性的方向，正号表示正相关，负号表示负相关。

3. 强度

皮尔逊相关系数的绝对值越接近于 1，表示两个变量之间的线性关系越强；绝对值越接近于 0，表示它们之间的线性关系越弱。

皮尔逊相关系数广泛应用于量化两个连续变量之间的线性关系强度。它是数据分析中的基本工具，可用于初步探索性数据分析，以判断变量之间是否存在潜在的线性关系，从而为后续的统计分析或模型构建提供依据。

但是皮尔逊相关系数仅衡量变量间的线性关系，对于非线性关系可能无法有效反映其强度。同时，高相关性并不一定意味着因果关系。两个变量之间的高度相关可能是由第三个变量引起的，或者完全是偶然的。另外，在使用皮尔逊相关系数之前，通常需要检查数据的正态性，因为该系数基于数据的正态分布假设。

A.8.2 斯皮尔曼相关系数

斯皮尔曼相关系数通常表示为 ρ，是衡量两个变量间单调关系强度的非参数统计量。与皮尔逊相关系数不同，斯皮尔曼相关系数不假定变量之间有线性关系，也不假定变量呈正态分布，因此对非线性关系和非正态分布的数据集特别有用。

其计算公式为

$$\rho = 1 - \frac{6 \sum_{i=1}^{n} d_i^2}{n(n^2 - 1)}$$

其中，d_i 为两个变量的秩次之差（即每对观察值在各自变量中的秩次差），n 为数据对的数量。

1. 主要步骤

（1）分配秩次：先对两个变量的每个观察值分别按其大小进行排序，然后分配秩次。如果存在相同的值（即"并列"），则分配平均秩次。

（2）计算秩次差：对于每一对观察值，计算其在两个变量中秩次的差异 d_i。

（3）应用公式：先将这些秩次差的平方求和，然后代入上述公式计算 ρ。

2. 系数值

斯皮尔曼相关系数的值介于 -1 和 1 之间。
1 表示完全的正单调关系，即一个变量的秩次增加时，另一个变量的秩次也增加。
-1 表示完全的负单调关系，即一个变量的秩次增加时，另一个变量的秩次减小。
0 表示两个变量之间没有单调关系。

3. 方向

斯皮尔曼相关系数的正负号表示关系的方向，正号表示正相关，负号表示负相关。

4. 强度

斯皮尔曼相关系数的绝对值越大，表示变量之间的单调关系越强；绝对值越接近于 0，表示它们之间的单调关系越弱。

斯皮尔曼相关系数广泛应用于评估两个变量之间的单调相关性，尤其是当数据不满足皮尔逊相关系数的正态分布假设或存在明显的异常值时。它可以应用于各种类型的数据，包括定序数据和连续数据，为研究变量间的关系提供了一种强有力的工具。

A.8.3 显著性水平

显著性水平，通常表示为 α，是在进行假设检验时预先设定的阈值，用来判断统计结果是否具有统计学意义。显著性水平定义了拒绝零假设的标准，即当 P 值小于或等于显著性水平时，认为结果具有统计学显著性，从而拒绝零假设。

显著性水平实际上反映了研究人员愿意接受的犯第一类错误（Type I Error）的概率。第一类错误是指在零假设实际上为真的情况下错误地拒绝了零假设。常用的显著性水平值包括 0.05（5%）、0.01（1%）等。

例如，在进行一项实验研究时，研究人员可能设定显著性水平为 0.05，这意味着他们愿意接受 5% 的概率错误地拒绝零假设。如果经计算得到的实验结果的 P 值为 0.03（小于 0.05），根据设定的显著性水平，研究人员将拒绝零假设，认为实验观察到的效果不太可能只是由随机因素引起的，即认为实验观察到的效果具有统计学意义。

显著性水平的选择取决于研究领域、研究问题的敏感性及对第一类错误的容忍度。在一些需要高度准确性的研究中，如医学临床试验，可能会选择更低的显著性水平（如 0.01），以降低错误拒绝零假设的风险。而在一些探索性研究中，研究人员可能会接受更高的显著性水平（如 0.1），以免错过可能有意义的发现。

总之，显著性水平是研究设计阶段非常重要的一个决策点，直接影响研究结果的解释和研究的严谨性。选择适当的显著性水平有助于在发现真实效应和控制错误之间取得平衡。

A.8.4 零假设和备择假设

在统计学中，零假设（H_0）和备择假设（H_1 或 H_a）是假设检验的基本概念。用它们来形式化地表述要通过数据检验的假设或预设条件。

1. 零假设

零假设是一种假设，通常表示不存在效应、差异或关联。换句话说，它假设观察到的效应是由随机变异引起的，而不是由实验操作或处理效应引起的。在假设检验中，零假设作为基准被提出，以便用数据来检验其是否成立。

2. 备择假设

备择假设与零假设相对，表述研究人员实际感兴趣的假设或研究预测。通常，备择假设表示存在效应、差异或关联。如果数据证据足够强，则可以拒绝零假设，从而支持备择假设。

3. 假设检验涉及的主要步骤

（1）设定零假设和备择假设。

$H_0: \mu = \mu_0$

$H_1: \mu \neq \mu_0$（双尾检验）

$H_1: \mu > \mu_0$（单尾检验）

或 $H_1: \mu < \mu_0$（单尾检验）

其中，μ 表示样本平均值，μ_0 表示零假设下的平均值。

（2）计算统计量：根据所选的统计方法（如 t 检验、方差分析等），计算一个或多个统计量，如 t 值、F 值等。

（3）确定 P 值：根据统计量及其分布，计算得到 P 值，即在零假设为真的条件下，观察到当前统计量或更极端情况的概率。

（4）做出决策：如果 P 值小于预定的显著性水平（α 通常是 0.05 或 0.01），则拒绝零假设，认为备择假设成立；否则，不拒绝零假设。

假设一个学校想要研究新的教学方法是否比传统方法更有效。为此，他们随机选择一组学生使用新教学方法，另一组学生继续使用传统教学方法，然后比较两组学生的考试成绩。

零假设（H_0）：新教学方法和传统教学方法在成绩上没有差异，即两组学生的平均考试成绩相等。

备择假设（H_1）：新教学方法使学生的平均考试成绩有所提高，即使用新教学方法的学生平均考试成绩高于使用传统教学方法的学生。

在进行统计分析后，假设得到的 P 值为 0.03。这意味着，如果零假设是真的（即两种教学方法在成绩上没有差异），那么成绩存在差异（或更大的差异）出现的概率仅为 3%。

零假设和备择假设的设定是假设检验的基础，通过它们可以将研究问题转化为统计问题。假设检验的核心在于评估数据是否提供足够的证据来支持备择假设。通过这个过程，研究人员可以在给定的显著性水平下，对研究假设做出基于数据的科学判断。

A.8.5 最大似然估计

最大似然估计是一种基于概率理论的参数估计方法。它的基本原理是寻找一组模型参数值，使得在给定参数值下，观测到的数据出现的概率（即似然函数）达到最大。换句话说，最大似然估计通过优化似然函数来寻找最能解释观测数据的模型参数。最大似然估计的优点在于它有一致性和效率，即随着样本量的增加，估计值会收敛到真实参数值，并且在所有无偏估计中具有最小的方差。然而，最大似然估计在小样本情况下可能会产生偏差，特别是对随机效应的方差组分的估计。

假设 Y 为观测数据，θ 为模型参数，似然函数为 $L(\theta|Y)$，相关公式可以表示为

$$L(\theta|Y) = f(Y|\theta)$$

其中，$f(Y|\theta)$ 表示在给定参数 θ 下观测到数据 Y 的概率密度函数。

最大似然估计的目标是找到使似然函数 $L(\theta|Y)$ 最大化的 θ 值，通常通过求解以下等式获得：

$$\hat{\theta}_{\text{MLE}} = \text{argmax}_\theta L(\theta|Y)$$

A.8.6 限制性最大似然估计

限制性最大似然估计是最大似然估计的一个变种，特别适用于估计混合模型中随机效应的方差组分。与最大似然估计直接最大化观测数据的似然函数不同，限制性最大似然估计通过考虑固定效应的估计对似然函数进行调整，从而最大化只依赖随机效应参数的"限制"似然函数。这种方法能减少对随机效应方差组分估计的偏差，特别是在样本量较小或固定效应较大的情况下。限制性最大似然估计的一个限制是不适用于含有不同固定效应的模型，因为它的似然函数需要依赖特定的固定效应设定。

限制性最大似然估计考虑到固定效应的估计对似然函数的影响，并最大化依赖随机效应参数的"限制"似然函数。在混合模型的上下文中，可将模型简化表示为

$$Y = X\beta + Z\gamma + \theta$$

其中，β 为固定效应参数，γ 为随机效应参数。

限制性最大似然估计会先将数据转换为一个新的空间，在这个空间中固定效应的影响被"消除"，然后在这个新的空间中应用最大似然估计来估计随机效应的方差组分。

A.8.7 t 检验

t 检验是一种统计方法，用于比较两组数据的平均值是否存在显著差异，进而判断两组数据是否来自具有相同平均值的总体。t 检验分为两大类：独立样本 t 检验和配对样本 t 检验。

（1）独立样本 t 检验（又称为两样本 t 检验）：用于比较两个互相独立的样本组的平均值。例如，比较两个班级学生的考试成绩。

（2）配对样本 t 检验：用于比较同一组样本在不同条件下的平均值，即通常用于"前后"对比研究。例如，对同一组人进行某种干预前后的测量比较。

t 检验的进行需要满足以下几个条件：

（1）数据呈正态分布或近似正态分布。

（2）数据中的观测值相互独立。

当进行独立样本 t 检验时，假定两组的方差相等（也有不假定方差相等的情况，此时使用 Welch's t-test）。

下面以独立样本 t 检验为例，给出相关公式并进行描述。

当两个独立样本的方差相等时，t 值的计算公式为

$$t = \frac{\overline{X}_1 - \overline{X}_2}{S_p \cdot \sqrt{\frac{2}{n}}}$$

其中，$\overline{X}_1$ 和 $\overline{X}_2$ 分别为两个样本的样本平均值；n 为每个样本的样本量（这里假设两个样本量相同）；$S_p \cdot \sqrt{\frac{2}{n}}$ 为合并标准误，反映了两个样本方差的合并估计值与样本量的关系，用于标准化两个样本平均值之差，使其可以通过 t 分布进行显著性测试。

S_p 表示两个样本方差的合并估计。当认为两个独立样本来源于具有相同方差的总体时，可以用合并样本方差来估计总体方差，以提高估计的准确性。S_p 的计算公式为

$$S_p = \sqrt{\frac{(n-1) S_1^2 + (n-1) S_2^2}{2n-2}}$$

其中，S_1^2 和 S_2^2 分别为两个样本的样本方差。

通过将 t 检验的结果与 t 分布的相关临界值进行比较来判断两个样本平均值之间的差异是否在统计上显著。具体来说，就是计算出一个 P 值，如果 P 值小于预先设定的显著性水平（通常是 0.05 或 0.01），则认为两个样本平均值之间存在显著差异。这个过程可以帮助研究人员判断实验干预或不同条件对研究对象是否产生了显著影响。

A.8.8 方差分析

方差分析（Analysis of Variance，ANOVA）是一种用于比较三个或三个以上样本平均值是否存在显著差异的统计方法，主要用于探究分类自变量对连续因变量的影响。ANOVA 假设各组间的方差相等（方差齐性），数据服从正态分布。最常用的 ANOVA 类型是单因素方差分析（One-Way ANOVA）。单因素方差分析用于分析单一因素对结果变量的影响。

1. 单因素方差分析的基本公式

单因素方差分析的核心思想是比较组内平方和（Sum of Squares Within-groups，SSW）和组间平方和（Sum of Squares Between-groups，SSB），以判断不同组之间是否存在显著差异。

（1）总平方和（Total Sum of Squares，SST）的计算公式为

$$SST = \sum_{i=1}^{k} \sum_{j=1}^{n_i} (Y_{ij} - \overline{Y})^2$$

总平方和表示所有观测值与总平均值之差的平方和，反映了数据的总离散程度。

（2）组间平方和的计算公式为

$$SSB = \sum_{i=1}^{k} n_i (\overline{Y}_i - \overline{Y})^2$$

组间平方和反映了不同组间平均值与总平均值之间的差异所产生的变异，即由于处理

或分组发生的变异。

（3）组内平方和的计算公式为

$$SSW = \sum_{i=1}^{k} \sum_{j=1}^{n_i} (Y_{ij} - \overline{Y_i})^2$$

组内平方和反映了同一组内观测值与该组平均值之间的差异所产生的变异，即组内自然变异或误差。

这里，k 为组的数量，n_i 为第 i 组的样本量，Y_{ij} 为第 i 组第 j 个观测值，$\overline{Y_i}$ 为第 i 组的平均值，$\overline{Y}$ 为所有数据的总平均值。

2. F 值

F 值是方差分析中用于检验统计显著性的统计量，通过比较组间变异与组内变异的比例来判断不同组之间的平均值是否存在显著差异。如果 F 值对应的 P 值小于显著性水平（如 0.05），则拒绝各组平均值相等的零假设，认为至少有两组之间存在显著差异。

F 值的计算公式为

$$F = \frac{MSB}{MSW}$$

其中，MSB（Mean Square Between）为组间平均平方差，计算公式为 $\frac{SSB}{k-1}$；MSW（Mean Square Within）为组内平均平方差，计算公式为 $\frac{SSW}{N-k}$；N 为总样本量。

A.8.9 贝叶斯推断

贝叶斯推断是一种统计方法。它基于贝叶斯定理，通过结合先验知识和新的证据来更新对未知参数的信念或概率。它的核心思想是：人们的知识或信念不是静止不变的，而是随着新信息的获得而动态更新的。以下是对贝叶斯推断过程的详细解释：

（1）先验概率（Prior Probability）：这是在获得新的观测数据之前，对一个假设可能性的初始判断或信念。先验概率基于以往的经验、历史数据或主观判断。例如，在信用评分模型中，先验概率可以基于大量历史贷款数据来估计借款人违约的概率。

（2）似然函数（Likelihood）：当获得新的数据或观测信息时，似然函数描述了这些新信息在不同假设（或参数值）下的可能性。换句话说，它可以度量在当前假设下观测到这些新数据的概率。在个性化推荐系统中，似然函数可以基于用户对特定项目的评分来评估用户偏好模型的准确性。

（3）后验概率（Posterior Probability）：结合先验概率和似然函数，可以使用贝叶斯定理来计算后验概率，即在给定新数据后，假设成立的概率。后验概率是对假设在新证据下信念的更新。在推荐系统的例子中，后验概率有助于更新对用户偏好的理解，从而更好地预测他们对未知项目的兴趣。

(4) 预测和决策：在有了后验概率后，可以做出更加信息化的决策。在贝叶斯框架下，预测未来事件的概率或做出决策时，可以考虑所有可能的假设和它们的概率，从而实现风险最小化或效用最大化。例如，在信用评分模型中，后验概率可以用来评估给定新的财务信息后，借款人未来违约的风险。

贝叶斯推断的优势在于它提供了一种自然而强大的方法来处理不确定性和变化的信息。通过将先验知识与新数据结合起来，贝叶斯推断能够动态地更新人们对世界的理解，从而使决策更加灵活和准确。此外，贝叶斯推断还可以处理数据稀缺或信息不完全的情况，因为它允许通过先验概率引入外部知识或专家经验，从而在有限的数据下也能做出合理的推断。

A.8.10 因子分析

因子分析（Factor Analysis，FA）试图解释变量之间的相关性，通过识别几个未观察到的变量（即因子），这些因子可以解释观察到的变量间的大部分相关性。模型通常表示为

$$X = \Lambda F + \varepsilon$$

其中，X 为观测变量矩阵，Λ 为因子载荷矩阵，F 为共同因子，ε 为唯一因子（误差项）。

A.9 关联规则学习算法

1. Apriori 算法

Apriori 算法基于频繁项集来生成关联规则。它首先识别出频繁出现的单个项（频繁项集），然后逐步扩展这些项集，从而找到所有可能的频繁项集组合。在此过程中，Apriori 算法利用了一个关键性质，即当一个项集是频繁的，其所有非空子集也必须是频繁的。这个性质大大减小了搜索空间，提高了算法的效率。但 Apriori 算法需要多次扫描数据库，对于规模特别大的数据集，这可能会成为性能瓶颈。

2. FP-Growth 算法

FP-Growth 算法是对 Apriori 算法的改进。它使用一种被称为频繁模式树（Frequent Pattern Tree，FP-tree）的数据结构来存储数据集的压缩表示。FP-Growth 算法只需要扫描两次数据库：第一次扫描用于构建项的频繁度索引，第二次扫描用于构建 FP-tree。与 Apriori 算法相比，FP-Growth 算法大大减少了数据库扫描次数和候选项集的数量，从而提高了算法的执行效率。FP-Growth 算法适用于处理大规模数据集，在实际应用中常优于 Apriori 算法。

尽管 FP-Growth 算法在效率上有明显的优势，但其算法实现和 FP-tree 的构建相对复杂。在选择具体算法时，需要根据实际数据集的大小和特性及可用计算资源来做出决策。

A.10 模型选择与评估的相关概念

A.10.1 模型拟合指标

常用的模型拟合指标有 CFI、RMSEA 和 SRMR。

1. CFI

CFI 是一种基于模型比较的拟合指数，用于评估目标模型与一个基线模型（通常是最不受限模型或零模型）的相对拟合程度。它考虑了样本大小的影响，取值范围为 0~1。CFI 的计算公式为

$$\text{CFI} = 1 - \frac{\text{最大}(0, x^2_{模型} - \text{df}_{模型})}{\text{最大}(0, x^2_{基准模型} - \text{df}_{基准模型}, x^2_{模型} - \text{df}_{模型})}$$

其中，模型 $x^2_{模型}$ 和 $\text{df}_{模型}$ 分别为目标模型的卡方值和自由度，$x^2_{基准模型}$ 和 $\text{df}_{基准模型}$ 分别为与目标模型比较的基准模型（通常是一个不包含任何结构的独立模型）的卡方值和自由度。

CFI 的值接近 1 通常表示模型拟合良好。一般而言，CFI 的值高于 0.95 表示模型拟合非常好，CFI 的值为 0.90~0.95 被认为是可接受的拟合。

2. RMSEA

RMSEA 是衡量模型与数据之间误差近似度的指标，考虑了模型的复杂性（参数的数量）。RMSEA 的值越低表示模型与数据的拟合程度越高。RMSEA 的计算公式为

$$\text{RMSEA} = \sqrt{\frac{\max(0, \chi^2_{模型} - \text{df}_{模型})}{\text{df}_{模型}(N-1)}}$$

其中，N 为样本容量，$\chi^2_{模型}$ 和 $\text{df}_{模型}$ 分别为模型的卡方值和自由度。

RMSEA 的值若小于 0.05 则表示模型拟合非常好，若为 0.05~0.08 则表示模型拟合是可接受的，若为 0.08~0.10 则表示拟合度中等，若大于 0.10 则通常认为模型拟合不佳。

3. SRMR

SRMR 是衡量观测数据和模型预测数据之间差异的指标，是残差的标准化平均值。SRMR 的值越小，表示模型与数据的拟合程度越好。

$$\text{RMR} = \sqrt{\frac{1}{N}\sum(观测值 - 预测值)^2}$$

其中，N 为观测值的总数。

SRMR 值为 0 表示完美拟合。一般而言，SRMR 的值小于 0.08 表示模型拟合良好。

A.10.2 信息准则

赤池信息准则（Akaike Information Criterion，AIC）和贝叶斯信息准则（Bayesian Information Criterion，BIC）常用于模型选择，通过考虑模型拟合的好坏和模型复杂度之间的平

衡来评价模型。它们的计算公式分别为
$$AIC = 2k - 2\ln(L)$$
$$BIC = \ln(n)k - 2\ln(L)$$
其中，k 为模型参数的数量，L 为模型的最大似然值，n 为样本容量。

AIC 和 BIC 的值越小，模型越优。

A.10.3　残差的正态性和方差齐性

模型诊断是混合模型分析过程中的一个重要步骤。检查残差的正态性和方差齐性（homogeneity of variance）是评估模型假设是否得到满足的两个关键方面。正态性检验通常通过残差图或正态性检验（如 Shapiro-Wilk 测试）进行，以确保残差分布接近正态。方差齐性检验则通过图形化残差与预测值的关系或使用统计测试（如 Levene's Test）来验证不同组或条件下的方差是否一致。这些诊断步骤对于确保模型估计的准确性和可靠性非常重要。如果模型假设不成立，则可能需要对模型进行调整或转换数据，以满足分析的基本要求。

1. Shapiro-Wilk 测试

分类：模型诊断和假设检验方法。

用途：用于检验数据是否符合正态分布的假设。在许多统计分析方法中，数据的正态性是一个重要假设，特别是在进行参数统计测试（如 t 检验、方差分析）时。

工作原理：通过计算统计量 W 来衡量样本数据与正态分布的拟合程度。W 的值越接近 1，表明数据越接近正态分布。如果 W 的值显著偏离 1，则可能拒绝正态分布的假设。

2. Levene's Test

分类：模型诊断和假设检验方法。

用途：用于检验不同组别的数据是否具有相同的方差，即方差齐性的假设。方差齐性是许多统计测试，如独立样本 t 检验和方差分析的一个重要前提条件。

工作原理：Levene's Test 通过比较不同组内数据与其组内平均值的差的绝对值的方差，来检验所有组的方差是否相等。如果测试结果表明方差显著不同，则违反了方差齐性的假设。

在进行主要的统计分析之前，对数据进行初步检查是一个重要步骤。这两种测试方法可以帮助研究人员识别和解决可能影响模型估计与结论有效性的问题，是保证统计分析准确性与可靠性的关键环节。

附录 B 编程语言快速参考

B.1 Python

Python 是一种高级编程语言，其有简洁明了的语法和强大的库支持，在数据科学、机器学习、网络爬虫等领域都有广泛的应用。

1. 数据科学实验常用库

- NumPy：用于数值计算。
- Pandas：用于数据处理和分析。
- Matplotlib、Seaborn：用于数据可视化。
- Scikit-learn：用于机器学习。
- TensorFlow、PyTorch：用于深度学习。
- SciPy：用于科学计算的更高级函数，如优化、信号处理、统计等。
- Statsmodels：用于统计建模和假设测试。
- Plotly and Dash：用于交互式图形和应用开发。

2. 常用函数

（1）NumPy

- 数组创建：

np.array（[1,2,3]）：创建一维数组。

np.zeros（(2,2)）：创建零矩阵。

np.ones（(3,3)）：创建单位矩阵。

- 数学运算：

np.add（arr1,arr2）：数组相加。

np.sqrt（arr）：数组元素的平方根。

- 统计函数：

np.mean（arr）：计算平均值。

np.std（arr）：计算标准差。

- 线性代数运算：

np.linalg.inv（matrix）：矩阵求逆。

np.linalg.eig（matrix）：求特征值和特征向量。

- 多维数组切片和索引：

array[:,1]：选择第二列。

array[0:5]：选择前五行。

- 数组形状操作：

np. reshape（array，newshape）：改变形状。

np. transpose（array）：数组转置。

（2）Pandas

●数据读取：

pd. read_csv（'file. csv'）：读取 CSV 文件。

pd. read_excel（'file. xlsx'）：读取 Excel 文件。

●数据处理：

df. dropna（）：删除空值。

df. fillna（0）：空值填充为 0。

●数据选择：

df. loc［rows，cols］：基于标签的选择。

df. iloc［rows，cols］：基于位置的选择。

●数据合并：

pd. merge（df1，df2，on='key'）：基于键合并。

pd. concat（［df2，df3］）：数据帧拼接。

●数据分组：

df. groupby（'column'）.mean（）：按列分组求平均值。

●时间序列处理：

pd. to_datetime（df［'column'］）：转换为日期时间格式。

df. resample（'M'）.mean（）：按月重采样求平均值。

（3）Matplotlib

●绘制图形：

plt. plot（x，y）：绘制线图。

plt. scatter（x，y）：绘制散点图。

plt. bar（x，height）：绘制条形图。

●设置图表：

plt. xlabel（'x'），plt. ylabel（'y'）：设置轴标签。

plt. title（'Title'）：设置标题。

●绘制复杂图形：

plt. hist（data）：绘制直方图。

●多图布局：

fig，ax = plt. subplots（2，2）：创建2×2 子图。

●美化图形：

plt. style. use（'ggplot'）：应用 ggplot 风格。

（4）Seaborn

●绘制数据分布图：

sns. distplot（data）：绘制分布图。

sns. boxplot（x='x', y='y', data=df）：绘制箱形图。

●绘制关系图：

sns. scatterplot（x='x', y='y', data=df）：绘制散点图。

●绘制复杂图形：

sns. heatmap（data）：绘制热力图。

●多图布局：

sns. pairplot（df）：绘制成对关系。

●美化图形：

sns. set_style（'whitegrid'）：设置风格为白网格。

（5）Scikit-learn

●数据划分：

train_test_split（X, y, test_size=0.2）：划分训练测试集。

●模型训练：

model. fit（X_train, y_train）：训练模型。

●模型评估：

model. score（X_test, y_test）：评估模型。

●特征选择：

SelectFromModel（model）：基于模型选择特征。

RFE（estimator, n_features_to_select）：递归特征消除。

●模型优化：

GridSearchCV（estimator, param_grid）：网格搜索参数优化。

RandomizedSearchCV（estimator, param_distributions）：随机搜索参数优化。

●数据预处理：

StandardScaler（）：标准化。

MinMaxScaler（）：归一化。

（6）TensorFlow

●模型定义：model = tf. keras. models. Sequential（[tf. keras. layers. Dense（10, activation='relu'）, tf. keras. layers. Dense（1）]）

使用 tf. keras. models. Sequential 可以快速定义多层模型，其中 tf. keras. layers. Dense 用于添加全连接层。

●模型编译：model. compile（optimizer='adam', loss='mean_squared_error'）

model. compile 用于设置模型的优化器、损失函数和评估指标。

●模型训练：model. fit（X_train, y_train, epochs=10）

model. fit 用于训练模型，接受输入数据和标签，进行迭代训练。

●自定义训练循环：tf. GradientTape（）

使用 tf.GradientTape() 可以自定义训练逻辑，允许更灵活的梯度操作。

● 数据加载：tf.data.Dataset.from_tensor_slices()

tf.data.Dataset.from_tensor_slices 能够从张量构建数据集，方便进行批处理和迭代。

● 保存和加载模型：model.save('model.h5')

model.save 用于保存模型，可以保存为 HDF5 或 SavedModel 格式，以方便后续加载和预测。

(7) PyTorch

● 定义模型：

```
class Net (nn.Module):
    def __init__(self):
        super (Net, self).__init__()
        self.fc1 = nn.Linear (784, 128)
        self.fc2 = nn.Linear (128, 10)

    def forward (self, x):
        x = F.relu (self.fc1 (x))
        x = self.fc2 (x)
        return x
```

通过继承 nn.Module 并定义 __init__() 和 forward() 方法来构建模型。模型的每一层都在 __init__() 方法中定义，而数据的前向传递逻辑则在 forward() 方法中实现。

● 训练模型：

```
for epoch in range (num_epochs):
    for data, target in dataloader:
        optimizer.zero_grad()
        output = model (data)
        loss = criterion (output, target)
        loss.backward()
        optimizer.step()
```

在训练循环中，使用 optimizer.zero_grad() 方法清空梯度，使用 loss.backward() 方法计算梯度，使用 optimizer.step() 方法更新模型参数。

● 数据加载：

torch.utils.data.DataLoader (dataset)

torch.utils.data.DataLoader() 方法用于包装数据集，提供批处理、排序、乱序等功能。

● 保存和加载模型：

torch.save (model.state_dict(), 'model.pth')

torch.save()方法保存模型的参数，torch.load()方法用于加载参数。保存和加载的是模型的state_dict，包含模型参数的字典。

B.2 R

R是一种专门为统计分析和图形表示而设计的编程语言和环境，适用于数据挖掘、统计推断等领域。

1. 主要包

- readr：用于数据导入。
- tidyr：用于数据清洗。
- randomForest：用于预测建模。
- forecast：用于时间序列分析。
- xgboost：用于机器学习。
- ggplot2：用于创建复杂的图形。
- dplyr：用于数据操作。
- shiny：用于构建Web应用程序。

2. 常用函数

（1）数据导入（readr包）

- 读取CSV文件：

read_csv("path/to/file.csv")：使用readr包快速读取CSV文件。

- 读取Excel文件：

read_excel("path/to/file.xlsx")：通过readxl包读取Excel文件。

- 读取固定宽度文件：

read_fwf("path/to/file.fwf", fwf_widths(c(widths), col_names))：读取固定宽度的文本文件。

- 读取日志文件：

read_log("path/to/logfile.log", col_types = cols(col_definitions))：通过自定义列类型来读取日志文件。

（2）数据清洗（tidyr包）

- 数据整理：

spread(df, key = col1, value = col2)：将df数据框中的col1列展开成多个列，值由col2列指定。

- 缺失值处理：

fill(df, col, .direction = "down")：用tidyr包填充df数据框中col列的缺失值，向下填充。

- 长格式转宽格式：

pivot_wider（data, names_from = col1, values_from = col2）：将数据由长格式转换为宽格式。

●宽格式转长格式：

pivot_longer（data, cols, names_to = "name", values_to = "value"）：将数据由宽格式转换为长格式。

（3）预测建模（randomForest 包）

●随机森林模型：

randomForest（y ~ ., data = df）：使用随机森林算法对数据框 df 进行建模，y 是响应变量。

●随机森林重要性评估：

importance（model）：评估随机森林模型中各个变量的重要性。

●随机森林预测：

predict（model, newdata）：使用训练好的随机森林模型对新数据进行预测。

（4）时间序列分析（forecast 包）

●自回归移动平均模型（ARIMA）：

auto.arima（ts_data）：自动选择最佳参数对时间序列 ts_data 建立 ARIMA 模型。

●季节性分解：

stl（ts_data, s.window = "periodic"）：使用季节性分解的方式对时间序列 ts_data 进行分析，s.window 参数用于控制季节窗口。

●季节性差分：

diff（ts_data, lag = 12, differences = 1）：对时间序列进行季节性差分以稳定数据。

●预测未来值：

forecast（model, h = 10）：使用模型预测时间序列的未来值，h 为预测的步长。

（5）高级数据可视化（ggplot2 扩展包）

●绘制散点图：

ggplot（data, aes（x = col1, y = col2））+ geom_point（）：使用 ggplot2 包绘制 data 数据集中 col1 列和 col2 列的散点图。

●绘制直方图：

ggplot（data, aes（x = col））+ geom_histogram（bins = n）：绘制 data 数据集中 col 列的直方图，n 为直方块的数量。

●自定义图层：

ggplot（data）+ geom_line（aes（x = col1, y = col2）, color = "red"）：绘制 data 数据集中 col1 列和 col2 列的线图，并设置线条颜色为红色。

●交互式图表：

ggplotly（ggplot_object）：将 ggplot2 包创建的图表转换为交互式图表，需要 plotly 包。

●分面绘图：

facet_wrap（~ variable）：按照 variable 的值将图表分为多个面板。

● 动态图表：

transition_states（states, transition_length = 2, state_length = 1）：创建基于 states 变化的动态图表，需要 gganimate 包。

● 地图可视化：

geom_sf（data = spatial_data）：使用 ggplot2 包和 sf 包在地图上绘制空间数据。

（6）机器学习（xgboost 包）

● XGBoost 模型：

xgboost（data = dtrain, nrounds = 100, objective = "binary：logistic"）：使用 XGBoost 进行训练，其中，dtrain 为训练数据，nrounds 为迭代轮数，objective 为目标函数。

● 参数调优：

xgb.cv（params = param, data = dtrain, nrounds = 100, nfold = 5, metrics = "rmse", as.matrix = TRUE）：使用交叉验证对 XGBoost 模型参数进行调优。

● 特征重要性：

xgb.importance（feature_names = colnames（dtrain），model = model）：显示模型中特征的重要性排名。

（7）数据处理（dplyr 包）

● 筛选行：

filter（df, condition）：根据 condition 条件筛选数据框 df 中的行。

● 选择列：

select（df, col1, col2）：选择数据框 df 中的 col1 列和 col2 列。

● 数据汇总：

summarise（group_by（df, group_col），summary = fun（col））：对数据框 df 先按 group_col 列进行分组，然后对 col 列应用汇总函数 fun（）。

（8）统计分析

● 线性回归：

lm（formula = y ~ x1 + x2, data = df）：在数据框 df 上执行线性回归，其中，y 为因变量，x1 和 x2 为自变量。

● t 检验：

t.test（x, y），对独立样本 x 和 y 执行 t 检验。

（9）高级统计分析

● 多元回归分析：

lm（y ~ x1 + x2 + x3, data = df）：在 df 数据框上进行多元线性回归分析。

● 方差分析（ANOVA）：

aov（y ~ group, data = df）：对 df 数据框中的因变量 y 和分组变量 group 进行方差分析。

(10) 机器学习（caret 包）

●模型训练：

train（form = y ~ . , data = df, method = "rf"）：使用 caret 包训练数据框 df 上的随机森林模型，其中，y 为响应变量，. 表示使用所有其他变量作为预测变量。

●数据划分：

createDataPartition（y, times = 1, p = 0.7, list = FALSE）：将向量 y 分为两部分，用于训练（70%）和测试（30%），times 用来指定分割次数，list = FALSE 返回矩阵格式。

B.3 Julia

Julia 是一种高性能的动态编程语言，用于科学和数值计算，以其高效的运算速度和易用性广受欢迎。

1. 常用相关包及其简介

●DataFrames.jl：提供了一种高效和便捷的方式来处理与操作表格数据，允许对数据进行筛选、排序、分组及合并等操作，非常适合用于数据清洗和预处理阶段。

●Plots.jl：是一个功能强大的绘图包，支持多种后端渲染器，可以用来创建各种静态、动态的图表。其简洁的 API 设计使绘制复杂图表变得简单快捷。

●Flux.jl：一个用于深度学习的库，提供了构建和训练神经网络所需的各种工具和函数。Flux.jl 支持自定义模型、自动微分、GPU 加速等，非常适合用于复杂模型的开发和训练。

●Query.jl：提供了一个功能强大的数据查询和转换框架，可以对 Julia 标准库中的数据结构进行类 SQL 的查询操作。它支持多种数据源，如 DataFrames、数组等，能使数据分析和处理更加灵活方便。

●Distributions.jl：一个专注于概率分布的库，提供了广泛的概率分布和相关函数，包括分布的参数估计、概率密度函数、累积分布函数等。对于进行统计分析和概率模型建立来说，它非常有用。

●CSV.jl：提供了从 CSV 文件读取数据到 DataFrame 的功能，支持各种定制化的读取选项。这使得从 CSV 格式的数据文件中加载数据变得非常简便和高效，适用于数据导入的初步阶段。

●Statistics：Julia 的核心库之一，提供了基本的统计分析功能，如计算平均值、标准差、中位数等。它是进行数据分析不可或缺的工具，可以帮助用户从数据集中提取有用的统计信息。

●LinearAlgebra：集成在 Julia 标准库中，提供了一套丰富的线性代数工具，包括矩阵运算、特征值计算、矩阵分解等。这对于需要进行复杂数学计算的数据科学项目来说非常有用。

●MLJ.jl：一个机器学习框架，提供了数据预处理、模型选择、模型训练、模型评估等功能。它旨在使机器学习在 Julia 标准库中的应用变得更简单、更灵活。

●Optim.jl：一个用于数值优化的库，支持多种优化算法，包括梯度下降、牛顿法等。这对于需要求解最优化问题的数据科学和机器学习项目来说非常有价值。

●JuliaGraphs：一个图形理论和网络分析的库（具体可能是 LightGraphs.jl 或 Graphs.jl 等），可提供创建图、添加边、寻找最短路径等功能，适用于需要进行网络分析和图形算法应用的项目。

●TimeSeries.jl：一个用于时间序列数据分析的库，提供创建时间序列、进行滑动窗口操作等功能。对于金融、经济学及任何需要时间序列分析的领域来说，它都是必不可少的工具。

2. 常用函数

（1）DataFrames.jl

●DataFrame 创建：

DataFrame（A = 1：4，B = ["M","F","F","M"]）：创建一个含有两列的 DataFrame。

●列操作：

df.A：访问名为 A 的列。

df [:, : A]：选择 A 列的所有数据。

●行操作：

df [1: 3, :]：选择前三行的所有列。

df [df.A .> 2, :]：选择 A 列中值大于 2 的所有行。

●修改 DataFrame：

insertcols!（df, : C => ["x","y","y","x"]）：在 DataFrame 中添加新列。

deleterows!（df, 2）：删除第二行。

●数据列操作：

rename!（df, : oldname => : newname）：重命名列。

select!（df, Not（: col））：选择除指定列之外的所有列。

●数据排序：

sort!（df, : col）：按指定列排序。

●缺失数据处理：

dropmissing!（df）：删除包含缺失值的行。

coalesce.（df [: col], 0）：将指定列的缺失值替换为 0。

（2）CSV.jl

数据读取：

CSV.read（"data.csv", DataFrame）：从 CSV 文件读取数据为 DataFrame。

（3）Statistics

统计函数：

mean（df［：A］）：计算 A 列的平均值。

std（df［：A］）：计算 A 列的标准差。

（4）Plots.jl

●绘制图形：

plot（df［：A］,df［：B］）：绘制 A 列和 B 列的关系图。

histogram（df［：A］）：绘制 A 列的直方图。

●高级图表：

histogram（df［：col］,bins=50）：绘制直方图，自定义分箱数。

boxplot（df［：group］,df［：value］）：绘制箱形图，显示不同组的数据分布。

●图表布局：

plot（p1,p2,layout=（2,1））：垂直堆叠两个图表。

（5）LinearAlgebra

线性代数运算：

inv（matrix）：矩阵求逆。

eigvals（matrix）：计算矩阵的特征值。

（6）MLJ.jl（机器学习）

模型训练与评估：

@load DecisionTreeClassifier：加载决策树分类器。

machine（model,X,y）：创建用于训练的机器。

fit！（machine,rows=train）：训练模型。

（7）Flux.jl（深度学习）

●模型定义：

model = Chain（Dense（10,5,relu）,Dense（5,2）,softmax）：定义一个简单的神经网络模型。

●模型训练：

Flux.train！（loss,params（model）,data,optimizer）：使用给定的优化器训练模型。

●参数优化：

opt = ADAM（0.001）：创建一个 Adam 优化器。

●数据预处理：

Flux.DataLoader（data,batchsize=64）：创建用于批处理训练的数据加载器。

●自定义层：

struct CustomLayer <: Flux.Layer; weight; bias; end：定义一个自定义层。

（8）Query.jl（数据查询）

●数据查询与转换：

df |> @filter（_.A > 2）|> @map（｛_.A,_.B｝）：选择 A 列大于 2 的行，并映射到新的数据结构中。

● 数据聚合：

df ｜ > @ groupby（_. B）｜ > @ map（｛Key = key（_），Mean = mean（_. A）｝）：按 B 列分组，并计算每组 A 列的平均值。

● 更复杂的查询：

df ｜ > @ groupjoin（_. B = = _. C，other_ df，｛_，others｝）｜ > @ map（｛Key = _. Key，Sum = sum（_. others. A）｝）：执行分组连接操作，并对结果进行聚合。

（9）TimeSeries. jl（时间序列分析）

时间序列创建与操作：

ts = TimeArray（date_range，data，[：A，：B]，meta = "example"）：创建时间序列对象。

movingavg（ts，5）：计算 5 期移动平均。

（10）Distributions. jl（概率分布）

● 概率分布与随机抽样：

dist = Normal（0，1）：定义一个标准正态分布。

sample（dist，100）：从该分布中抽取 100 个样本。

● 分布参数估计：

fit（Normal，data）：根据数据估计正态分布的参数。

● 分布函数：

pdf（dist，x）：计算给定 x 的概率密度函数值。

cdf（dist，x）：计算给定 x 的累积分布函数值。

（11）Optim. jl（优化问题）

函数最小化：

optimize（f，x0，BFGS（））：使用 BFGS 算法优化函数 f，从初始点 x0 开始。

（12）JuliaGraphs（图形理论与网络分析）

图创建与操作：

g = Graph（10，20）：创建一个包含 10 个节点和 20 条边的图。

add_edge!（g，1，2）：在图中添加一条从节点 1 到节点 2 的边。